自衛隊 一般曹候補生 採用試験 問題演習 第2版

自衛官採用試験研究会

早稲田経営出版
TAC PUBLISHING Group

はじめに

本書が対象とした「一般曹候補生」は，長年にわたり実施されてきた「曹候補士」と「一般曹候補学生」の採用試験を廃止し，これらに代わるものとして平成19（2007）年度から新設されたものです。

「一般曹候補生」と，「曹候補士」「一般曹候補学生」の違いは次のとおりです。

「曹候補士」の場合，入隊後，３等陸・海・空曹（３曹）に昇任するのに３年を要しましたが，「一般曹候補学生」では２年ですみました。つまり，「一般曹候補学生」のほうが「曹候補士」より格上の採用試験であったわけです。一方，新設された「一般曹候補生」の場合，３曹に昇任するのに２年９か月を要します。したがって，「一般曹候補生」は「曹候補士」と「一般曹候補学生」との中間的存在といえます。

〔本書の特長〕

1．合否を大きく左右する国語，数学，英語に的を絞り，効率的に実力が向上できるよう工夫してあります。
2．効率的に実力が向上できるよう，**【ここがポイント】**を設けています。たとえば，国語の〈1. 漢字の読み〉では，**試験によく出る読み**，**まちがえやすい読み**を掲載しました。これらをマスターしておくだけでもずいぶん実力は向上しますし，試験に効率的に対応できます。
3．**【ここがポイント】**の後に，**【TEST】**として，いくつかの問題を掲載してあります。これらの問題は模擬問題ともいえるものなので，そのつもりでとりくみましょう。解けなかった問題は，数日後再チャレンジして，問題を解くのに必要な知識やテクニックを完全マスターするようにします。

なお，応募に関しての詳細は，P15とP16に掲載した，日本全国各地区に設置されている地方協力本部に気軽に問い合わせるとよいでしょう。

編　集　部

CONTENTS

一般曹候補生受験ガイダンス

PART 1　国　語

PART 2　数　学

PART 3　英　語

● 面接試験の準備もしよう ●

一般の公務員試験，警察官採用試験，消防官採用試験などにおいて，近年面接試験が重視されています。従来，公務員試験においては，第１次試験を突破すれば，第２次試験の面接試験でよほどのミスをしない限り，合格間違いなしでした。ところが近年，第１次試験で大量の合格者を出しておいて，第２次試験の面接試験でバッサリ落とすというパターンが多々みられます。つまり，面接重視です。

自衛隊一般曹候補生の場合，現在のところ，そこまで面接重視ではありません。しかし，最近の競争倍率は男子が４倍程度，女子が６～７倍であることから，従来のような“第１次試験を突破すれば，第２次試験の面接試験でよほどのミスをしない限り，合格間違いなし”という考え方は通用しなくなっています。したがって，第１次試験に合格し，面接試験に臨むに際してはある程度の準備が必要となります。

面接試験において特に重視されるのは「志望動機」なので，次の質問については前もって自分なりの返答を用意しておきましょう。

・自衛隊を志望した動機は何ですか。
・一般曹候補生を受験した動機は何ですか。
・自衛隊以外では，どこを志望していますか。
・自衛隊に入って何がしたいのですか。
・自衛隊の魅力はどんなところですか。
・あなたのご両親は自衛隊に入ることについて，どうお考えですか。

一般曹候補生
受験ガイダンス

1　一般曹候補生とは何か

みなさんが志望されている自衛隊一般曹候補生の身分はどういうものか？　おそらく，みなさんの関心事の1つでしょう。

そこで，まずは自衛官について説明しましょう。自衛官の身分は一般の公務員と異なり，特別職の国家公務員です。つまり，国の平和と独立を守るという特殊な任務を課せられていることから，このように一般の公務員と区別されているわけです。

次に，自衛官は下の表に示してあるように，16の階級に分かれています。このうち，3尉以上の階級の自衛官を「幹部」，3曹から准尉までを「准・曹」，2士から士長までを「士」と称しています。

基礎知識ができたところで，次ページの図を見てください。これは自衛官の任用制度を図示したものですが，一般曹候補生は自衛官候補生と異なり，当初より2等陸・海・空士として採用されます。また，自衛官候補生の場合には3曹に昇任する際，選抜試験を受け，これに合格しなければなりませんが，一般曹候補生の場合には選考により3等陸・海・空曹に昇任します。この差は大きいといえるでしょう。

そこで，この違いを十分理解していただくため，自衛官候補生について説明しておきましょう。自衛官候補生は3か月間の教育訓練を修了した後，任期制自衛官である2等陸・海・空士に任命されます。2等陸・海・空士任用後の任用期間は，陸上自衛官が1年9か月(技術関係は2年9か月)，海上・航空自衛官については2年9か月を1任期として任用されますが，この任期期間が修了すると一応退職

区分	階　級
幹部	陸（海・空）将
	陸（海・空）将補
	1等陸(海・空)佐
	2等陸(海・空)佐
	3等陸(海・空)佐
	1等陸(海・空)尉
	2等陸(海・空)尉
	3等陸(海・空)尉
准尉	准陸（海・空）尉
曹	陸（海・空）曹長
	1等陸(海・空)曹
	2等陸(海・空)曹
	3等陸(海・空)曹
士	陸（海・空）士長
	1等陸(海・空)士
	2等陸(海・空)士

階級	年齢
将	60歳
将補	60歳
1佐	56歳
2佐	55歳
3佐	55歳
1尉	55歳
2尉	55歳
3尉	55歳
准尉	55歳
曹長	55歳
1曹	55歳
2曹	54歳
3曹	54歳

(注)2022年には，3佐～将の定年が上記より1年延びることになる。

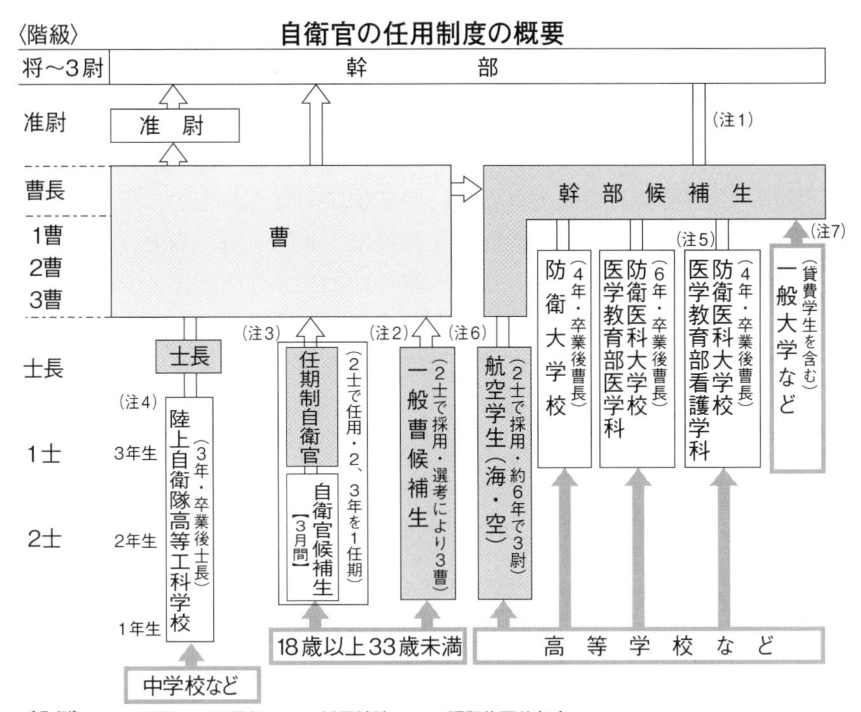

〔凡例〕 ⇦：採用または選考，⬅：採用試験，▭：課程修了後任命

（注）1　医科・歯科・薬剤幹部候補生については，医師・歯科医師・薬剤師国家試験に合格し，所定の教育訓練を修了すれば，2尉に昇任する。

2　一般曹候補生については，最初から定年制の「曹」に昇任する前提で採用される「士」のこと。平成18（2006）年度まで「一般曹候補学生」および「曹候補士」の2つの制度を設けていたが，両制度を整理・一本化し，平成19（2007）年度から一般曹候補生として採用している。

3　自衛官候補生については，任期制自衛官の初期教育を充実させるため，平成22（2010）年7月から，入隊当初の3か月間を非自衛官化して，定員外の防衛省職員とし，基礎的教育訓練に専従させることとした。

4　陸上自衛隊高等工科学校については，将来陸上自衛隊において装備品を駆使・運用するとともに，国際社会においても対応できる自衛官となる者を養成する。平成22（2010）年度の採用から，自衛官の身分ではなく，定員外の新たな身分である「生徒」に変更した。新たな生徒についても，通信教育などにより生徒課程修了時（3年間）には，高等学校卒業資格を取得する。平成23（2011）年度の採用から，従来の一般試験に加えて，中学校校長などの推薦を受けた者の中から，陸上自衛隊高等工科学校生徒として相応しい者を選抜する推薦制度を導入した。

5　3年制の看護学生については，平成25（2013）年度をもって終了し，平成26（2014）年度より，防衛医科大学校医学教育部に4年制の看護学科が新設された。

6　航空学生については，採用年度の4月1日において，海上自衛隊にあっては年齢18歳以上23歳未満の者，航空自衛隊にあっては18歳以上21歳未満の者を航空学生として採用している。

7　貸費学生については，現在，大学および大学院（専門職大学院を除く）で医・歯学，理工学を専攻している学生で，卒業（修了）後，その専攻した学術を活かして引き続き自衛官に勤務する意思を持つ者に対して防衛省より学費金（54,000円/月額）が貸与される。

出所：『令和3年版 防衛白書』

となります。ただし，引き続き自衛官として勤務を希望する場合，選考により2年を任期として継続任用されます。なお，この間に選抜試験に合格すれば3曹に昇任でき，この時点で定年（非任期）制の自衛官となり，前ページの表に示すように各階級の定年に達するまで勤務できます。この制度は2年ごとに繰り返され，継続任用の都度，退職金を受け取ることになります。

これに対し，一般曹候補生は，入隊と同時に2等陸・海・空士に任命され，教育隊で教育を受けた後，各部隊に配置されます。そして，入隊後2年9か月（この間，入隊6か月後に1等陸・海・空士，入隊1年後に陸・海・空士長に昇任）以降，選考により3等陸・海・空曹に昇任します。そして，3曹昇任後4年以上勤務すると表（P14）に示されているように幹部候補試験（部内）の受験資格ができ，合格すれば幹部（3尉以上の階級の自衛官）への道が開かれています。

2　受付期間

採用試験は最近，年に2回実施され，採用状況によっては年に3回実施されます。

・第1回目：3月上旬～5月中旬

・第2回目：7月上旬～9月上旬

また，第3回目の採用試験が実施される場合には，「自衛官募集ホームページ」に募集案内が掲載されます。

3　応募資格

（1）採用予定月の1日現在，18歳以上33歳未満の者

※32歳の者は，採用予定月の末日現在，33歳に達していない者

（2）この試験を受けられない者

ア　日本国籍を有しない者

イ　自衛隊法第38条第1項の規定により自衛隊員となることができない者

4　受験手続き

次の2つのいずれかの方法で，受験手続きをすることになっています。

（1）インターネットによる方法

自衛官募集ホームページからインターネット応募サイトへアクセスし，画面の指示に従って必要事項を正しく入力し，応募受付期間中に送

信します。

応募受付期間中に本申込が完了した旨の電子メールが届かない場合は応募受付期間中に応募した自衛隊地方協力本部（P15，P16）まで必ず問い合わせること。

（2）郵送または持参による方法

①志願書類は，各都道府県に所在する自衛隊地方協力本部において取り扱っています。よって，志願書類の送付希望者は，あて先を明記した返信用封筒（A4判）に切手（140円）を貼って同封し，最寄りの自衛隊地方協力本部に請求してください。その際，「一般曹候補生志願書類」の請求であることを明記してください。

②志願者は，次の書類（志願票，自衛隊受験票，返信用封筒）を最寄りの自衛隊地方協力本部に持参または送付してください。

5　第1次試験

（1）試験期日

・1回目：5月下旬のうちで指定される1日

・2回目：9月中旬のうちで指定される1日

（2）試験場

受付時または受験票交付時に通知されます。

（3）試験種目

筆記試験，適性検査

○筆記試験科目

以下の表に示されているように，国語，数学，英語，そして作文について試験が実施されます。

〈筆記試験科目〉

科目	形式	程度	範囲
国語	択一式	高等学校卒業程度	国語総合
数学			数学Ⅰ
英語			コミュニケーション英語Ⅰ
作文	700字程度		

（4）第1次試験合格発表

自衛隊地方協力本部に掲示するとともに，自衛隊地方協力本部のホームページに掲載されます。また，本人あてに通知されます。不合格者には通知されません。

6　第1次試験の内容

試験の合否を主として決定するのは筆記試験であり，その中でも特に国語，数学，英語の試験結果です。したがって，これらの試験科目に的を絞り説明しましょう。なお，国語，数学，英語の各試験科目は別々に実施されるのではなく，同時に実施されます。出題数は，国語－15問，数学－15問，英語－15問の合計45問で，試験時間は120分です。

国語は，漢字の読み，書き取りのほかに，同音・同訓，語意，反対語，四字熟語，慣用句・ことわざ，日本文学，文法，同じ意味の用法，現代文，古文などが出題されます。出題範囲は実に広いですが，内容は難しいものではありません。したがって，基礎的な知識をどれだけ覚えているかがポイントになります。“漢字の読み”から始める必要はなく，取り組みやすい“反対語”“日本文学”からでもOKです。“文法”が苦手なら後回しにして，“四字熟語”“慣用句・ことわざ”などをコツコツ覚えていきましょう。なお，出題数は各分野とも1～2問です。

数学は数学Ⅰが出題対象なので，数と式，2次関数（2次方程式，2次不等式を含む），図形と計量，集合と命題，データの分析の5つの分野から出題されます。分野別の出題数は，「数と式」4～6問，「2次関数」4～6問，「図形と計量」3問，「集合と命題」1問，「データの分析」1問となっています。したがって，まずは数と式，2次関数から取り組んでください。数Ⅰに掲載してある数と式，2次関数が難しいと思ったら，急がば回れということで中学の数学の参考書などを読んでみてください。

英語も，発音，アクセント，英単語，英文法，英文和訳，英作文，会話文など，さまざまな問題が出題されます。しかし，これは中学の英語が柱となっているので，英語が苦手な人も少し真剣に勉強すれば，合格圏に突入できるはずです。なお，本試験では英文和訳，英作文などさまざまなタイプの問題が出題されますが，これらのベースとなっているのは英文法なので，本書ではこれを中心に内容構成をしました。なお，各分野の出題数は，発音1問，アクセント1問，英単語2問，英文法4問，英文和訳2問，英作文（整序を含む）2問，会話文2問，英文読解1問。

ただし，分野別の出題数は試験年度により多少変わります。

また，作文については次の点に留意してください。
①誤字，脱字がなく，送り仮名，仮名づかいに誤りはないか。
②段落が正しく分けられているか。
③文字がていねいか。
④与えられたテーマを正しく捉えているか。
⑤前文，本文，結びというように論理的に構成されているか。
⑥論旨は建設的であるか。
⑦自分の意見が述べられているか。
⑧作文に感情がこもっているか。
⑨自衛官になろうとする熱意があるか。

過去のテーマは次の通りです。制限時間は30分。

・チームのためにその一員として，積極的に行動することの重要性について，あなたの思うところを述べなさい。
・規則を守ることの大切さについて，自身の経験を踏まえた上で，あなたの考えを述べるとともに，自衛官となってその経験をどのように生かせるかについて，思うところを述べなさい。
・仲間の信頼を得ることの大切さについて，自身の経験を踏まえた上で，あなたの考えを述べるとともに，自衛官となってその経験をどのように生かせるかについて，思うところを述べなさい。
・あなたが，学校生活や職場等において，自ら積極的に行動したことの中で，最もやりがいを感じたことに(直面した問題を乗り越えるために，最も努力したことに)ついて述べるとともに，自衛官となってその経験をどのように生かせるかについて，思うところを述べなさい。

7　第2次試験

第1次試験合格者についてのみ行われます。

（1）試験期日　第1回目：6月中旬～7月上旬のうちで指定される1日
　　　　　　　第2回目：9月中旬のうちで指定される1日

（2）試験場　第1次試験合格通知で通知されます。

（3）試験種目

口述試験（個別面接），身体検査

○主な身体検査の合格基準

種　目	基　準	
	男　子	女　子
身　長	150cm 以上のもの	140cm 以上のもの
体　重	身長と均衡を保っているもの（合格基準表参照）	
視　力	両眼の裸眼視力が 0.6 以上または矯正視力が 0.8 以上であるもの。	
色　覚	色盲または強度の色弱でないもの	
聴　力	正常なもの	
歯	多数のウ歯または欠損歯（治療を完了したものを除く）のないもの	
そ の 他	身体健全で慢性疾患，感染症に罹患していないもの。また，四肢関節等に異常のないもの，など	

○合格基準表

男子

身　長	体　重	体重超過の判定基準
cm	kg 以上	kg 以上
150.0〜	44	65
152.0〜	45	67
155.0〜	47	69
158.0〜	47.5	71.5
161.0〜	48	74
164.0〜	49	76.5
167.0〜	50	79
170.0〜	52	81.5
173.0〜	54	84
176.0〜	56	86.5
179.0〜	58	89
182.0〜	60	91.5
185.0〜	62	94
188.0〜	64	96.5
191.0〜	66	99

女子

身　長	体　重	体重超過の判定基準
cm	kg 以上	kg 以上
140.0〜	38	52
142.0〜	39	53
145.0〜	40	55
148.0〜	42	57
150.0〜	43	58
152.0〜	43.5	59.5
155.0〜	44	62
158.0〜	44.5	64.5
161.0〜	45	67
164.0〜	46	69.5
167.0〜	47.5	72
170.0〜	49	74.5
173.0〜	51	77
176.0〜	53	79.5
179.0〜	55	82
182.0〜	57	85
185.0〜	59	88
188.0〜	61	91
191.0〜	63	94

8　試験の実施状況

〔男　子〕

年　度	区分	応募者数	採用者数	倍　率
令　和 2 年 度	陸	14,553 人	3,817 人	3.8 倍
	海	3,729	1,246	3.0
	空	5,562	693	8.0
	計	23,844	5,756	4.1

年　度	区分	応募者数	採用者数	倍　率
令　和 元 年 度	陸	12,842 人	3,743 人	3.4 倍
	海	3,929	1,372	2.9
	空	6,074	715	8.5
	計	22,845	5,830	3.9

〔女　子〕

年　度	区分	応募者数	採用者数	倍　率
令　和 2 年 度	陸	3,384 人	362 人	9.3 倍
	海	996	248	4.0
	空	1,624	378	4.3
	計	6,004	988	6.1

年　度	区分	応募者数	採用者数	倍　率
令　和 元 年 度	陸	2,980 人	324 人	9.2 倍
	海	977	227	4.3
	空	1,508	266	5.7
	計	5,465	817	6.7

9　最終合格者の発表

第１回目は７月下旬，第２回目は 11 月中旬に，それぞれ自衛隊地方協力本部のホームページに掲載するとともに，合格通知書が本人あてに送付されます。不合格者には通知されません。また，正式発表までは合否に関する照会は一切回答されません。

10　入隊

合格者は，採用予定者として次の教育部隊に入隊することになります。

◆教育部隊所在地

区　分		教育部隊	駐屯地・基地	所在地
陸上自衛隊（注）	男子	別途各人に通知されます。	北海道内の各駐屯地	北海道内の各都市
		第119教育大隊	多賀城	宮城県多賀城市
		第117教育大隊	武山	神奈川県横須賀市
		第109教育大隊	大津	滋賀県大津市
		第110教育大隊	松山	愛媛県松山市
		第113教育大隊	国分	鹿児島県霧島市
		第118教育大隊	久留米	福岡県久留米市
	女子	女性自衛官教育隊	朝霧	東京都練馬区
海上自衛隊	男子	横須賀教育隊	横須賀	神奈川県横須賀市
		呉教育隊	呉	広島県呉市
		佐世保教育隊	佐世保	長崎県佐世保市
		舞鶴教育隊	舞鶴	京都府舞鶴市
	女子	横須賀教育隊	横須賀	神奈川県横須賀市
		佐世保教育隊	佐世保	長崎県佐世保市
		舞鶴教育隊	舞鶴	京都府舞鶴市
航空自衛隊	男子	航空教育隊第1教育群	防府南	山口県防府市
		航空教育隊第2教育群	熊谷	埼玉県熊谷市
	女子	航空教育隊第1教育群	防府南	山口県防府市

注：陸上自衛隊については，上記以外の教育部隊で教育を実施することがあります。

11　昇任期間と階級

期間等	6か月	6か月	1年9か月経過以降（選考）
階　級	2士	1士	士長

→

昇任後2年以上（海・空は試験による）					選抜試験合格後
3曹	2曹	1曹	曹長	准尉	3尉

※3曹昇任後4年で，部内選抜の幹部候補生への受験資格が得られます。また，大卒者については，定める要件を満たす場合，3曹昇任後1年で幹部候補生への受験資格が得られます。

志願書類の請求・提出先

地方協力本部	所　在　地	郵便番号	電話番号
札　幌	札幌市中央区北4条西15丁目1	060-8542	011(631)5472
函　館	函館市広野町6-25	042-0934	0138(53)6241
旭　川	旭川市春光町国有無番地	070-0902	0166(51)6055
帯　広	帯広市西14条南14丁目4	080-0024	0155(23)5882
青　森	青森市長島1丁目3-5 青森第2合同庁舎2F	030-0861	017(776)1594
岩　手	盛岡市内丸7番25号 盛岡合同庁舎2F	020-0023	019(623)3236
宮　城	仙台市宮城野区五輪1丁目3-15 仙台第3合同庁舎1F	983-0842	022(295)2612
秋　田	秋田市山王4丁目3-34	010-0951	018(823)5404
山　形	山形市緑町1丁目5-48 山形地方合同庁舎1・2F	990-0041	023(622)0712
福　島	福島市南町86	960-8162	024(546)1920
茨　城	水戸市三の丸3丁目11-9	310-0011	029(231)3315
栃　木	宇都宮市桜5丁目1-13 宇都宮地方合同庁舎2F	320-0043	028(634)3385
群　馬	前橋市南町3丁目64-12	371-0805	027(221)4471
埼　玉	さいたま市浦和区常盤4丁目11-15 浦和地方合同庁舎3F	330-0061	048(831)6043
千　葉	千葉市稲毛区轟町1丁目1-17	263-0021	043(251)7151
東　京	新宿区市谷本村町10番1号	162-8850	03(3260)0543
神奈川	横浜市中区山下町253-2	231-0023	045(662)9429
新　潟	新潟市中央区美咲町1丁目1-1 新潟美咲合同庁舎1号館7F	950-8627	025(285)0515
山　梨	甲府市丸の内1丁目1番18号甲府合同庁舎2F	400-0031	055(253)1591
長　野	長野市旭町1108 長野第2合同庁舎1F	380-0846	026(233)2108
静　岡	静岡市葵区柚木366	420-0821	054(261)3151
富　山	富山市牛島新町6-24	930-0856	076(441)3271
石　川	金沢市新神田4丁目3-10 金沢新神田合同庁舎3F	921-8506	076(291)6250
福　井	福井市春山1丁目1-54 福井春山合同庁舎10F	910-0019	0776(23)1910
岐　阜	岐阜市長良福光2675-3	502-0817	058(232)3127
愛　知	名古屋市中川区松重町3-41	454-0003	052(331)6266
三　重	津市桜橋1丁目91	514-0003	059(225)0531
滋　賀	大津市京町3-1-1 大津びわ湖合同庁舎5F	520-0044	077(524)6446
京　都	京都市中京区西ノ京笠殿町38 京都地方合同庁舎3F	604-8482	075(803)0820

大　阪	大阪市中央区大手前4-1-67 大阪合同庁舎第２号館３F	540-0008	06(6942)0715
兵　庫	神戸市中央区脇浜海岸通1-4-3 神戸防災合同庁舎４F	651-0073	078(261)8600
奈　良	奈良市高畑町552 奈良第２地方合同庁舎１F	630-8301	0742(23)7001
和歌山	和歌山市築港１丁目14-6	640-8287	073(422)5116
鳥　取	鳥取市富安２丁目89-4 鳥取第１地方合同庁舎６F	680-0845	0857(23)2251
島　根	松江市向島町134-10 松江地方合同庁舎４F	690-0841	0852(21)0015
岡　山	岡山市北区下石井１丁目4-1 岡山第２合同庁舎２F	700-8517	086(226)0361
広　島	広島市中区上八丁堀6-30 広島合同庁舎４号館６F	730-0012	082(221)2957
山　口	山口市八幡馬場814	753-0092	083(922)2325
徳　島	徳島市万代町3-5 徳島第２地方合同庁舎５F	770-0941	088(623)2220
香　川	高松市サンポート3-33 高松サンポート合同庁舎南館２F	760-0019	087(823)9206
愛　媛	松山市三番町８丁目352-1	790-0003	089(941)8381
高　知	高知市栄田町2-2-10 高知よさこい咲都合同庁舎８F	780-0061	088(822)6128
福　岡	福岡市博多区竹丘町１丁目12番	812-0878	092(584)1881
佐　賀	佐賀市与賀町2-18	840-0047	0952(24)2291
長　崎	長崎市出島町2-25 防衛省合同庁舎２F	850-0862	095(826)8844
大　分	大分市新川町２丁目１番36号 大分合同庁舎５F	870-0016	097(536)6271
熊　本	熊本市西区春日２丁目10-1 熊本地方合同庁舎B棟３F	860-0047	096(297)2051
宮　崎	宮崎市東大淀２丁目1-39	880-0901	0985(53)2643
鹿児島	鹿児島市東郡元町４番１号 鹿児島第２地方合同庁舎１F	890-8541	099(253)8920
沖　縄	那覇市前島３丁目24-3-1	900-0016	098(866)5457

国語

1. 漢字の読み

ここがポイント　KEY

■試験によく出る読み

問題	問題	解答	解答
①凝　視	②脆　弱	①ぎょうし	②ぜいじゃく
③払　拭	④灰　汁	③ふっしょく	④あく
⑤法　度	⑥暴　露	⑤はっと	⑥ばくろ
⑦急　逝	⑧漸　次	⑦きゅうせい	⑧ぜんじ
⑨飽　食	⑩牽　制	⑨ほうしょく	⑩けんせい
⑪失　跡	⑫成　就	⑪しっせき	⑫じょうじゅ
⑬含　蓄	⑭化　身	⑬がんちく	⑭けしん
⑮吹　聴	⑯極　意	⑮ふいちょう	⑯ごくい
⑰嫌　悪	⑱憎　悪	⑰けんお	⑱ぞうお
⑲精　進	⑳格　子	⑲しょうじん	⑳こうし
㉑律　義	㉒怠　惰	㉑りちぎ	㉒たいだ
㉓漏　洩	㉔忖　度	㉓ろうえい	㉔そんたく
㉕由　緒	㉖功　徳	㉕ゆいしょ	㉖くどく
㉗玄　人	㉘珍　重	㉗くろうと	㉘ちんちょう
㉙所　望	㉚会　心	㉙しょもう	㉚かいしん
㉛結　納	㉜疾　病	㉛ゆいのう	㉜しっぺい
㉝遵　守	㉞率　先	㉝じゅんしゅ	㉞そっせん
㉟暫　定	㊱横　柄	㉟ざんてい	㊱おうへい
㊲恩　賜	㊳謀　反	㊲おんし	㊳むほん
㊴細　工	㊵久　遠	㊴さいく	㊵くおん
㊶敷　設	㊷諮　問	㊶ふせつ	㊷しもん
㊸固　唾	㊹流　布	㊸かたず	㊹る　ふ
㊺庇　護	㊻帰　依	㊺ひご	㊻き　え
㊼逝　去	㊽隠　匿	㊼せいきょ	㊽いんとく
㊾虚　空	㊿柔　和	㊾こくう	㊿にゅうわ
(51)烏　合	(52)拙　劣	(51)うごう	(52)せつれつ

(53)危篤	(54)忽然
(55)蛇行	(56)転嫁
(57)侮蔑	(58)更迭
(59)邪推	(60)辛苦

(53)きとく	(54)こつぜん
(55)だこう	(56)てんか
(57)ぶべつ	(58)こうてつ
(59)じゃすい	(60)しんく

■まちがえやすい読み

①斡旋	②不穏
③解毒	④普請
⑤曲者	⑥指図
⑦悪寒	⑧漆黒
⑨梯子	⑩言質
⑪惜別	⑫留置
⑬初陣	⑭直訴
⑮交錯	⑯一矢
⑰災禍	⑱温床
⑲非業	⑳渾身
㉑疲弊	㉒遺恨
㉓逐次	㉔繁茂
㉕生粋	㉖市井
㉗参詣	㉘雑魚
㉙廉価	㉚履行
㉛稀有	㉜摂取
㉝混沌	㉞奪還
㉟真偽	㊱遊説
㊲棄権	㊳匿名
㊴出納	㊵行灯
㊶仮病	㊷半鐘
㊸陳情	㊹怪我
㊺相殺	㊻宮司
㊼行脚	㊽素性
㊾奥義	㊿権化
(51)喧伝	(52)爪先
(53)衆生	(54)曖昧

①あっせん	②ふおん
③げどく	④ふしん
⑤くせもの	⑥さしず
⑦おかん	⑧しっこく
⑨はしご	⑩げんち
⑪せきべつ	⑫りゅうち
⑬ういじん	⑭じきそ
⑮こうさく	⑯いっし
⑰さいか	⑱おんしょう
⑲ひごう	⑳こんしん
㉑ひへい	㉒いこん
㉓ちくじ	㉔はんも
㉕きっすい	㉖しせい
㉗さんけい	㉘ざこ
㉙れんか	㉚りこう
㉛けう	㉜せっしゅ
㉝こんとん	㉞だっかん
㉟しんぎ	㊱ゆうぜい
㊲きけん	㊳とくめい
㊴すいとう	㊵あんどん
㊶けびょう	㊷はんしょう
㊸ちんじょう	㊹けが
㊺そうさい	㊻ぐうじ
㊼あんぎゃ	㊽すじょう
㊾おうぎ	㊿ごんげ
(51)けんでん	(52)つまさき
(53)しゅじょう	(54)あいまい

TEST-1 ■漢字の読み

1 頻出問題 ア～オの漢字の読み方について，正しいものだけを挙げているものはどれか。

ア 投　網（とあみ）　　イ 完　遂（かんつい）
ウ 読　本（どくほん）　　エ 壮　図（そうず）
オ 国　是（こくぜ）

①ア，イ，ウ　　②ア，エ
③ア，オ　　④イ，ウ，エ
⑤イ，オ　　（　　）

2 次の漢字の読みを（　　）に書きなさい。

①上　着（　　　）　　②苦　行（　　　）
③脚　気（　　　）　　④払　拭（　　　）
⑤年　貢（　　　）　　⑥拍　子（　　　）
⑦弾　劾（　　　）　　⑧為　替（　　　）
⑨唯　一（　　　）　　⑩満　帆（　　　）
⑪浴　衣（　　　）　　⑫夏　至（　　　）

3 次の下線部の読みを（　　）に記入しなさい。

①寿命を全うする。（　　　）
②不朽の名作。（　　　）
③職務怠慢を責める。（　　　）
④極秘情報を入手する。（　　　）
⑤自信を喪失する。（　　　）
⑥海外企業と提携する。（　　　）
⑦神楽を奉納する。（　　　）
⑧山海の珍味を満喫する。（　　　）
⑨権威が失墜する。（　　　）
⑩醜態を演じる。（　　　）

4 次の熟語の読み方として，誤っているものはどれか。

①執　着（しゅうちゃく）
②順　応（じゅんのう）
③享　年（きょうねん）
④脚　立（きゃたつ）
⑤返　戻（へんぼう）　　（　　）

5 次の下線部の読みを（　　）に記入しなさい。

①失敗の原因を<u>謙虚</u>に反省する。　　（　　　　）
② 21 世紀に入り世界経済が<u>変貌</u>する。　　（　　　　）
③<u>因縁</u>浅からぬ関係にある。　　（　　　　）
④彼には<u>全幅</u>の信頼を置いている。　　（　　　　）
⑤当地には数々の<u>逸話</u>が残されている。　　（　　　　）
⑥ここは<u>狩猟</u>禁止区域である。　　（　　　　）
⑦会社の<u>慰安</u>旅行で北海道に行く。　　（　　　　）
⑧顔も体型も兄と<u>酷似</u>している。　　（　　　　）
⑨体の<u>鍛錬</u>は精神修養にもつながる。　　（　　　　）
⑩将来に<u>禍根</u>を残すことになった。　　（　　　　）

ANSWER-1 ■漢字の読み

1 **3** **解説** 正しい読み方は，イ：完遂（かんすい）ウ：読本（とくほん）エ：壮図（そうと）

2 ①うわぎ　②くぎょう　③かっけ　④ふっしょく　⑤ねんぐ　⑥ひょうし　⑦だんがい　⑧かわせ　⑨ゆいいつ　⑩まんぱん　⑪ゆかた　⑫げし

3 ①じゅみょう　②ふきゅう　③たいまん　④ごくひ　⑤そうしつ　⑥ていけい　⑦ほうのう　⑧まんきつ　⑨しっつい　⑩しゅうたい

4 **5** **解説** 正しい読み方は，返戻（へんれい）。①執着は（しゅうじゃく）とも読む。

5 ①けんきょ　②へんぼう　③いんねん　④ぜんぷく　⑤いつわ　⑥しゅりょう　⑦いあん　⑧こくじ　⑨たんれん　⑩かこん

TEST-2 ■漢字の読み

1 頻出問題 次の漢字について，（　　）の読みが正しいものはどれか。

①同じ所作（しょさく）を繰り返す。
②人数を勘定（かんてい）する。
③無事安穏（あんおん）に暮らす。
④皆に重宝（ちょうほう）がられる。
⑤荘厳（そうげん）な儀式が行われる。　（　　）

2 頻出問題 次の漢字について，（　　）の読みが誤っているものはどれか。

①もはや昔日（しゃくじつ）の面影はない。
②渓流（けいりゅう）下りを楽しむ。
③店内は閑散（かんさん）としていた。
④あの人は好悪（こうお）がはげしい。
⑤稚拙（ちせつ）な文章ですみません。　（　　）

3 次の漢字の読みを（　　）に書きなさい。

①吹　雪（　　　）　②観　音（　　　）
③迷　子（　　　）　④嫌　気（　　　）
⑤屋　外（　　　）　⑥頭　巾（　　　）
⑦濁　流（　　　）　⑧福　音（　　　）
⑨分　泌（　　　）　⑩小　豆（　　　）
⑪割　譲（　　　）　⑫抜　粋（　　　）
⑬衝　撃（　　　）　⑭因　縁（　　　）
⑮披　露（　　　）　⑯拘　束（　　　）
⑰崇　高（　　　）　⑱断　食（　　　）
⑲水　泡（　　　）　⑳座　禅（　　　）
㉑漆　器（　　　）　㉒誤　謬（　　　）
㉓萎　縮（　　　）　㉔本　望（　　　）
㉕鋳　造（　　　）　㉖巧　拙（　　　）
㉗奔　放（　　　）　㉘扶　養（　　　）

4 次の熟語の読み方として，正しいものはどれか。

①顧　慮（こうりょ）
②硫　黄（りゅうおう）
③磐　石（ばんせき）
④従　容（じゅうよう）
⑤難　渋（なんじゅう）　　　（　　）

5 次の下線部の読みを（　　）に記入しなさい。

①<u>雑言</u>を吐く。（　　　）
②大空を<u>仰視</u>する。（　　　）
③<u>恭順</u>の意を表す。（　　　）
④<u>示唆</u>に富む。（　　　）
⑤<u>突如</u>として出現する。（　　　）
⑥自宅での<u>謹慎</u>を申し渡される。（　　　）
⑦<u>赴任</u>の途につく。（　　　）
⑧<u>干潟</u>であさりを採る。（　　　）
⑨胸の<u>鼓動</u>がとまらない。（　　　）
⑩<u>賄賂</u>を受け取る。（　　　）

ANSWER-2 ■漢字の読み

1 ❹ 解説 正しい読み方は，①所作（しょさ）②勘定（かんじょう）③安穏（あんのん）⑤荘厳（そうごん）

2 ❶ 解説 正しい読み方は，昔日（せきじつ）

3 ①ふぶき ②かんのん ③まいご ④いやけ ⑤おくがい ⑥ずきん ⑦だくりゅう ⑧ふくいん ⑨ぶんぴつ（ぶんぴ）⑩あずき ⑪かつじょう ⑫ばっすい ⑬しょうげき ⑭いんねん ⑮ひろう ⑯こうそく ⑰すうこう ⑱だんじき ⑲すいほう ⑳ざぜん ㉑しっき ㉒ごびゅう ㉓いしゅく ㉔ほんもう ㉕ちゅうぞう ㉖こうせつ ㉗ほんぽう ㉘ふよう

4 ❺ 解説 正しい読み方は，①顧慮（こりょ）②硫黄（いおう）③磐石（ばんじゃく）④従容（しょうよう）

5 ①ぞうごん ②ぎょうし ③きょうじゅん ④しさ ⑤とつじょ ⑥きんしん ⑦ふにん ⑧ひがた ⑨こどう ⑩わいろ

■漢字の読み

1 次の熟語の読み方として，正しいものはどれか。

①安　堵（あんしゃ）
②凋　落（しゅうらく）
③清　廉（せいけん）
④曇　天（どんてん）
⑤急　逝（きゅうせつ）　　（　　）

2 次の下線部の読みを（　　）に記入しなさい。

①担当責任者を罷免する。（　　　）
②人心の掌握がうまくいかない。（　　　）
③遠足には生憎の雨だ。（　　　）
④厄介な問題がもちあがる。（　　　）
⑤身分証明書を呈示する。（　　　）
⑥執行猶予つきの判決が下される。（　　　）
⑦非難の矢面に立たされる。（　　　）
⑧寺の由来を調べる。（　　　）
⑨火山の噴煙が遠くから見える。（　　　）
⑩この三作品の中では彼女のものが出色だ。（　　　）

3 次の漢字の読みを（　　）に書きなさい。

①和　尚（　　　）　②輪　郭（　　　）
③還　暦（　　　）　④雪　崩（　　　）
⑤伴　侶（　　　）　⑥碁　盤（　　　）
⑦悠　長（　　　）　⑧幾　重（　　　）
⑨欠　如（　　　）　⑩掘　削（　　　）
⑪気　性（　　　）　⑫完　膚（　　　）
⑬浴　槽（　　　）　⑭薫　風（　　　）
⑮管　轄（　　　）　⑯黄　昏（　　　）
⑰訴　訟（　　　）　⑱拷　問（　　　）
⑲翻　弄（　　　）　⑳欠　伸（　　　）

4 頻出問題 次の下線部の読み方として，誤っているものはどれか。

①あの小説家は厭世家として知られている。　：けんせい
②交渉は膠着状態に陥った。　：こうちゃく
③大臣が暴徒の凶刃に倒れる。　：きょうじん
④この界隈には飲食店が多い。　：かいわい
⑤花瓶がこっぱ微塵に砕ける。　：みじん　（　　）

5 次の下線部の読みを（　　）に記入しなさい。

①水源が枯渇する。（　　　）
②毅然たる態度をとる。（　　　）
③堂々と緒戦を飾る。（　　　）
④試作品を無料で頒布する。（　　　）
⑤全能力を駆使する。（　　　）
⑥何の変哲もない話を長時間聞く。（　　　）
⑦清澄な空気を吸う。（　　　）
⑧覆面パトカーに追跡される。（　　　）
⑨履歴書を添付する。（　　　）
⑩父の病気が治癒する。（　　　）

ANSWER-3 ■漢字の読み

1 ❹ 解説 正しい読み方は，①安堵（あんど） ②凋落（ちょうらく） ③清廉（せいれん） ⑤急逝（きゅうせい）

2 ①ひめん ②しょうあく ③あいにく ④やっかい ⑤ていじ ⑥ゆうよ ⑦やおもて ⑧ゆらい ⑨ふんえん ⑩しゅっしょく

3 ①おしょう ②りんかく ③かんれき ④なだれ ⑤はんりょ ⑥ごばん ⑦ゆうちょう ⑧いくえ ⑨けつじょ ⑩くっさく ⑪きしょう ⑫かんぷ ⑬よくそう ⑭くんぷう ⑮かんかつ ⑯たそがれ ⑰そしょう ⑱ごうもん ⑲ほんろう ⑳あくび

4 ❶ 解説 正しい読み方は，厭世（えんせい）

5 ①こかつ ②きぜん ③しょせん ④はんぷ ⑤くし ⑥へんてつ ⑦せいちょう ⑧ふくめん ⑨てんぷ ⑩ちゆ

2. 漢字の書き取り

ここがポイント KEY

■試験によく出る書き取り

問題	解答
①カカンな攻撃を仕掛ける。	①果　敢
②目のサッカクのメカニズムを研究する。	②錯　覚
③保守勢力がスイタイする。	③衰　退
④食糧を外国にイソンする。	④依　存
⑤各部署の事情をカンアンのうえで決定する。	⑤勘　案
⑥神社のユライを調べる。	⑥由　来
⑦昔，ここに人が住んでいたコンセキがある。	⑦痕　跡
⑧ホウショクの時代に栄養失調の若い女性が多数いる。	⑧飽　食
⑨違反者をショバツする。	⑨処　罰
⑩解雇され生活にコンキュウする。	⑩困　窮
⑪ジンソクな対応が強く求められる。	⑪迅　速
⑫基本的人権は個人のソンゲンを法的根拠としている。	⑫尊　厳
⑬新幹線が県の北部をカンツウする。	⑬貫　通
⑭他界した作家の手紙などをヒロウする。	⑭披　露
⑮ガイカク団体の事業内容などを報告する。	⑮外　郭
⑯時間にコウソクされる人生と決別したい。	⑯拘　束
⑰その質問は問題のカクシンをついている。	⑰核　心
⑱障害物をジョキョする。	⑱除　去
⑲飛行機のソウジュウ方法を教わる。	⑲操　縦
⑳地球がオセンされる。	⑳汚　染
㉑感情をロコツに表す。	㉑露　骨
㉒納豆菌の作用でハッコウする。	㉒発　酵
㉓生命保険のカンユウ員になる。	㉓勧　誘
㉔フハイした政治を正す。	㉔腐　敗
㉕新しい発想にケイハツされる。	㉕啓　発

㉖将来にカコンを残す結果となる。	㉖禍　根
㉗危機意識がまだまだキハクだ。	㉗希　薄
㉘コイにやったとしか思えない。	㉘故　意
㉙未ケッサイの書類がうずたかく積まれる。	㉙決　裁
㉚災害により老朽家屋がトウカイする。	㉚倒　壊

■まちがえやすい書き取り

①父が毎月の酒代を〔検約／険約〕する。	①険　約
②一時〔快方／快放〕に向かったガンが再発する。	②快　方
③問題解決に〔苦脳／苦悩〕する。	③苦　悩
④〔体裁／体栽〕をつくろう。	④体　裁
⑤インフレが〔慢性／漫性〕化する。	⑤慢　性
⑥あの先生の〔専門／専問〕は口腔外科である。	⑥専　門
⑦両者の意見に大きな〔争違／相違〕はない。	⑦相　違
⑧〔浸略／侵略〕戦争について議論する。	⑧侵　略
⑨病気を〔境機／契機〕に夜更かしをやめる。	⑨契　機
⑩修学旅行の〔引卒／引率〕をする。	⑩引　率
⑪捜査が〔難行／難航〕する。	⑪難　航
⑫原油価格が〔暴謄／暴騰〕する。	⑫暴　騰
⑬〔惰落／堕落〕した生活を送る。	⑬堕　落
⑭ビタミンＥを〔摂取／摂種〕する。	⑭摂　取
⑮努力が報われ〔感概／感慨〕もひとしおである。	⑮感　慨
⑯堤防が〔欠壊／決壊〕する。	⑯決　壊
⑰今日の演技は〔完壁／完璧〕であった。	⑰完　璧
⑱〔脅異／驚異〕的な記録が出る。	⑱驚　異
⑲高速道路が〔渋帯／渋滞〕する。	⑲渋　滞
⑳遺跡の〔発堀／発掘〕に参加する。	⑳発　掘
㉑〔遍見／偏見〕を捨てるのは難しい。	㉑偏　見
㉒古都の秋を〔満喫／満詰〕する。	㉒満　喫
㉓毎日を〔諭快／愉快〕に過ごしたい。	㉓愉　快
㉔重要書類が〔紛失／粉失〕する。	㉔紛　失
㉕弁明に〔躍気／躍起〕となる。	㉕躍　起

TEST-1 ■漢字の書き取り

1 下線部の漢字の使い方として，次のうち正しいものはどれか。

①再三の<u>警告</u>を無視する。
②事前に危険を<u>擦知</u>する。
③街の発展を<u>粗害</u>する要因を取り除く。
④身の毛のよだつ<u>大参事</u>となる。
⑤諸国を<u>慢遊</u>した話を聞く。　（　　）

2 次のカタカナを漢字で書きなさい。

①**キンチョウ**の糸が切れる。　（　　　）
②**シッケ**が多くて気分が悪い。　（　　　）
③**ソウサク**意欲がわく。　（　　　）
④上司の命令に**フクジュウ**する。　（　　　）
⑤行政**キコウ**を改革する。　（　　　）
⑥輸入された動物を**ケンエキ**する。　（　　　）
⑦凶器を**オウシュウ**する。　（　　　）
⑧**コウイン**矢の如しと言うが，その通りだ。　（　　　）
⑨動物を**ギャクタイ**するな。　（　　　）
⑩**マヤク**の密売組織を摘発する。　（　　　）

3 頻出問題　文中の漢字がすべて正しいものは，次のうちどれか。

①全般的に成積が低調である。
②先方に損害陪償を請求する。
③この地方は高山植物の豊庫である。
④波の侵食作用でできた絶景を見に行く。
⑤公金を着服した疑惑が持たれている。　（　　）

4 頻出問題 カタカナに用いる漢字として正しいものは，次のうちどれか。

①**イチリツ**に百円ずつ値上げする。　：一率
②受験地獄から**カイホウ**される。　：開放
③自由放任主義の**ヘイガイ**が広まる。：幣害
④**コジ**院に多額の寄付をする。　：孤児
⑤**フキュウ**の名作が盗まれる。　：不休　(　　)

5 次のカタカナを漢字に直しなさい。

①**シュウトウ**に準備した上で取りかかる。(　　)
②この事業には**ボウダイ**な費用がかかる。(　　)
③雄大な**チョウボウ**が開ける。(　　)
④説明を聞いても**ナットク**がいかない。(　　)
⑤彼は**タクエツ**した技量を持っている。(　　)
⑥電車内で**チカン**にあう。(　　)
⑦**カイゴ**保険制度の見直しを行う。(　　)
⑧駐車場を**シュクショウ**する。(　　)
⑨人生の**キロ**に立つ。(　　)
⑩会員の意見を**ホウカツ**する。(　　)

ANSWER-1 ■漢字の書き取り

1 ❶ 解説 誤りを訂正すると，②擦知→察知　③粗害→阻害　④大参事→大惨事　⑤慢遊→漫遊

2 ①緊張　②湿気　③創作　④服従　⑤機構　⑥検疫　⑦押収　⑧光陰　⑨虐待　⑩麻薬

3 ❺ 解説 誤りを訂正すると，①成積→成績　②陪償→賠償　③豊庫→宝庫　④侵食→浸食

4 ❹ 解説 誤りを訂正すると，①一率→一律　②開放→解放　③幣害→弊害　⑤不休→不朽

5 ①周到　②膨大　③眺望　④納得　⑤卓越　⑥痴漢　⑦介護　⑧縮小　⑨岐路　⑩包括

TEST-2 ■漢字の書き取り

1 下線部のカタカナに用いる漢字として正しいものは，次のうちどれか。

①企業間の賃金カクサが広がる。　：拡
②オンケン派が議会で多数を占める。　：温
③人材ハケン会社を設立する。　：遣
④完全モクヒを続ける。　：秘
⑤景気が長期にわたりテイメイする。　：停　（　　）

2 頻出問題 下線部にあたる漢字として正しいものはどれか。

①政局のシュウシュウがつかない。　：収習
②その語本来のイギを考えてみる。　：意議
③神経質なくらいケッペキな人だ。　：潔碧
④試作品を無料でハンプする。　：煩布
⑤感染症ボクメツ運動を展開する。　：撲滅　（　　）

3 次のカタカナを漢字で書きなさい。

①他社の製品を**モホウ**する。（　　　）
②式典を**キョコウ**する。（　　　）
③任務を**ホウキ**する。（　　　）
④**ゼンセン**むなしく敗れる。（　　　）
⑤**ヒナン**訓練を行う。（　　　）
⑥彼の聡明さには**ケイフク**する。（　　　）
⑦旗で**アイズ**する。（　　　）
⑧**コウフン**の余り眠れない。（　　　）
⑨血液が**ギョウコ**する。（　　　）
⑩反対勢力が**ガンキョウ**に抵抗する。（　　　）
⑪綱紀を**シュクセイ**する。（　　　）
⑫健闘むなしく**セキハイ**する。（　　　）
⑬火災が**チンカ**する。（　　　）
⑭**トツゲキ**を敢行する。（　　　）

4 下線部の漢字の使い方として，次のうち正しいものはどれか。

①今回の<u>惜置</u>は納得できない。
②内部の対立が<u>露呈</u>する。
③彼は悪魔の<u>化神</u>だ。
④授業料を<u>怠納</u>する。
⑤それは<u>衆知</u>の事実である。　　　　　　　（　　）

5 頻出問題 文中の漢字がすべて正しいものは，次のうちどれか。

①事業計画について社長の採決を仰ぐ。
②祖父は性来好奇心が強い。
③国会の解散は必死の情勢である。
④先進国に経済援助を要精する。
⑤知人の息子は物理学を専攻している。　　　　　　　（　　）

ANSWER-2 ■漢字の書き取り

1 ❹ 解説 ①格差　②穏健　③派遣　④黙秘　⑤低迷

2 ❺ 解説 ①収習（×）→収拾（○）　②意議（×）→意義（○）　③潔碧（×）→潔癖（○）　④頒（×）布→頒（○）布

3 ①模倣　②挙行　③放棄　④善戦　⑤避難　⑥敬服　⑦合図　⑧興奮　⑨凝固　⑩頑強　⑪粛正　⑫惜敗　⑬鎮火　⑭突撃

4 ❷ 解説 誤りを訂正すると，①惜置→措置　③化神→化身　④怠納→滞納　⑤衆知→周知

5 ❺ 解説 誤りを訂正すると，①採決→裁決　②性来→生来　③必死→必至　④要精→要請

TEST-3 ■漢字の書き取り

1 カタカナを正しく漢字に書きかえているものはどれか。

①東北地方の**ホウゲン**（放言）を調査する。
②先輩に**ショウカイ**（照介）状を書いてもらう。
③敵の勢力が**シンチョウ**（伸張）する。
④大臣の**ニンショウ**（任証）式が皇居で行われる。
⑤高校の学習**カテイ**（科程）を修了する。　（　）

2 カタカナに用いる漢字として正しいものは，次のうちどれか。

①景気回復の兆**コウ**がみられる。　：侯
②薬を患者に**チュウ**入する。　：仲
③高齢者の人口が**テイ**増している。　：定
④古代王朝の興**ボウ**の背景をさぐる。　：謀
⑤教育の機**カイ**均等が望まれる。　：会　（　）

3 下線部の漢字の使い方として，次のうち正しいものはどれか。

①テレビ番組を製作する。
②みだりに殺生してはならない。
③あゆ釣りが開禁となる。
④代表選手の建闘を祈る。
⑤一部の者に富が遍在する。　（　）

4 頻出問題 カタカナに用いる漢字として，次のうち正しいものはどれか。

①昨夜，**ボウカン**に襲われる。　：暴嘆
②司令官が全軍を**トウスイ**する。　：統帥
③そこを**キテン**として出発した。　：起転
④伝染病の患者を**カクリ**する。　：郭離
⑤縁日の**ロテン**で焼そばを買う。　：露天　（　）

5 頻出問題 文中の漢字がすべて正しいものはどれか。

①殺人未逐の現行犯で逮捕される。
②販売業務を同業他社に依託する。
③環境保護条例が議会の万場一致で可決される。
④軽率な発言で世間から非難を浴びる。
⑤緊急時に備えて自宅で待期する。　(　　)

6 次のカタカナを漢字に直しなさい。

①法の**モウテン**を突く。　(　　　　)
②政治の**チュウスウ**を握る。　(　　　　)
③土地の**トウキ**をする。　(　　　　)
④勇猛**カカン**に海に飛び込む。　(　　　　)
⑤老人が**エンギ**をかつぐ。　(　　　　)
⑥社長**レイジョウ**と結婚する。　(　　　　)
⑦事件を**タンネン**に調べる。　(　　　　)
⑧道路を**ホソウ**する。　(　　　　)

ANSWER-3 ■漢字の書き取り

1 ❸ 解説 誤りを訂正すると，①放言→方言　②照介→紹介　④任証→認証　⑤科程→課程

2 ❺ 解説 正しい漢字は，①兆コウ→兆候　②チュウ入→注入　③テイ増→逓増　④興ボウ→興亡

3 ❷ 解説 ②「殺生」は「せっしょう」と読む。誤りを訂正すると，①製作→制作　③開禁→解禁　④建闘→健闘　⑤遍在→偏在

4 ❷ 解説 誤りを訂正すると，①暴嘆→暴漢　③起転→起点　④郭離→隔離　⑤露天→露店

5 ❹ 解説 誤りを訂正すると，①未逐→未遂　②依託→委託　③万場一致→満場一致　⑤待期→待機

6 ①盲点　②中枢　③登記　④果敢　⑤縁起　⑥令嬢　⑦丹念　⑧舗装

3. 同音・同訓の漢字

ここがポイント KEY

■試験によく出る同音異字

問題	問題	解答	解答
①シン重に構える	⑥情報を提キョウする	①慎	⑥供
②夫婦のシン室	⑦度キョウを据える	②寝	⑦胸
③勝利を確シンする	⑧キョウ迫の容疑	③信	⑧脅
④シン夜営業	⑨望遠キョウ	④深	⑨鏡
⑤審議会の答シン	⑩偏キョウな考え方	⑤申	⑩狭
⑪遠カク操作	⑯銭トウに通う	⑪隔	⑯湯
⑫皮カク製品	⑰水トウ栽培	⑫革	⑰稲
⑬錯カクを起こす	⑱封トウの上書き	⑬覚	⑱筒
⑭麦の収カク	⑲物価トウ貴	⑭穫	⑲騰
⑮船舶を捕カクする	⑳戸籍トウ本	⑮獲	⑳謄
㉑ホウ負を述べる	㉖概ヨウを説明する	㉑抱	㉖要
㉒内閣がホウ壊する	㉗日本舞ヨウ	㉒崩	㉗踊
㉓水ホウに帰す	㉘ヨウ姿端麗な女性	㉓泡	㉘容
㉔模ホウの域を出ない	㉙ヨウ痛に悩む	㉔倣	㉙腰
㉕ホウ帯を巻く	㉚幼帝をヨウ立する	㉕包	㉚擁

■試験によく出る同音異義語

問題	問題	解答	解答
①河川のシンショク作用	③天地ソウゾウ	①浸食	③創造
②領土をシンショクする	④ソウゾウがつく	②侵食	④想像
⑤コウセイ施設	⑦家をフシンする	⑤厚生	⑦普請
⑥改心してコウセイする	⑧対策にフシンする	⑥更生	⑧腐心
⑨新聞社のシュサイ	⑪人生のイギ	⑨主催	⑪意義
⑩会議をシュサイする	⑫イギを唱える	⑩主宰	⑫異議
⑬一斉ケンキョ	⑮人事イドウの発令	⑬検挙	⑮異動
⑭ケンキョに反省する	⑯イドウ性高気圧	⑭謙虚	⑯移動

⑰往事をカイコする
⑱カイコ通告

⑲自説をコジする
⑳社長就任をコジする

⑰回顧 ⑲固持
⑱解雇 ⑳固辞

㉑責任のツイキュウ
㉒真理のツイキュウ
㉓利潤のツイキュウ

㉔タイショウ図形
㉕研究のタイショウ
㉖タイショウ的な性格

㉑追及 ㉔対称
㉒追究 ㉕対象
㉓追求 ㉖対照

㉗運賃のセイサン
㉘製品のセイサン
㉙過去をセイサンする

㉚名曲カンショウ
㉛カンショウ用植物
㉜カンショウ地帯

㉗精算 ㉚鑑賞
㉘生産 ㉛観賞
㉙清算 ㉜緩衝

㉝団体コウショウ
㉞コウショウな趣味
㉟時代コウショウ

㊱爆薬にテンカする
㊲食品テンカ物
㊳責任をテンカする

㉝交渉 ㊱点火
㉞高尚 ㊲添加
㉟考証 ㊳転嫁

■覚えておきたい同訓異字

①ねずみをトる
②写真をトる

③予定をカえる
④あいさつにカえる

①捕 ③変
②撮 ④代

⑤目がコえる
⑥山をコえる

⑦困難にタえる
⑧消息がタえる

⑤肥 ⑦耐
⑥越 ⑧絶

⑨入会をススめる
⑩良書をススめる

⑪年がアける
⑫席をアける

⑨勧 ⑪明
⑩薦 ⑫空

⑬常識にカける
⑭橋をカける

⑮昔をカエリみる
⑯日に三度カエリみる

⑬欠 ⑮顧
⑭架 ⑯省

⑰庭木をウえる
⑱愛情にウえる

⑲弱音をハく
⑳下駄をハく

⑰植 ⑲吐
⑱飢 ⑳履

㉑角度をハカる
㉒悪事をハカる
㉓会議にハカる

㉔太鼓をウつ
㉕鳥をウつ
㉖かたきをウつ

㉑測 ㉔打
㉒謀 ㉕撃
㉓諮 ㉖討

㉗法律をオカす
㉘国境をオカす
㉙危険をオカす

㉚心をシズめる
㉛船をシズめる
㉜痛みをシズめる

㉗犯 ㉚静
㉘侵 ㉛沈
㉙冒 ㉜鎮

TEST-1 ■同音・同訓の漢字

1 頻出問題 次の文の下線部と同じ漢字を用いるものはどれか。

「窓を開けて<u>**カン**</u>気する。」

①お客を**カン**迎する。

②名刺を交**カン**する。

③退職を**カン**告する。

④昆虫の生態を**カン**察する。

⑤証人を**カン**問する。 （　　）

2 頻出問題 次の下線部と同じ漢字を使うものはどれか。

「さては<u>**ハカ**</u>られたか。」

①会員に**ハカ**って決める。

②能力を**ハカ**る。

③心のうちを**ハカ**る。

④経営の合理化を**ハカ**る。

⑤乗っ取りを**ハカ**る。 （　　）

3 A～Cの□に入る漢字の組合せとして正しいものはどれか。

A　しつこい風邪を退□（たいじ）する。

B　□望（ちょうぼう）が急に開ける。

C　圧□（あっぱく）感を与える。

	A	B	C
①	治	跳	拍
②	治	眺	迫
③	除	挑	迫
④	除	眺	拍
⑤	持	跳	拍

（　　）

4 次の文の下線部のカタカナに用いる漢字として正しいものはどれか。

「病人を手厚く<u>カイホウ</u>する。」

①快　方　　②快　放
③介　抱　　④介　報
⑤介　方　　（　　）

5 頻出問題 下線部と同じ漢字を使うものとして，次のうち正しいものはどれか。

「海上交通の要<u>ショウ</u>として知られる。」

①ショウ撃　　②晩ショウ
③ショウ握　　④参ショウ
⑤座ショウ　　（　　）

6 下線部のカタカナに用いる漢字として，次のうち正しいものはどれか。

「泥がズボンに<u>ツ</u>く。」

①付　②着　③突　④就　⑤吐　（　　）

ANSWER-1 ■同音・同訓の漢字

1 ❷ 解説「窓を開けて換気する」 ①歓迎　②交換　③勧告　④観察　⑤喚問　なお，音読みの「カン」はこれらのほかに，肝心，栄冠，看護，欠陥，乾杯，貫通，勇敢などがある。

2 ❺ 解説「さては謀られたか」 ①諮　②計（測）③量　④図　⑤謀

3 ❷ 解説 A：退治　B：眺望　C：圧迫

4 ❸ 解説「介抱」の同音異義語には，会報を発行する，人質を解放する，校庭を開放する，快報を聞いて喜ぶ，病気が快方に向かう，などがある。

5 ❶ 解説 要ショウ→要衝　①衝撃　②晩鐘　③掌握　④参照　⑤座礁

6 ❶ 解説 ①「利子が付く」「技能が身に付く」などでも使われる。②席に着く，荷物が着く　③つえを突く，棒で突く　④職に就く，床に就く　⑤うそを吐く，ため息を吐く

TEST-2 ■同音・同訓の漢字

1 次の各文の□には「こうい」と読む熟語が入る。ア～エに該当するものの組合せとして正しいものはどれか。

・［ア］室に泥棒が入る。
・友人の［イ］に甘える。
・転校生に［ウ］を寄せる。
・不正な［エ］をする。

	ア	イ	ウ	エ
①	更衣	厚意	好意	行為
②	更衣	好意	厚意	行為
③	更衣	厚意	好意	行依
④	光衣	好意	厚意	行依
⑤	光衣	好意	厚意	行為

（　　）

2 下の文の下線部に用いられている漢字と同じ漢字を用いるのは，次のうちどれか。

「<u>キセイ</u>の概念を打破する。」

注目 本試験では，この形式で出題される。

①首都圏の交通を**キセイ**する。
②勝利して**キセイ**を上げる。
③それは**キセイ**の事実である。
④スーパーで**キセイ**服を購入する。
⑤子どもが**キセイ**を発する。

（　　）

3 次の文の下線部と同じ漢字を用いるものはどれか。

「節<u>ソウ</u>のない人間が近ごろ増えている。」

①議場が**ソウ**然となる。
②空気が乾**ソウ**する。
③飛行機の**ソウ**縦を習う。
④冬山で**ソウ**難する。
⑤店舗を改**ソウ**する。

（　　）

4 次の同訓異字を書き分けなさい。

①｛足がイタ（　　）む。／台風で屋根がイタ（　　）む。／先生の死をイタ（　　）む。

②｛店をシ（　　）める。／多数をシ（　　）める。／ねじをシ（　　）める。

③｛本を棚にア（　　）げる。／全力をア（　　）げる。／テンプラをア（　　）げる。

④｛難問をト（　　）く。／絵の具をト（　　）く。／道理をト（　　）く。

5 次の文の下線部のカタカナに用いる漢字として正しいものはどれか。

「日常生活の中で**セイキ**する問題を列挙する。」

①精気　②正規　③盛期

④生起　⑤生気　（　　）

6 下線部のカタカナに用いる漢字として，次のうち正しいものはどれか。

「ネクタイが服に**ア**う。」

①会　②合　③遭

④逢　⑤遇　（　　）

ANSWER-2 ■同音・同訓の漢字

1 ❶ 解説 厚意とは，「思いやりのある心」，好意とは，「相手を好ましいと思う気持ち」のこと。なお，「光衣」と「行依」は誤字。

2 ❸ 解説「既成の概念を打破する。」①規制　②気勢　③既成　④既製　⑤奇声「キセイ」にはこれらのほかに，「規正」「希世」「祈誓」「帰省」「寄生」「機制」などがある。

3 ❸ 解説 節ソウ→節操　①騒然　②乾燥　③操縦　④遭難　⑤改装

4 ①痛，傷，悼　②閉，占，締　③上，挙，揚　④解，溶，説

5 ❹ 解説 ⑤は「生気を取り戻す」などとして使われる。

6 ❷ 解説「意見が合う」「目と目が合う」などとしても使われる。

TEST-3 ■同音・同訓の漢字

1 A～Cの□に入る漢字の組合せとして正しいものはどれか。

A　古い寺の□革（えんかく）を尋ねる。

B　暴動を□動（せんどう）する。

C　糧食が尽きて，敵に投□（とうこう）する。

	A	B	C
①	遠	旋	行
②	沿	旋	降
③	遠	扇	行
④	沿	扇	降
⑤	遠	旋	降

（　　）

2 次の同音異義語を正しく書き分けなさい。

①シンギ
- 法案を（　　　）する。
- 風説の（　　　）を確かめる。
- 父は（　　　）を重んじる人だった。

②コウソウ
- （　　　）建築が立ち並ぶ。
- 小説の（　　　）を練る。
- 武力（　　　）に突入する。

③ミトウ
- 前人（　　　）の記録をうちたてる。
- 人跡（　　　）の地に入る。

④セイエイ
- （　　　）をえりすぐる。
- 益々御（　　　）のこととお喜び申し上げます。

⑤ショウシュウ
- 特別国会を（　　　）する。
- メンバーに（　　　）をかける。

⑥ユウシュウ
- （　　　）の美を飾る。
- （　　　）な成績で卒業する。
- 一家は（　　　）に閉ざされる。

⑦ハクチュウ {（　　　）堂々と強盗が押し入る。 / 両者の実力は（　　　）している。}

3 カタカナにあてた漢字が正しいものはどれか。

①上司の言うことを**キ**（聴）く。
②怒りを顔に**アラワ**（現）す。
③湖に**ノゾ**（望）む景勝の地をたずねる。
④悪人を**コ**（凝）らしめる。
⑤雨が天井から**モ**（漏）る。　　（　　）

4 頻出問題 下線部と同じ漢字を使うものとして，次のうち正しいものはどれか。

「旅行の<u>ケイ</u>行品をチェックする。」

①恩**ケイ**　②背**ケイ**　③提**ケイ**
④**ケイ**戒　⑤**ケイ**機　　（　　）

5 下線部のカタカナに用いる漢字として，次のうち正しいものはどれか。

「保証人が<u>イ</u>る。」

①入　②要　③居　④射　⑤鋳　　（　　）

ANSWER-3 ■同音・同訓の漢字

1 ❹ 解説 A：沿革　B：扇動　C：投降

2 ①審議，真偽，信義　②高層，構想，抗争　③未到，未踏　④精鋭，清栄　⑤召集，招集　⑥有終，優秀，憂愁　⑦白昼，伯仲

3 ❺ 解説 ①聴（誤）→聞（正）〔例〕「音楽を聴く」　②現（誤）→表（正）〔例〕「姿を現す」　③望（誤）→臨（正）〔例〕「遠く西に富士を望む」　④凝（誤）→懲（正）〔例〕「工夫を凝らす」

4 ❸ 解説 ケイ行品→携行品　①恩恵　②背景　③提携　④警戒　⑤契機

5 ❷ 解説〔例〕①「仏門に入る」　③「家に居る」　④「人を射る眼光」　⑤「鐘を鋳る」

4. 語　意

ここがポイント　KEY

■試験によく出る熟語の意味

①事業などが発展し，栄えること。
　隆盛／盛大／繁盛

②知っていながら，問題にしないで無視すること。
　沈黙／黙殺／暗黙

③ぼんやりして，はっきりしないさまのこと。
　判然／漠然／隠然

④実際よりおおげさに言うこと。
　誇張／誇大／誇示

⑤ものごとの道理などを調べて明らかにすること。
　研究／究極／究明

⑥他人の苦労などを慰めねぎらうこと。
　慰安／慰問／慰労

⑦発作的に行動しようとする心の動きのこと。
　衝動／直感／触感

⑧文章などの悪い点を直すこと。
　添加／添付／添削

⑨前に受けた恥をそそぐこと。
　恥辱／屈辱／雪辱

⑩一つのことに打ち込んで，努力すること。
　促進／精進／進化

⑪自分はすぐれているとうぬぼれ，人を侮ること。
　自慢／慢心／高慢

⑫自分の所有とすること。
　採取／奪取／取得

⑬本来の目的などからそれること。
　脱線／偏向／逸脱

①繁盛
②黙殺
③漠然
④誇張
⑤究明
⑥慰労
⑦衝動
⑧添削
⑨雪辱
⑩精進
⑪高慢
⑫取得
⑬逸脱

⑭完全に自分のものにすること。
　把握／握手／掌握

⑮相手の様子・考えなどをさぐること。
　打算／打診／打開

⑯心配すること。
　憂愁／憂慮／憂傷

⑰いろいろな物が入りまじっていること。
　雑然／乱雑／混雑

⑱威圧されて感じるおそろしさのこと。
　脅迫／脅威／威力

⑲並ぶものがないほどすぐれていること。
　無双／無常／無類

⑳あれ果ててさびしい様子のこと。
　荒涼／荒廃／荒天

㉑暮らしを立ててゆくための方法や手段のこと。
　家計／生計／生活

㉒国民が公共の機関に要望を申し述べること。
　請求／請願／申請

㉓前もって注意をうながし，いましめること。
　警戒／警鐘／警告

㉔事実でないことを本当のことのように仕組むこと。
　空事／虚偽／虚構

㉕逃げてゆくえをくらますこと。
　放逐／駆逐／逐電

㉖食物が不足して，うえること。
　餓死／飢餓／餓鬼

㉗ある物を手に入れたいなどとのぞむこと。
　所用／所望／所信

㉘他の意向を無視して好き勝手に振る舞うこと。
　専横／横行／横柄

㉙犯罪人や被疑者を留置場などに入れておくこと。
　拘束／拘留／拘置

⑭掌握
⑮打診
⑯憂慮
⑰雑然
⑱脅威
⑲無双
⑳荒涼
㉑生計
㉒請願
㉓警告
㉔虚構
㉕逐電
㉖飢餓
㉗所望
㉘専横
㉙拘置

TEST-1 ■語　意

1 次に示す語意（語義）にあてはまる語として，正しいものはどれか。

「思うようにならないようなことをなんとかしようとして，あせって必死になること。」

①飛躍　②躍動
③躍起　④暗躍
⑤活躍　（　　）

2 頻出問題 次の語意に該当するものとして，正しいものはどれか。

「財産や権利などを取りあげること。」

①没収　②収納
③回収　④吸収
⑤収容　（　　）

3 次の（　　）にあてはまるものはどれか。

「恐れをなして（　　）する。」

①引退　②退出
③退却　④退散
⑤撤退　（　　）

4 頻出問題 次の語句の意味として，正しいものはどれか。

「なし崩し」

①流れのままに行うこと。
②少しずつすませてゆくこと。
③怪しげなさまのこと。
④あいまいにすること。
⑤一度に片付けてしまうこと。　（　　）

5 頻出問題 次に示す語意にあてはまる語として，正しいものはどれか。

「堤防などが切れて崩れること。」

①壊滅　②倒壊

③破壊　④崩壊

⑤決壊　（　）

6 頻出問題 次の語意に該当するものとして，正しいものはどれか。

「ある計画などに賛成し，助力すること。」

①協賛　②賛同

③称賛　④賛辞

⑤賛美　（　）

ANSWER-1 ■語　意

1 ❸ 解説 ④暗躍とは，人に知られないようにして，策略をめぐらし行動すること。

2 ❶ 解説 ②収納とは，棚や押し入れなどに物をしまうこと。③回収とは，一度手もとを離れたものをとりもどすこと。⑤収容とは，人や物を一定の場所に入れること。

3 ❹ 解説 ③退却とは，戦いが不利になって退くこと。⑤撤退とは，軍隊などが陣地などを取り払って退くこと。

4 ❷ 解説「なし崩し」の意味は，「物事を一度にしないで，少しずつすませてゆくこと」。用例 としては，「借金をなし崩しに返済する」「貯金をなし崩しに使う」などがある。

5 ❺ 解説 ①壊滅とは，もとの形がまったく残らないまでにこわれてしまうこと。②倒壊とは，建造物などが倒れてつぶれること。④崩壊とは，くずれこわれること。

6 ❶ 解説 ②賛同とは，賛成し同意すること。④賛辞とは，賞賛する言葉のこと。

TEST-2 ■語　意

1 次に示す語意（語義）にあてはまる語として，正しいものはどれか。

「利用してもらうために，資金や品物などを相手にわたすこと。」

①提出　②提供
③提示　④提案
⑤提起　（　　）

2 次の（　　）に該当するものとして，最も妥当なものはどれか。

「各地で（　　）が相次ぐ。」

①乱暴　②暴動
③無法　④騒動
⑤動乱　（　　）

3 頻出問題 次の語意にあてはまるものとして，正しいものはどれか。

「気持ちなどを隠さずに他人に打ちあけ述べること。」

①暴露　②露出
③披露　④露呈
⑤吐露　（　　）

4 次の（　　）にあてはまるものはどれか。

「何の（　　）でこんなひどい目にあうのか。」

①因縁　②原因
③因果　④要因
⑤因習　（　　）

5 頻出問題 次に示す語意に該当するものはどれか。

「ひどく不正をきらうこと。」

①潔白　②高潔
③清潔　④潔癖
⑤簡潔　（　　）

6 頻出問題 次の語意にあてはまるものとして，正しいものはどれか。

「厳格に実行すること。」

①励行　　②奨励
③奮励　　④精励
⑤激励　　　　　　　　　　　　　　　　　　　　（　　）

ANSWER-2 ■語　意

1 ❷ 解説 ③提示とは，「証拠を提示する」などとして使われ，特にとりあげて示すこと。⑤提起とは，「問題を提起する」などとして使われ，訴訟や問題などを持ち出すこと。

2 ❷ 解説 ①乱暴とは，「乱暴を働く」などとして使われ，荒々しくふるまって，人に迷惑をかけたりなどすること。③無法とは，「無法地帯」などとして使われ，法にはずれて乱暴なこと。④騒動とは，「上を下への大騒動となる」などで使われる。⑤動乱とは，暴動や戦争などのために，世の中が乱れること。

3 ❺ 解説 ①暴露とは，秘密や悪事をあばくこと。②露出とは，おおわれず，むき出しになること。③披露とは，広く知らせたり，見せたりすること。④露呈とは，「矛盾が露呈する」などで使われ，隠れているものを外にあらわし出すこと。

4 ❸ 解説 ①因縁とは，物事を発生させたり成立させたりする根本原因のこと。③因果とは，「因果応報」などとして使われ，前世の行為の結果として現在の幸不幸があるということ。⑤因習とは，昔から伝わる古くさい習慣のこと。

5 ❹ 解説 ②高潔とは，気高くりっぱで，けがれのないこと。⑤簡潔とは，簡略で要領よくまとまっていること。

6 ❶ 解説 ①「安全確認を励行する」などで使われる。④精励とは，「仕事に精励する」などで使われ，一生懸命に努め，はげむこと。

5. 反対語・四字熟語

ここがポイント　KEY

■試験によく出る反対語

問題		解答
①分　析（　　）	②供　給（　　）	①総合　②需要
③建　設（　　）	④普　遍（　　）	③破壊　④特殊
⑤革　新（　　）	⑥演　繹（　　）	⑤保守　⑥帰納
⑦抑　制（　　）	⑧権　利（　　）	⑦促進　⑧義務
⑨穏　健（　　）	⑩原　因（　　）	⑨過激　⑩結果
⑪主　観（　　）	⑫任　意（　　）	⑪客観　⑫強制
⑬優　柔（　　）	⑭公　開（　　）	⑬果敢　⑭秘密
⑮巧　妙（　　）	⑯放　任（　　）	⑮稚拙　⑯干渉
⑰光　明（　　）	⑱急　進（　　）	⑰暗黒　⑱漸進
⑲満　潮（　　）	⑳栄　転（　　）	⑲干潮　⑳左遷
㉑軽　率（　　）	㉒繁　忙（　　）	㉑慎重　㉒閑暇
㉓真　実（　　）	㉔服　従（　　）	㉓虚偽　㉔反抗
㉕解　放（　　）	㉖重　厚（　　）	㉕束縛　㉖軽薄
㉗諮　問（　　）	㉘拙　速（　　）	㉗答申　㉘巧遅
㉙弛　緩（　　）	㉚暴　落（　　）	㉙緊張　㉚高騰

■試験によく出る四字熟語

問題		解答
①絶（　　）絶命	②一刀（　　）断	①体　②両
③（　　）態依然	④前代未（　　）	③旧　④聞
⑤言語（　　）断	⑥粉骨（　　）身	⑤道　⑥砕
⑦（　　）離滅裂	⑧我田（　　）水	⑦支　⑧引
⑨危（　　）存亡	⑩（　　）出鬼没	⑨急　⑩神
⑪（　　）顔無恥	⑫（　　）善懲悪	⑪厚　⑫勧
⑬千（　　）一遇	⑭異（　　）同音	⑬載　⑭口
⑮馬（　　）東風	⑯順風満（　　）	⑮耳　⑯帆
⑰一（　　）二鳥	⑱羊頭（　　）肉	⑰石　⑱狗

問題	問題
⑲（　　）刀直入	⑳画竜（　　）睛
㉑有名無（　　）	㉒（　　）小棒大
㉓大同小（　　）	㉔当意（　　）妙
㉕竜（　　）蛇尾	㉖自（　　）自得
㉗臨（　　）応変	㉘有象（　　）象
㉙不即不（　　）	㉚自（　　）自縛
㉛五里（　　）中	㉜泰然（　　）若
㉝一（　　）当千	㉞電光石（　　）
㉟同工（　　）曲	㊱（　　）和雷同
㊲傍（　　）無人	㊳意気（　　）昂
㊴（　　）唐無稽	㊵天（　　）爛漫
㊶天変地（　　）	㊷温（　　）知新
㊸軽挙（　　）動	㊹面従（　　）背
㊺山（　　）水明	㊻質実剛（　　）
㊼天衣無（　　）	㊽大言（　　）語
㊾明鏡（　　）水	㊿暗中模（　　）

解答	解答
⑲単	⑳点
㉑実	㉒針
㉓異	㉔即
㉕頭	㉖業
㉗機	㉘無
㉙離	㉚縄
㉛霧	㉜自
㉝騎	㉞火
㉟異	㊱付
㊲若	㊳軒
㊴荒	㊵真
㊶異	㊷故
㊸妄	㊹腹
㊺紫	㊻健
㊼縫	㊽壮
㊾止	㊿索

■まちがえやすい四字熟語

問題	問題
①日（　　）月歩	②無我（　　）中
③意気（　　）合	④栄（　　）盛衰
⑤喜怒（　　）楽	⑥空前（　　）後
⑦群雄割（　　）	⑧（　　）紀粛正
⑨優（　　）不断	⑩意味深（　　）
⑪油断大（　　）	⑫（　　）言令色
⑬公平無（　　）	⑭自（　　）自賛
⑮有為（　　）変	⑯縦横無（　　）
⑰正真正（　　）	⑱出（　　）進退
⑲時（　　）尚早	⑳快（　　）乱麻
㉑博覧強（　　）	㉒一日千（　　）
㉓人面獣（　　）	㉔（　　）天白日
㉕衆人（　　）視	㉖朝（　　）暮改
㉗（　　）死回生	㉘天地無（　　）
㉙虚心（　　）懐	㉚焚書（　　）儒

解答	解答
①進	②夢
③投	④枯
⑤哀	⑥絶
⑦拠	⑧綱
⑨柔	⑩長
⑪敵	⑫巧
⑬私	⑭画
⑮転	⑯尽
⑰銘	⑱処
⑲期	⑳刀
㉑記	㉒秋
㉓心	㉔青
㉕環	㉖令
㉗起	㉘用
㉙坦	㉚坑

TEST-1 ■反対語・四字熟語

1 頻出問題 次のうち，反対語の組合せが正しものはどれか。

①高慢――謙虚
②心配――危惧
③敬服――心酔
④降参――屈伏
⑤浪費――散財　（　　）

2 次の四字熟語の読み方が正しいものはどれか。

①一言居士（いちごんこじ）
②猪突猛進（しょとつもうしん）
③公明正大（こうみょうせいだい）
④内憂外患（ないゆうがいかん）
⑤笑止千万（しょうしせんまん）　（　　）

3 四字熟語が正しく書かれているのは，次のうちどれか。

①奇想点外
②意志表示
③独断先行
④興味深深
⑤喜色満面　（　　）

4 頻出問題 次の四字熟語の意味として正しいものはどれか。

「朝令暮改」

①目先の利益にとらわれて，全体をとらえられないこと。
②落ちつきはらって，物事に動じないこと。
③法律や命令などがすぐに改められて定まらないこと。
④真理を曲げて，時流に乗ろうとすること。
⑤自分の現在の立場がわからないため，方針や手段を定めがたく，迷うこと。

（　　）

5 次の四字熟語の中で□に入れる数字の合計が最も大きいのはどれか。

①□分□裂
②□朝□夕
③□死□生
④□寒□温
⑤□臓□腑　　　　　　　　　　　　　　（　　）

6 次の□に適切な漢字を入れて四字熟語を完成させ，全体の読みを（　　）に書きなさい。

①夏炉□扇（　　　　　　　　）
②一□両得（　　　　　　　　）
③金科□条（　　　　　　　　）
④神出鬼□（　　　　　　　　）
⑤晴耕□読（　　　　　　　　）

ANSWER-1 ■反対語・四字熟語

1 ❶ **解説** 「心配と危惧」「敬服と心酔」「降参と屈伏」「浪費と散財」はいずれも，類義語である。

2 ❹ **解説** 正しい読み方は，①いちげんこじ，②ちょとつもうしん，③こうめいせいだい，⑤しょうしせんばん

3 ❺ **解説** 正しい漢字は，①奇想点外→奇想天外　②意志表示→意思表示，③独断先行→独断専行，④興味深深→興味津津

4 ❸ **解説** ①の意味に該当する四字熟語は「朝三暮四」，②は「泰然自若」，④は「曲学阿世」，⑤は「五里霧中」。

5 ❺ **解説** ①四分五裂　②一朝一夕　③九死一生　④三寒四温　⑤五臓六腑

6 ①冬，かろとうせん　②挙，いっきょりょうとく　③玉，きんかぎょくじょう　④没，しんしゅつきぼつ　⑤雨，せいこううどく

TEST-2 ■反対語・四字熟語

1 頻出問題 次のうち，反対語の組合せが正しいものはどれか。

①低俗――軽妙
②決裂――結論
③失墜――残存
④挫折――貫徹
⑤是認――黙認
( )

2 次の四字熟語のうち，正しいものはどれか。

①難行苦業
②天真爛漫
③危機一発
④百花争鳴
⑤天地無要
( )

3 次の意味をもつ四字熟語として，正しいものはどれか。

「心になんのわだかまりもなく，すなおに物事に対すること」

①勧善懲悪
②虚心坦懐
③明鏡止水
④天衣無縫
⑤玉石混淆
( )

4 頻出問題 次の四字熟語の意味として，正しいものはどれか。

「荒唐無稽」

①勝手気ままなふるまいをすること。
②世の中の物事が常に変化してやまないこと。
③何が起こったのか全く知らないこと。
④自然現象によって起こるさまざまな災害や異変のこと。
⑤言うことにとりとめがなく，考えに根拠がないこと。
( )

5 次の四字熟語の読み方が誤っているものはどれか。

①羊頭狗肉（ようとうくにく）
②捲土重来（けんどちょうらい）
③主客転倒（しゅかくてんとう）
④運否天賦（うんぴてんふ）
⑤閑話休題（かんわきゅうだい）　（　　）

6 次の□に適切な漢字を入れて四字熟語を完成され，その意味を（　　）に書きなさい。

①秋霜□日（　　）
②森□万象（　　）
③□越同舟（　　）
④青息□息（　　）
⑤温厚□実（　　）

ANSWER-2 ■反対語・四字熟語

1 ❹ 解説 ①「低俗」の反対語は「高尚」②「決裂」の反対語は「解決」「妥結」。③「失墜」の反対語は「挽回」。⑤「是認」の反対語は「否認」。

2 ❷ 解説 正しい漢字は，①難行苦行，③危機一髪，④百家争鳴，⑤天地無用

3 ❷ 解説 ①勧善懲悪—善いことをすすめ，悪いことをした者をこらしめること。③明鏡止水—心にやましいところがなく，静かに澄みきっていること。④天衣無縫—飾り気がなく，無邪気なこと。⑤玉石混淆—いいものと悪いものとが入りまじっていること。

4 ❺ 解説 ①は「傍若無人」の意味。②は「有為転変」の意味。

5 ❹ 解説 運否天賦の正しい読みは「うんぷてんぷ」。

6 ①烈，刑罰や権威などがきわめて厳しいことのたとえ。②羅，宇宙に存在するありとあらゆるものすべてのこと。③呉，仲の悪い者どうしが同じ場所に居合わせること。④吐，ほとほと困り果てること。⑤篤，人柄が穏やかで情け深く，誠実なこと。

覚えておこう!! 試験によく出る四字熟語の読み方

□絶体絶命	ぜったいぜつめい
□旧態依然	きゅうたいいぜん
□言語道断	ごんごどうだん
□支離滅裂	しりめつれつ
□危急存亡	ききゅうそんぼう
□厚顔無恥	こうがんむち
□千載一遇	せんざいいちぐう
□馬耳東風	ばじとうふう
□一石二鳥	いっせきにちょう
□単刀直入	たんとうちょくにゅう
□有名無実	ゆうめいむじつ
□大同小異	だいどうしょうい
□竜頭蛇尾	りゅうとうだび
□臨機応変	りんきおうへん
□不即不離	ふそくふり
□五里霧中	ごりむちゅう
□一騎当千	いっきとうせん
□同工異曲	どうこういきょく
□傍若無人	ぼうじゃくぶじん
□荒唐無稽	こうとうむけい
□天変地異	てんぺんちい
□軽挙妄動	けいきょもうどう
□山紫水明	さんしすいめい
□天衣無縫	てんいむほう
□明鏡止水	めいきょうしすい
□日進月歩	にっしんげっぽ
□意気投合	いきとうごう
□喜怒哀楽	きどあいらく
□群雄割拠	ぐんゆうかっきょ
□優柔不断	ゆうじゅうふだん
□油断大敵	ゆだんたいてき
□一刀両断	いっとうりょうだん
□前代未聞	ぜんだいみもん
□粉骨砕身	ふんこつさいしん
□我田引水	がでんいんすい
□神出鬼没	しんしゅつきぼつ
□勧善懲悪	かんぜんちょうあく
□異口同音	いくどうおん
□順風満帆	じゅんぷうまんぱん
□羊頭狗肉	ようとうくにく
□画竜点睛	がりょうてんせい
□針小棒大	しんしょうぼうだい
□当意即妙	とういそくみょう
□自業自得	じごうじとく
□有象無象	うぞうむぞう
□自縄自縛	じじょうじばく
□泰然自若	たいぜんじじゃく
□電光石火	でんこうせっか
□付和雷同	ふわらいどう
□意気軒昂	いきけんこう
□天真爛漫	てんしんらんまん
□温故知新	おんこちしん
□面従腹背	めんじゅうふくはい
□質実剛健	しつじつごうけん
□大言壮語	たいげんそうご
□暗中模索	あんちゅうもさく
□無我夢中	むがむちゅう
□栄枯盛衰	えいこせいすい
□空前絶後	くうぜんぜつご
□綱紀粛正	こうきしゅくせい
□意味深長	いみしんちょう
□巧言令色	こうげんれいしょく

□公平無私	こうへいむし
□有為転変	ういてんぺん
□正真正銘	しょうしんしょうめい
□時期尚早	じきしょうそう
□博覧強記	はくらんきょうき
□人面獣心	じんめんじゅうしん
□衆人環視	しゅうじんかんし
□起死回生	きしかいせい
□虚心坦懐	きょしんたんかい
□一言居士	いちげんこじ
□公明正大	こうめいせいだい
□笑止千万	しょうしせんばん
□意思表示	いしひょうじ
□興味津津	きょうみしんしん
□岡目八目	おかめはちもく
□四分五裂	しぶんごれつ
□九死一生	きゅうしいっしょう
□五臓六腑	ごぞうろっぷ
□一挙両得	いっきょりょうとく
□晴耕雨読	せいこううどく
□危機一髪	ききいっぱつ
□玉石混淆	ぎょくせきこんこう
□捲土重来	けんどちょうらい
□運否天賦	うんぷてんぷ
□秋霜烈日	しゅうそうれつじつ
□呉越同舟	ごえつどうしゅう
□温厚篤実	おんこうとくじつ
□千客万来	せんきゃくばんらい
□十人十色	じゅうにんといろ
□七転八倒	しちてんばっとう
□一挙一動	いっきょいちどう
□八方美人	はっぽうびじん
□自画自賛	じがじさん
□縦横無尽	じゅうおうむじん
□出処進退	しゅっしょしんたい
□快刀乱麻	かいとうらんま
□一日千秋	いちじつせんしゅう
□青天白日	せいてんはくじつ
□朝令暮改	ちょうれいぼかい
□天地無用	てんちむよう
□焚書坑儒	ふんしょこうじゅ
□猪突猛進	ちょとつもうしん
□内憂外患	ないゆうがいかん
□奇想天外	きそうてんがい
□独断専行	どくだんせんこう
□喜色満面	きしょくまんめん
□遮二無二	しゃにむに
□一朝一夕	いっちょういっせき
□三寒四温	さんかんしおん
□夏炉冬扇	かろとうせん
□金科玉条	きんかぎょくじょう
□難行苦行	なんぎょうくぎょう
□百家争鳴	ひゃっかそうめい
□抱腹絶倒	ほうふくぜっとう
□主客転倒	しゅかくてんとう
□閑話休題	かんわきゅうだい
□森羅万象	しんらばんしょう
□青息吐息	あおいきといき
□三拝九拝	さんぱいきゅうはい
□二束三文	にそくさんもん
□四苦八苦	しくはっく
□千変万化	せんぺんばんか
□海千山千	うみせんやません
□自家撞着	じかどうちゃく

6. 慣用句・ことわざ

ここがポイント

KEY

■試験によく出る慣用句，ことわざ

①（　　　　）の勢い
②（　　　　）をあらわす
③（　　　　）の陣
④二階から（　　　　）
⑤（　　　　）をふむ
⑥（　　　　）の功
⑦（　　　　）の石
⑧（　　　　）に触れる
⑨（　　　　）をこまぬく
⑩（　　　　）を明かす
⑪（　　　　）が動く
⑫（　　　　）にかすがい
⑬（　　　　）をひそめる
⑭（　　　　）にかける
⑮（　　　　）を通じる
⑯（　　　　）の不養生
⑰水は（　　　　）の器に随(したが)う
⑱（　　　　）は豹変(ひょうへん)す
⑲袖振り合うも（　　　　）の縁
⑳青は（　　　）より出でて（　　　　）より青し
㉑李下に（　　　　）を正さず
㉒蓼(たで)食う（　　　　）も好き好き
㉓（　　　　）多くして船山に上る
㉔枯れ木も（　　　　）の賑わい
㉕泣く子と（　　　　）には勝てぬ
㉖（　　　　）盆に返らず

①破竹
②馬脚
③背水
④目薬
⑤薄氷（二の足）
⑥蛍雪
⑦他山
⑧逆鱗
⑨手
⑩鼻
⑪食指
⑫豆腐
⑬眉
⑭手塩（鼻）
⑮気脈
⑯医者
⑰方円
⑱君子
⑲多生（他生）
⑳藍，藍
㉑冠
㉒虫
㉓船頭
㉔山
㉕地頭
㉖覆水

㉗（　　　）を矯(た)めて牛を殺す	㉗角
㉘国破れて（　　　）あり	㉘山河
㉙（　　　）千里を走る	㉙悪事
㉚（　　　）を叩いて渡る	㉚石橋
㉛待てば（　　　）の日和あり	㉛海路
㉜（　　　）が馬	㉜塞翁
㉝亀の（　　　）より年の功	㉝甲
㉞（　　　）は人の為ならず	㉞情（け）
㉟（　　　）矢の如し	㉟光陰
㊱（　　　）に交われば赤くなる	㊱朱
㊲人間到る処（　　　）あり	㊲青山
㊳三人寄れば（　　　）の知恵	㊳文殊
㊴（　　　）を見て縄をなう	㊴泥棒
㊵（　　　）先に立たず	㊵後悔

■動物名が入る慣用句，ことわざ

①生き（　　　）の目を抜く	①馬
②虻(あぶ)（　　　）取らず	②蜂
③水を得た（　　　）のよう	③魚
④木に縁(よ)りて（　　　）を求む	④魚
⑤（　　　）口となるとも（　　　）後となるなかれ	⑤鶏，牛
⑥立つ（　　　）跡を濁さず	⑥鳥
⑦二（　　　）を追う者は一（　　　）をも得ず	⑦兎，兎
⑧能ある（　　　）は爪(つめ)を隠す	⑧鷹
⑨掃きだめに（　　　）	⑨鶴
⑩（　　　）の手も借りたい	⑩猫
⑪捕らぬ（　　　）の皮算用	⑪狸
⑫（　　　）に真珠	⑫豚
⑬（　　　）頭を懸けて（　　　）肉を売る	⑬羊，狗（馬）
⑭前門の（　　　），後門の（　　　）	⑭虎，狼
⑮（　　　）の頭も信心から	⑮鰯
⑯（　　　）も鳴かずば撃たれまい	⑯雉子

TEST-1 ■慣用句・ことわざ

1 （　　）に身体の一部を漢字で書いて，慣用句を完成しなさい。

①（　　）を焼く　②（　　）を巻く
③（　　）に据えかねる　④（　　）角を現す
⑤大きな（　　）を利く　⑥（　　）をつぶす
⑦（　　）を交える　⑧（　　）を弾ませる
⑨（　　）の荷が下りる　⑩（　　）に余る

2 （　　）にあてはまる動物名を漢字で書きなさい。

①（　　）の遠吠え　②（　　）の川流れ
③獅子身中の（　　）　④（　　）を逐(お)う者は山を見ず
⑤腐っても（　　）　⑥虎の威をかる（　　）
⑦（　　）が鷹(たか)を生む　⑧（　　）に引かれて善光寺参(詣)り
⑨大山鳴動して（　　）一匹　⑩（　　）百まで踊り忘れず

3 次の慣用句の意味を下から選び，記号で答えなさい。

①奇をてらう（　　）　②真綿で首を絞める（　　）
③つむじを曲げる（　　）　④胸襟(きょうきん)を開く（　　）
⑤木で鼻をくくる（　　）　⑥天に唾(つば)する（　　）
⑦油を売る（　　）　⑧琴線に触れる（　　）
⑨相好(そうごう)を崩す（　　）　⑩歯に衣(きぬ)着せない（　　）

ア　人を陥れようとして，かえって自分がひどい目にあうこと。
イ　ひどく無愛想で，そっけないこと。
ウ　率直にはっきりと思ったことを言うこと。
エ　めずらしく変わったことをして，人の注意をひきつけること。
オ　いかにもうれしいという表情をすること。
カ　気に入らないことがあって，ひねくれること。
キ　仕事の途中で怠けて，長々と話し込むこと。
ク　じわじわと意地悪く相手を責めたてること。
ケ　心から感動すること。
コ　思っていることをかくさず話すこと。

4 次の下線部で示されたことわざの用法が誤っているものはどれか。

①私が採用した学生が今では子会社の社長となり，再就職先を世話してくれた。情けは人の為ならずだね。

②君に注意するのはこれで10回目だ。豆腐にかすがいとはまさにこのことだね。

③政治の腐敗がまったくなくなるのを期待するのは，百年河清をまつようなものだ。

④彼女の考え方はあまりにも潔癖すぎるので，友達なんかできることはない。そういうのを魚心あれば水心というのだ。

⑤彼の師匠はオリンピックでは勝てなかったが，彼はオリンピックで２連覇した。まさに，青は藍より出でて藍より青しだね。

注目 本試験ではこの形式が出題される。　（　　）

ANSWER-1 ■慣用句・ことわざ

1 ①手　②舌　③腹　④頭　⑤口　⑥肝　⑦膝　⑧胸　⑨肩　⑩目（手）

解説 次のような慣用句もある。頭の中が真っ白になる，目と鼻の先，目の黒いうち，鼻が高い，耳にたこができる，顎で使う，歯が浮く

2 ①犬　②河童　③虫　④鹿　⑤鯛　⑥狐　⑦鳶　⑧牛　⑨鼠　⑩雀

解説 それぞれの意味は次のとおり。①弱い者は面と向かって相手に言えないので，陰で虚勢を張る。②名人でもたまには失敗する。③内部の者でありながら，内部に害をなす者のたとえ。④一つのことに熱中していると，他のことに気を配るゆとりがなくなる。⑤真にすぐれた者はおちぶれてもどこか値打ちがある。⑥権力のある人の力をかさに着ていばる人のたとえ。⑦平凡な親から優秀な子供が生まれる。⑧他人の誘いで思いがけないよい結果を得る。⑨大きく騒いだわりにたいしたことのない結果に終わる。⑩幼いときに身についた習慣は年を取ってもなかなか変わらない。

3 ①エ　②ク　③カ　④コ　⑤イ　⑥ア　⑦キ　⑧ケ　⑨オ　⑩ウ

4 ❹ 解説「魚心あれば水心」ではなく，「水清ければ魚棲まず」であれば正しい文となる。

TEST-2 ■慣用句・ことわざ

1 頻出問題 慣用句・ことわざと意味の組合せが正しいものはどれか。

①鼻に付く——自慢すること。

②腰を据える——ある事の決心がついて動き出すこと。

③牛に馬を乗り換える——優れているほうをとること。

④快刀乱麻を断つ——人から受けた恩をありがたく思うこと。

⑤所変われば品変わる——土地によって風俗・習慣・言語が変わるということ。

（　　）

2 反対の意味を表す慣用句・ことわざを下から選び記号で答えなさい。

①君子危うきに近寄らず	（　　）	②笑う門には福来たる	（　　）
③下手の横好き	（　　）	④うどの大木	（　　）
⑤人を見たら泥棒と思え	（　　）	⑥背に腹はかえられぬ	（　　）
⑦立つ鳥跡を濁さず	（　　）	⑧急いては事を仕損じる	（　　）
⑨腐っても鯛	（　　）	⑩暮れぬ先の提灯	（　　）

ア	渇しても盗泉の水を飲まず	イ	後は野となれ山となれ
ウ	麒麟も老いては駑馬に劣る	エ	好きこそ物の上手なれ
オ	虎穴に入らずんば虎子を得ず	カ	先んずれば人を制す
キ	泣きっ面に蜂	ク	火事後の火の用心
ケ	渡る世間に鬼はなし	コ	山椒は小粒でもぴりりと辛い

3 意味の似ている慣用句・ことわざを下から選び，記号で答えなさい。

①月とすっぽん	（　　）	②弘法にも筆の誤り	（　　）
③苦しい時の神頼み	（　　）	④虻蜂取らず	（　　）
⑤似たもの夫婦	（　　）	⑥嘘から出た実	（　　）
⑦河童に水練	（　　）	⑧灯台下暗し	（　　）
⑨医者の不養生	（　　）	⑩水は方円の器にしたがう	（　　）

ア	釈迦に説法	イ	紺屋の白袴
ウ	近くて見えぬは睫（まつげ）	エ	溺れる者は藁（わら）をもつかむ
オ	朱にまじわれば赤くなる	カ	上手の手から水が漏る
キ	提灯に釣り鐘	ク	二兎を追う者は一兎をも得ず
ケ	瓢箪（ひょうたん）から駒が出る	コ	破（わ）れ鍋に綴（と）じ蓋（ぶた）

4 頻出問題 次の慣用句・ことわざの意味を下から選び，記号で答えなさい。

①木に竹を接（つ）ぐ（　）　②焼（や）け石に水（　）
③あばたもえくぼ（　）　④糠（ぬか）に釘（くぎ）（　）
⑤味噌をつける（　）　⑥怪我の功名（　）
⑦人間万事塞翁が馬（　）　⑧瓜田（かでん）に履（くつ）を納（い）れず（　）

ア	惚（ほ）れた欲目で見ると，相手の欠点も長所に見えるということ。
イ	人に疑いをもたれるようなことはするなということ。
ウ	誤ってやってしまったことがよい結果をもたらすこと。
エ	つり合いのとれないことのたとえ。
オ	しくじって面目を失うこと。
カ	将来のことはだれも予測ができないということ。
キ	あまりにもわずかで，まるで役に立たないことのたとえ。
ク	なんの手ごたえもないこと。

ANSWER-2 ■慣用句・ことわざ

1 ⑤ 解説 ①鼻に付く―あきて，いやになること。②腰を据える―落ち着いて一つのことをすること。③牛に馬を乗り換える―優れているものを捨てて，それより劣っているものをとること。④快刀乱麻を断つ―複雑な問題を見事に解決すること。

2 ①オ ②キ ③エ ④コ ⑤ケ ⑥ア ⑦イ ⑧カ ⑨ウ ⑩ク

3 ①キ ②カ ③エ ④ク ⑤コ ⑥ケ ⑦ア ⑧ウ ⑨イ ⑩オ

4 ①エ ②キ ③ア ④ク ⑤オ ⑥ウ ⑦カ ⑧イ

解説 ⑧意味の似たものとして「李下に冠を正さず」がある。

覚えておこう!! 試験によく出る慣用句・ことわざの意味

□破竹の勢い	猛烈な勢いのたとえ。
□馬脚をあらわす	隠していた正体がばれてしまうこと。
□背水の陣	絶体絶命の覚悟で事にあたること。
□二階から目薬	物事が思うようにいかず，じれったいこと。
□薄氷を踏む	非常に危険な状況にあること。
□二の足を踏む	しりごみをすること。
□蛍雪の功	苦労して学問にはげむこと。
□他山の石	他人の誤った言動が自分を磨く助けになること。
□逆鱗(げきりん)に触れる	目上の人などの気持ちに逆らって怒りを買うこと。
□手をこまぬく	何もしないで黙って見過ごすこと。
□鼻を明かす	だしぬいたりして，優位に立っていた相手をびっくりさせること。
□食指が動く	あるものが欲しくなったりすることのたとえ。
□豆腐にかすがい	まるで手ごたえのないこと。
□眉をひそめる	他人の言動に不快を感じ，顔をしかめること。
□手塩にかける	あれこれめんどうを見て，大切に育てること。
□気脈を通じる	ほかの人にわからないように連絡をとりあうこと。
□医者の不養生	人にはりっぱなことを言いながら，自分はそれを実践していないこと。
□水は方円の器に随(したが)う	人は友人や環境次第でよくも悪くもなるということ。
□君子は豹変(ひょうへん)す	教養ある人は過ちを犯してもすぐに改めるということ，転じて人の態度などががらりと変わることにも使う。
□袖振り合うも多生(たしょう)の縁	どんなささやかな出会いも大切にせよということ。
□青は藍より出でて藍より青し	教えを受けた弟子が先生よりもすぐれた人物になることのたとえ。
□李下に冠を正さず	他人から疑いを受けやすい行為はしないほうがよいということ。
□蓼(たで)食う虫も好き好き	人の好き嫌いというものはさまざまで，理解しがたいような多面性を持っていること。
□船頭多くして船山に上る	指図する人が多すぎると，物事がとんでもない方向に進むことのたとえ。

□枯れ木も山の賑わい	つまらないものでも，ないよりはあるほうがましだということ。
□泣く子と地頭には勝てぬ	道理のわからない者に，道理を説いてもむだであること。
□覆水盆に返らず	一度やったことは取り返しがつかないこと。
□角を矯(た)めて牛を殺す	欠点を直そうとしてかえって全体をだめにしてしまうことのたとえ。
□悪事千里を走る	悪い行いや評判はすぐに遠くまで知れ渡ること。
□石橋を叩(たた)いて渡る	非常に用心深いことのたとえ。
□待てば海路の日和あり	辛抱強くあせらずに待てばよいこともあるということ。
□塞翁(さいおう)が馬	人生というものはたえず変化するもので，将来のことはだれも予測ができないということ。
□亀の甲より年の功	長い間に身につけた豊富な経験などはすぐれているので，尊重すべきだということ。
□情けは人の為ならず	他人に親切にしておけば，いつかは自分にかえってくるということ。
□光陰矢の如し	月日が非常にはやく過ぎ去ることのたとえ。
□朱に交われば赤くなる	人間は付き合う人でよくも悪くもなるということ。
□人間到る処青山あり	人間が活動する場所はどこにでもあるということ。
□三人寄れば文殊の知恵	平凡な人でも３人寄り集まって考えれば，すぐれた知恵が出るということ。
□泥棒を見て縄をなう	直前になってからあわてて用意をすることのたとえ。
□生き馬の目を抜く	他人を出し抜いて，すばしこく利益を得ることのたとえ。
□虻蜂(あぶはち)取らず	二つのものを同時に両方得ようとして，結局，両方とも取り逃がしてしまうこと。
□水を得た魚のよう	自分の力を発揮できる場所を得て，生き生きとしているようすのこと。
□木に縁(よ)りて魚を求む	手段を誤っては，求めようとしても得られないことのたとえ。
□鶏口となるとも牛後となるなかれ	大きな組織の末端にいるよりは，小さな組織でもいいからその長になった方がよいということ。
□立つ鳥跡を濁さず	人も立ち去ったあとが見苦しくないように後始末しておくことが大事ということ。

□二兎(と)を追う者は一兎をも得ず	欲ばって一度に二つのものを得ようとすると，結局どちらも手に入れることができなくなるということ。
□能ある鷹(たか)は爪(つめ)を隠す	すぐれた才能をもっている人はそれを見せびらかしたりしないということ。
□掃(は)きだめに鶴	その場にふさわしくない，非常に美しいものやすぐれたものがあることのたとえ。
□猫の手も借りたい	目の回るほど忙しいことの形容。
□捕らぬ狸(たぬき)の皮算用	自分のものになるかわからないものを当てにして，あれこれ計画を立てることのたとえ。
□豚に真珠	高価なものでも，その価値がわからない者には役に立たないことのたとえ。
□羊頭を懸けて狗(く)肉を売る	見せかけだけ立派にして，実質が伴わないことのたとえ。「羊頭を懸けて馬肉を売る」ともいう。
□前門の虎，後門の狼(おおかみ)	一つの災いを逃れたかと思うと，またすぐにほかの災いに遭うこと。
□鰯(いわし)の頭も信心から	どんなつまらないものでも，信心のしかたしだいで，尊くありがたいものになるということ。
□雉子(きじ)も鳴かずば撃たれまい	よけいなことを言ったりしたりしたために災いを招くというたとえ。
□舌を巻く	非常に驚いたり感心したりすること。
□大きな口を利く	実もないのに，いばって偉そうなことを言うこと。
□肝をつぶす	ひどくびっくりすること。
□膝(ひざ)を交える	たがいに近づいて打ちとけて話し合うこと。
□肩の荷が下りる	心の負担になっていたことや重い責任から解放されてほっとすること。
□鹿を逐(お)う者は山を見ず	一つのことに熱中していると，他のことに気を配るゆとりがなくなることのたとえ。
□牛に引かれて善光寺参(詣)り	自分の意志からではなく他人の誘いで，思いがけないよい結果を得たりすることのたとえ。
□大山鳴動して鼠一匹	前ぶれのさわぎが大きくて，結果の小さいことのたとえ。
□君子危うきに近寄らず	教養があり徳の高い人は危険とわかっているところにははじめから近寄らないということ。
□うどの大木	形ばかり大きくて役に立たないもののたとえ。

□背に腹はかえられぬ	大事なことのためには，他のことを犠牲にしてもやむを得ないということ。
□急(せ)いては事を仕損じる	急ぐときほど，あせらずに冷静に行えということ。
□腐っても鯛(たい)	真にすぐれた者はどのように悪い状態になったとしても，どこか値打ちがあるということ。
□暮れぬ先の提灯(ちょうちん)	手まわしがよすぎて間が抜けていることのたとえ。
□渇しても盗泉の水を飲まず	どんなに困っても，正しくないことはしないということ。
□後は野となれ山となれ	目前の問題さえかたづいてしまえば，以後はどうなろうと知ったことではないということ。
□麒麟(きりん)も老いては駑馬(どば)に劣る	どんなにすぐれた人であっても，年をとると，普通の人にも及ばなくなるということ。
□好きこそ物の上手なれ	自分の好きなことは何事も熱心にやるので，早く上達するということ。
□虎穴に入らずんば虎子を得ず	何事も危険を冒さなければ成功を収めることはできないというたとえ。
□先んずれば人を制す	何事でも人よりも先に行えば，有利な立場に立って人をおさえることができるということ。
□泣きっ面に蜂(はち)	立て続けに不運に見舞われることのたとえ。
□火事後の火の用心	時機に遅れて間に合わないことのたとえ。
□山椒(さんしょう)は小粒でもぴりりと辛い	体は小さいが，意気・手腕・力量などがすぐれていて決してあなどることのできない存在のたとえ。
□月とすっぽん	両者がひどく違っていることのたとえ。
□弘法(こうぼう)にも筆の誤り	どんなにすぐれた人物でも，時にはまちがえることがあるというたとえ。
□苦しい時の神頼み	苦しいことなどがあると，ふだんは信仰心のない人も，神仏に祈って加護を願うということ。
□似たもの夫婦	性格や趣味などがよく似ている夫婦のこと。
□嘘(うそ)から出た実	うそだと思われていたことが，偶然本当のことになってしまったこと。
□河童に水練	そのことをよく知り尽くしている人に対して，ものを教えようとする愚かさのたとえ。

7. 日本文学

ここがポイント KEY

■古典文学

（　　）に該当する作品，作者を語群から選びなさい。

作　品	作　者
〔和歌集〕	
山家集	西　行
金槐和歌集	（　①　）
〔日記・随筆〕	
土佐日記	紀貫之
（　②　）	藤原道綱母
枕草子	（　③　）
和泉式部日記	和泉式部
（　④　）	菅原孝標女
方丈記	（　⑤　）
徒然草	（　⑥　）
〔中古物語〕	
源氏物語	（　⑦　）
〔近世小説〕	
日本永代蔵	（　⑧　）
雨月物語	（　⑨　）
南総里見八犬伝	（　⑩　）
（　⑪　）	十返舎一九
（　⑫　）	式亭三馬
〔戯曲〕	
国性爺合戦	（　⑬　）
〔紀行文・俳文〕	
（　⑭　）	松尾芭蕉
（　⑮　）	小林一茶

〔語　群〕
近松門左衛門
紫式部
井原西鶴
吉田兼好
曲亭馬琴
源　実朝
清少納言
上田秋成
鴨　長明
更級日記
浮世風呂
蜻蛉日記
奥の細道
東海道中膝栗毛
おらが春

①源　実朝
②蜻蛉日記
③清少納言
④更級日記
⑤鴨　長明
⑥吉田兼好
⑦紫式部
⑧井原西鶴
⑨上田秋成
⑩曲亭馬琴
⑪東海道中膝栗毛
⑫浮世風呂
⑬近松門左衛門
⑭奥の細道
⑮おらが春

■近代文学

（　　）に該当する作品，作者を語群から選びなさい。

作　品	作　者	〔語　群〕	
小説神髄	（　①　）	川端康成	①坪内逍遙
（　②　）	樋口一葉	武者小路実篤	②たけくらべ
（　③　）	泉　鏡花	徳冨蘆花	③高野聖
不如帰	（　④　）	菊池　寛	④徳冨蘆花
（　⑤　）	国木田独歩	坪内逍遙	⑤武蔵野
破　戒	（　⑥　）	井伏鱒二	⑥島崎藤村
（　⑦　）	石川啄木	島崎藤村	⑦一握の砂
刺　青	（　⑧　）	谷崎潤一郎	⑧谷崎潤一郎
（　⑨　）	夏目漱石	舞　姫	⑨草　枕
（　⑩　）	森　鷗外	高野聖	⑩舞　姫
お目出たき人	（　⑪　）	一握の砂	⑪武者小路実篤
父帰る	（　⑫　）	草　枕	⑫菊池　寛
伊豆の踊り子	（　⑬　）	武蔵野	⑬川端康成
山椒魚	（　⑭　）	たけくらべ	⑭井伏鱒二

■現代文学

（　　）に該当する作品，作者を語群から選びなさい。

作　品	作　者	〔語　群〕	
斜　陽	（　①　）	安岡章太郎	①太宰　治
（　②　）	野間　宏	安部公房	②真空地帯
（　③　）	三島由紀夫	井上　靖	③仮面の告白
天平の甍	（　④　）	遠藤周作	④井上　靖
砂の女	（　⑤　）	太宰　治	⑤安部公房
海辺の光景	（　⑥　）	太陽の季節	⑥安岡章太郎
白い人	（　⑦　）	裸の王様	⑦遠藤周作
（　⑧　）	石原慎太郎	真空地帯	⑧太陽の季節
（　⑨　）	大江健三郎	飼　育	⑨飼　育
（　⑩　）	開高　健	仮面の告白	⑩裸の王様

TEST-1 ■日本文学

1 作者と作品の組合せとして，正しいものはどれか。

①二葉亭四迷——不如帰
②尾崎紅葉———五重塔
③与謝野晶子——みだれ髪
④永井荷風———刺　青
⑤堀　辰雄———本日休診　（　　）

2 作者と作品の組合せとして，誤っているものはどれか。

①清少納言——枕草子
②紀貫之———更級日記
③鴨長明———方丈記
④西　行———山家集
⑤紫式部———源氏物語　（　　）

3 下記の□に該当する文学作品はどれか。

夏目漱石の３部作には，前期３部作と後期３部作がある。前期３部作はいずれも恋愛による苦悩がテーマであるが，そのうちの□はインテリの男子学生の片想いを描くとともに，青年の目を通して，日露戦争後の日本社会を批評したものである。

①こころ　②それから
③彼岸過迄　④門
⑤三四郎　（　　）

4 作品と作者の組合せが正しいものは，次のうちどれか。

①抱擁家族——遠藤周作
②悪い仲間——有吉佐和子
③楢山節考——深沢七郎
④恍惚の人——安岡章太郎
⑤沈　　黙——小島信夫　（　　）

5 次の文中の空欄A，Bに該当するものの組合せとして正しいものはどれか。

曲亭馬琴は江戸時代末期の読本・草双紙の作者で，滝沢馬琴とも呼ばれる。24歳のとき，馬琴は江戸の作家山東京伝の弟子となって，作家修行を始めた。1807年に［ A ］を発表すると大人気となり，当時の代表的な読本作者になった。そして，1814年から［ B ］を書きはじめ，28年の歳月をかけて完成させた。

	A	B
①	南総里見八犬伝	東海道中膝栗毛
②	東海道中膝栗毛	南総里見八犬伝
③	南総里見八犬伝	椿説弓張月
④	椿説弓張月	南総里見八犬伝
⑤	心中天網島	椿説弓張月

（　　）

ANSWER-1 ■日本文学

1 ❸ **解説** おのおのの作者の代表作は，二葉亭四迷『浮雲』，尾崎紅葉『金色夜叉』，永井荷風『あめりか物語』，堀辰雄『風立ちぬ』

2 ❷ **解説** 紀貫之が書いたのは『土佐日記』。『土佐日記』はかな文字を使った日本最初の文学作品であり，日記文学のさきがけとなった。

3 ❺ **解説** 前期3部作は『三四郎』『それから』『門』，後期3部作は『彼岸過迄』『行人』『こころ』。

4 ❸ ①『抱擁家族』小島信夫　②『悪い仲間』安岡章太郎　④『恍惚の人』有吉佐和子　⑤『沈黙』遠藤周作

5 ❹ **解説** 山東京伝は江戸の黄表紙作家として人気を呼び，以後，読本（よみほん），洒落本など，さまざまな分野の創作を行った。なお，黄表紙（表紙が黄色であった）は絵が中心となっており，文章が添えられている本である。黄表紙の人気が落ちて，読本が中心となった。

TEST-2 ■日本文学

1 芥川龍之介の作品として，次のうち正しいものはどれか。

①友　情
②河　童
③和　解
④明　暗
⑤機　械　（　　）

2 作品と作者の組合せが正しいものは，次のうちどれか。

①ふらんす物語，細雪――――――谷崎潤一郎
②田舎教師，新世帯―――――――田山花袋
③お目出たき人，暗夜行路―――志賀直哉
④父帰る，生まれ出づる悩み――菊池　寛
⑤真実一路，路傍の石――――――山本有三　（　　）

3 頻出問題　下記の説明に該当する作者は次のうちどれか。

はじめ西山宗因について俳諧を学んだが，その後，浮世草子を書くようになった。その最初の作品が『好色一代男』である。また，武家物として『武道伝来記』など，町人物として『日本永代蔵』『世間胸算用』などを書き，人間の姿を鋭くえがいた。

①式亭三馬　②近松門左衛門
③上田秋成　④井原西鶴
⑤十返舎一九　（　　）

4 次の作品とその特色の組合せとして，誤っているものはどれか。

①万葉集――――現存する最古の和歌集
②古今和歌集――最初の勅撰和歌集
③竹取物語―――現存する最古の物語
④徒然草――――二大随筆の一つ
⑤平家物語―――和歌を中心に書かれた歌物語　（　　）

5 頻出問題 次のうち，宮沢賢治の作品はどれか。
①銀河鉄道の夜
②走れメロス
③どくとるマンボウ航海記
④ノルウェイの森
⑤国盗り物語 （　　）

6 頻出問題 次のうち，井上靖の作品はどれか。
①潮　騒
②砂の上の植物群
③氷　壁
④死者の奢り
⑤壁－S・カルマ氏の犯罪 （　　）

ANSWER-2 ■日本文学

1 ❷ 解説 ①『友情』武者小路実篤　③『和解』志賀直哉　④『明暗』夏目漱石　⑤『機械』横光利一

2 ❺ 解説 ①『ふらんす物語』永井荷風　②『新世帯』徳田秋声　③『お目出たき人』武者小路実篤　④『生まれ出づる悩み』有島武郎

3 ❹ 解説 井原西鶴は松尾芭蕉，近松門左衛門とともに，元禄文化を代表する作家である。

4 ❺ 解説 『平家物語』は軍記物語の代表的作品。歌物語の最初の作品は『伊勢物語』である。

5 ❶ 解説 ②『走れメロス』太宰治　③『どくとるマンボウ航海記』北杜夫　④『ノルウェイの森』村上春樹　⑤『国盗り物語』司馬遼太郎

6 ❸ 解説 ①『潮騒』三島由紀夫　②『砂の上の植物群』吉行淳之介　④『死者の奢り』大江健三郎　⑤『壁－S・カルマ氏の犯罪』安部公房

8. 文 法

ここがポイント KEY

■品詞の種類

品詞とは単語を文法上の性質・形・働きによって分類したもので，下のように11品詞に分かれる。

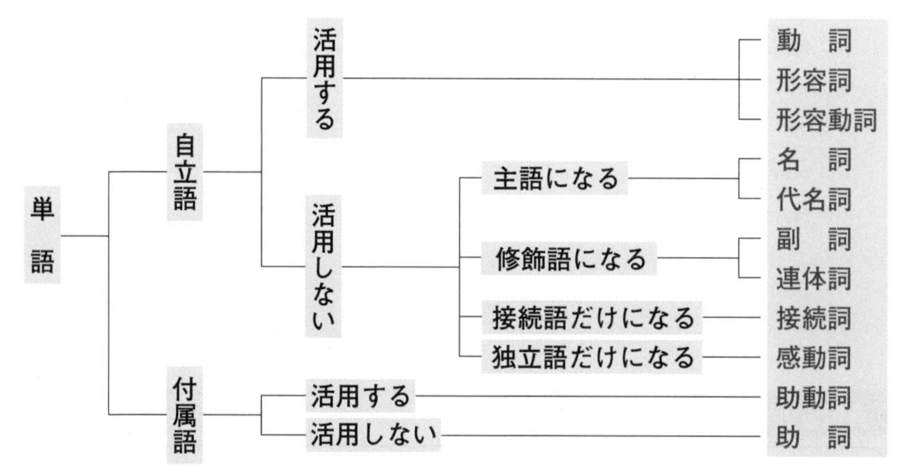

●**自立語**……単独で意味がわかるもので，1文節中に必ず1つある。また，文節の最初にある。

●**付属語**……単独では意味はわからない。必ず，自立語のあとに付いている。

●**活　用**……単語の形があとに続く語によって変化することをいう。活用するのは自立語の動詞・形容詞・形容動詞と付属語の助動詞。活用形は，未然形（行かナイ），連用形（行きマス），終止形（行く），連体形（行くトキ），仮定形（行けバ），命令形（行け）がある。形容詞と形容動詞には命令形はない。

●**副　詞**……主に用言（動詞，形容詞，形容動詞）を修飾する。
（ゆっくり，もっと，ふと，だんだん）

●**連体詞**……体言（名詞，代名詞）だけを修飾する。
（あの，ある，その，大きな）

■動詞の活用の種類

動詞とは，動作や存在を表す活用する自立語のことで，その活用には次の５種類がある。

活用の種類	語例	語幹	未然形	連用形	終止形	連体形	仮定形	命令形
五段活用	話す	話	さ・そ	し	す	す	せ	せ
上一段活用	起きる	起	き	き	きる	きる	きれ	きろ きよ
下一段活用	建てる	建	て	て	てる	てる	てれ	てろ てよ
カ行変格活用	来る	○	こ	き	くる	くる	くれ	こい
サ行変格活用	する	○	し・せ・さ	し	する	する	すれ	しろ せよ
あとに続くことば			ナイ・ウ・ヨウなど	マス	言い切る	トキ	バ	命令して言い切る

○：語幹と活用語尾を区別できない。

●五段活用……活用語尾がア段～オ段の五音すべてにわたり変化する活用。
●上一段活用……活用語尾がイ段の音を中心に変化する活用。
●下一段活用……活用語尾がエ段の音を中心に変化する活用。
●カ行変格活用……「来る」の１語だけ。カ行の音で活用する。
●サ行変格活用……「する」と「～する」だけ。サ行の音で活用する。

未然形――まだそうなっていないことを表す形。
連用形――用言（動詞，形容詞，形容動詞）などに続く形。
終止形――言い切るときの形。動詞の基本形。
連体形――体言（名詞，代名詞）などに続く形。
仮定形――仮定の意味を表す形。
命令形――命令して言い切る形。

■形容詞と形容動詞

形容詞，形容動詞とも，人や物事の性質・状態などを表す単語である。終止形は，形容詞が「い」，形容動詞は「だ（です）」で終わる。

■助動詞の働きと種類

活用する付属語で，主に用言に付いて文節をつくり，いろいろな意味を付け加える。

助動詞	意　味	用　例
れる られる	可　能 受　身 尊　敬 自　発	一時までに行かれる 議長に選ばれる 先生が来られる 昔がしのばれる
せる させる	使　役	荷物を持たせる 検査を受けさせる
そうだ	伝　聞 様　態	会議は延期になるそうだ 会議は延期になりそうだ
ようだ	例　示 推　定 比　況	彼のように生きたい 雨はやんだようだ 氷のような視線
らしい	推　定	明日は雨らしい
だ です	断　定	今朝はいい天気だ それは机です
ない	否　定	だれも来ない

■助詞の働きと種類

・活用しない付属語で，主に自立語のあとに付いて，文節の一部となる。

・用言・体言などに付いて，「主語」「連体修飾語」「連用修飾語」「接続語」「並立の関係」「補助の関係」などの働きをする。

・助詞には，「格助詞」「接続助詞」「副助詞」「終助詞」の４種類がある。

●格助詞

・主に体言に付く。

・「が」「を」「で」「へ」「に」「の」「と」「や」「から」「より」などがある。

「の」の働き

主　語	父の作ったケーキだ。	(「が」に言い換えられる)
連体修飾語	公園の砂場で遊ぶ。	(どこの砂場かを説明している)
準体助詞	泳ぐのが好きだ。	(「泳ぐこと」と言い換えられる)

●接続助詞

・主に用言や助動詞に付く。

・「て（で）」「ても（でも）」「たり（だり）」「から」「ので」「ば」「と」「が」「けれど（けれども）」「し」「のに」「ものの」「ところで」「ながら」「つつ」「なり」などがある。

■敬語の種類

敬語とは，話し手が話の聞き手や第三者に対して，敬意や丁寧な気持ちを表す言葉で，尊敬語，謙譲語，丁寧語の３種類がある。

■尊敬語の種類

尊敬語とは，話し手が相手に対して敬意を表す言葉で，表現型には主として次の３つがある。

・お（ご）……になる（なさる）型

先生がお出かけになる。

・助動詞「れる・られる」型

お客さまが来られる。

・尊敬の意味をもつ特別な動詞

社長がそうおっしゃる。

■謙譲語の種類

謙譲語とは，話し手が自分の動作などをへりくだることにより，相手への敬意を表す言葉で，表現型には主として次の２つがある。

・お（ご）……する（いたす）型

親しい方を家にお招きする。

私からご説明いたします。

・謙譲の意味をもつ，特別な動詞

お隣りの奥様からハムをいただく。

■丁寧語

丁寧語とは，話し手の丁寧な気持ちを表す言葉で，表現型は１つである。

・助動詞「です・ます」型

明日，父は出張で東京に行きます。

ポイント 敬語の問題を解くときの **KEY**

●まずは，動作をする人がだれかを考える。

●動作主が自分以外，特に目上の人である場合，尊敬語を使う。

●動作主が自分や自分側の人間である場合，謙譲語を使う。

TEST-1 ■文　法

1 次の文（A～E）の下線部の品詞の組合せとして，正しいものはどれか。

A　今日の夕日はとても赤かった。
B　すぐに家に帰りなさい。
C　彼女はいきなり泣き出した。
D　さわやかな風が吹いている。
E　駅前に大きな看板を立てる。

	A	B	C	D	E
①	形容詞	連体詞	副　詞	形容動詞	連体詞
②	形容詞	副　詞	連体詞	形容動詞	連体詞
③	形容動詞	連体詞	副　詞	形容詞	副　詞
④	形容動詞	副　詞	連体詞	形容詞	副　詞
⑤	形容詞	副　詞	副　詞	形容動詞	連体詞

（　　）

2 次の文の「見る」と，活用の種類が同じ動詞を持つ文を①～⑤の中から選びなさい。

「ある対象をどう見るか，が問われている。」

①車に乗らないで歩く。
②天気予報どおり，今日は晴れた。
③私は毎日，チョコレートを食べる。
④早く起きて散歩をする。
⑤ボールを遠くに投げる。　（　　）

3 次のア～キの下線部のうち，形容詞はいくつあるか。

ア　家族３人で楽しく旅行する。
イ　町はずれにあるレストランで食事をする。
ウ　２日も同じ旅館にいると退屈だ。
エ　昨日買った私のボールペンがない。
オ　廊下は静かに歩きなさい。

カ 適切な処置がなされる。
キ 温かく，心のこもったもてなしがうれしい。
①2つ
②3つ
③4つ
④5つ
⑤6つ （　）

ANSWER-1 ■文 法

1 ⑤ 解説 A・D：形容詞と形容動詞の見分け方は，終止形に直して，最後の音で見分ける。形容詞は「い」，形容動詞は「だ」で終わる。「赤かっ」→「赤い」形容詞。「さわやかな」→「さわやかだ」形容動詞。B・C・E：副詞は主に用言を修飾し，連体詞は体言を修飾するという点がポイント。Bの「すぐに」は「帰りなさい」を修飾しており，Cの「いきなり」は「泣き出した」を修飾しているので，副詞。Eの「大きな」は「看板」を修飾しているので，連体詞。

2 ④ 解説 ポイント **動詞の活用の種類の見分け方は，「ナイ」を付けて未然形をつくり，活用語尾の音で区別する。**

「見る」に「ナイ」を付けると，「見（mi）ナイ」と活用語尾がイ段の音になるので，上一段活用とわかる。

①「乗ら（ra）ナイ」と活用語尾がア段の音となるので，五段活用。
②「晴れ（re）ナイ」と活用語尾がエ段の音となるので，下一段活用。
③「食べ（be）ナイ」と活用語尾がエ段の音となるので，下一段活用。
④「起き（ki）ナイ」と活用語尾がイ段の音となるので，上一段活用。
⑤「投げ（ge）ナイ」と活用語尾がエ段の音となるので，下一段活用。

3 ② 解説 ア：「楽しく」を終止形に直すと「楽しい」となるので，形容詞。イ：「ある」を終止形に直すと「ある」となる。このようにウ段の音で終わる場合，その単語は動詞である。ウ：「退屈だ」となるので，形容動詞。エ：「ない」は「存在しない状態」を示すので，形容詞。オ：「静かだ」となるので，形容動詞。カ：「適切だ」となるので，形容動詞。キ：「温かい」となるので，形容詞。

TEST-2 ■文　法

1 頻出問題　次の下線部と同じ文法的意味のものはどれか。

「彼女と食事に出かける。」

①午前6時に出発する。
②北海道に調査に行く。
③先生にいくつか質問をする。
④多くの人が講堂に集まる。
⑤大学を卒業して医者になる。　（　　）

2 頻出問題　次の下線部と同じ用法のものはどれか。

「正直だから信用される。」

①米から酒を造る。
②父は午後8時に会社から帰る。
③天気がいいから山登りに行こう。
④友人から手紙が届く。
⑤火遊びから火事になる。　（　　）

3 次の文（A～D）の下線部の助動詞のうち，どれにもあてはまらないものはどれか。

A午後から雨が降るそうだ。
Bまったく雨が降らない。
C明日は雨らしい。
D雨が降りそうだ。

①推定
②比況
③様態
④否定
⑤伝聞　（　　）

4　次の下線部の敬語のうち，表現が適切でないものはどれか。
①部長は２時におもどりになります。
②主人はただ今，出かけております。
③父がそのように申しておりました。
④先生の学生時代の写真を拝見する。
⑤私がそちらへ参ります。　　　　　　　　　　　　（　　）

特別な動詞

普通の表現	尊敬語	謙譲語	普通の表現	尊敬語	謙譲語
行　く	いらっしゃる	参る，うかがう	する	なさる・あそばす	いたす
来　る	いらっしゃる	参る	くれる(与える)	くださる	あげる さしあげる
食べる	召し上がる	いただく	見る	(ごらんになる)	拝見する
言　う	おっしゃる	申す，申し上げる	思う	(お思いになる)	存じる
聞　く	(お聞きになる)	うかがう， うけたまわる	知る	ご存じである	存じ上げる

ANSWER-2 ■文　法

1　❷　解説　格助詞「に」の意味に関する問題である。例文の「彼女と食事に出かける」の「に」は，動作の“目的”を表す。それぞれ，①時間　②目的　③対象　④場所　⑤結果　を表す。

2　❸　解説「正直だから信用される」の「から」は「接続助詞」であり，その文節が接続語になり，確定の順接を示す。①②④⑤いずれも「格助詞」の「から」であり，その文節が連用修飾語であることを示す。①は「原因・理由」，②と④は「起点」，⑤は「原因・理由」をそれぞれ表す。

3　❷　解説　A伝聞　B否定　C推定　D様態　「比況」とは，他と比べて，それにたとえること。(例)「白くて雪のようだ」。比況は「まるで」を前に補えるかで判断する。

4　❶　解説「部長」は話し手の上司であっても，話し手側の人間であるので，尊敬語は使ってはいけない。謙譲語を使わなくてはならない。したがって，「部長は２時にもどって参ります」が適切な表現となる。

9. 同じ意味の用法

ここがポイント KEY

■１つの言葉はいろいろな意味をもっている

(例)「かたい」の場合

(1) 力を加えても，形を変えることができないほど，しっかりしている。

(2) 態度などがしっかりしていて，崩すことが難しいさま。

(3) 心の状態にゆとりや遊びがない。

(4) 失敗する確率が非常に小さく，確実である。

そこで，「かたい」を使って問題を作ると，次のようになる。

次の文の下線部と同じ意味の用法はどれか。

あの人は口がかたいので，信用できる。

①石は木よりかたい。
②初出場でかたくなる。
③かたい約束をかわす。
④彼女の合格はかたい。
⑤父は頭がかたい。

解説 例文の「あの人は口がかたいので，信用できる」の「かたい」の意味は，上記(2)の「態度などがしっかりしていて，崩すことが難しいさま」にあてはまる。

①「石は木よりかたい」の「かたい」の意味は，上記の (1) にあてはまる。
②「初出場でかたくなる」の「かたく」の意味は，上記の (3) にあてはまる。
③「かたい約束をかわす」の「かたい」の意味は，上記の (2) にあてはまる。
④「彼女の合格はかたい」の「かたい」の意味は，上記の (4) にあてはまる。
⑤「父は頭がかたい」の「かたい」の意味は，上記の (3) にあてはまる。

以上より，正解は❸となる。

■5つの選択肢の意味を比較して，正解と思われるものを選ぶ

次の文の下線部と同じ意味の用法はどれか。

叔父の顔色を読む。

①早朝からお経を読む。
②グラフから会社の業績を読む。
③寝る前に小説を読む。
④鯖を読む。
⑤相手の手の内を読む。

解説　前問の「かたい」と同様に，「読む」にもいろいろな意味がある。

例文の「叔父の顔色を読む」の「読む」の意味は「眼前の事物，行為を見て，その将来を推察したり，隠された意味などを察知する」ということである。

①「お経を読む」の「読む」の意味は，「文字に書かれているものを声をあげて言う」ということ。

③「寝る前に小説を読む」の「読む」の意味は，「文字，文章，図などを見て，そこに書かれている意味や内容を理解する」ということ。

④「鯖を読む」の「読む」の意味は，「数を数える」ということである。

したがって，①③④は誤りとわかる。

⑤「相手の手の内を読む」の「読む」の意味は，例文の「叔父の顔色を読む」の「読む」と同じである。ただ，②の「グラフから会社の業績を読む」の「読む」も，例文の「読む」の意味と同じとも考えられなくはないが，むしろ，③の「寝る前に小説を読む」の「読む」に近いと考えられる。

以上より，正解は❺となる。

TEST ■同じ意味の用法

1 頻出問題 次の文の下線部と同じ意味の用法はどれか。
魔がさす。

①急に日がさす。
②枝葉がさす。
③会社で眠気がさす。
④障子に影がさす。
⑤雨が降ってきたので傘をさす。 （　　）

2 頻出問題 次の下線部と同じ用法のものはどれか。
彼はこの辺で顔だ。

①親の顔が立つ。
②社長は会社の顔だ。
③彼女がいやな顔をした。
④テレビに出て顔が売れる。
⑤顔から火が出る。 （　　）

3 頻出問題 次の下線部と同じ用法のものはどれか。
再起をはかる。

①便宜をはかる。
②会議にはかる。
③問題の解決をはかる。
④相手の心中をはかる。
⑤目方をはかる。 （　　）

ANSWER ■同じ意味の用法

1 ❸ 解説 例文の「さす」の意味は，「ある状態が起ころうとする，ある種の気持ち，考えなどが生じようとする」ということ。

①「急に日がさす」の「さす」の意味は，「光が照り込む，光が当たること」をいう。

②「枝葉がさす」の「さす」の意味は，「枝が伸び出る」ということ。

③「会社で眠気がさす」の「さす」の意味は，「ある状態が起ころうとする」ということ。

④「障子に影がさす」の「さす」の意味は，「姿や影などがちらっと現れる」ということ。

⑤「雨が降ってきたので傘をさす」の「さす」の意味は，「手で持って上げる」ということ。

2 ❹ 解説 例文の「顔」の意味は，「人によく知られている」ということ。

①「親の顔が立つ」の「顔」の意味は，「面目，体面」ということ。

②「社長は会社の顔だ」の「顔」の意味は，「何かにとって代表的な人」ということ。

③「彼女がいやな顔をした」の「顔」の意味は，「顔つき，表情」ということ。

④「テレビに出て顔が売れる」の「顔」の意味は，例文の「顔」の意味と同じである。

⑤「顔から火が出る」の「顔」の意味は，「頭部の前面」ということ。

3 ❸ 解説 例文の「はかる」の意味は，「計画する，意図する」ということ。

①「便宜をはかる」の「はかる」の意味は，「配慮する」ということ。

②「会議にはかる」の「はかる」の意味は，「相談する」ということ。

③「問題の解決をはかる」の「はかる」の意味は，例文の「はかる」の意味と同じである。

④「相手の心中をはかる」の「はかる」の意味は，「おしはかる，予想する」ということ。

⑤「目方をはかる」の「はかる」の意味は，「計器で測定する」ということ。

10. 現代文

ここがポイント KEY

■出題形式は「内容把握問題」オンリー

現代文の出題形式には,「内容把握問題」「空欄補充問題」「文章整序問題」の3つがある。国家公務員試験，地方公務員試験においては，これらの3つの出題形式がほぼ毎年出題されている。しかし，自衛隊一般曹候補生採用試験においては，現代文の出題数が毎年1問であることから,「内容把握問題」だけが出題されている。この傾向は今後も続くと思われる。

「内容把握問題」は「空欄補充問題」や「文章整序問題」と異なり，さまざまな設問形式があるが，自衛隊一般曹候補生採用試験では,「下の文章の内容に合致するものは次のうちどれか」「下の文章の筆者の考えに合致しているものはどれか」「次の文章の主旨として最も適切なものはどれか」の3つが出題されている。ただ,「下の文章の筆者の考えに合致しているものは次のうちどれか」という設問は,「下の文章の内容に合致するものは次のうちどれか」という設問と実質的には同じである。

■内容把握問題―― KEY 筆者の最も言いたいことが明確に示されている箇所にアンダーラインを引いておく。

次の文で筆者の言おうとしていることとして，最も適切なものはどれか。

頭の悪い人は，頭のよい人なら最初から無理だと結論づけるようなことでもつい続けてしまう。しかし，それが無理だと理解できたときには，価値のある何かを発見できていることが多い。そして，それは最初から無理だと理解して手を出さなかった人には気づかなかったものであることもしばしばである。自然界の事象は，机の前で思いをめぐらせて何も行動に移さない人には見えないものだ。その一方で，自然界の中へ果敢に飛び込んで観察しようとする人には，新たなヒントを与えることがある。頭のよい人は得てして引っ込み思案に終わりがちである。科学者になるためには，引っ込み思案であってはならない。自然界の事象は，その中に果敢に飛び込んでくる人にだけその扉を開くのだ。

①自然を研究する科学者にとっては，理性や頭のよさは不必要なものである。
②科学は，前もって仕事の見通しや計画を立てる必要はなく，ただ熱意さえあればよい。
③頭のよい人がはじめから無理だと思うことでも，いちずに研究すると，重要な発見をすることが多い。
④頭のよい人は，先の見通しがつくので前もって結果を予想してしまい，科学者には向いていない。
⑤新しい発見をするためには，頭のよい人が無理だと思って手をつけないことにあえて取り組まなくてはならない。

解法へのアプローチ

一読するプロセスで，最も重要と思われる箇所にアンダーラインを引く。上文では，「自然界の中へ果敢に飛び込んで観察しようとする人には，新たなヒントを与えることがある」の箇所がこれにあたる。

ただし，人によっては，この箇所ではなく，それに続く文末を最も重要な箇所と考えるかもしれない。同じ内容のことを言い換えているだけなので，どちらでもかまわない。

選択肢①②④については，アンダーラインを引いた箇所の内容から，正解としては不適であると容易に推察できる。

残るは③と⑤である。これらの内容はアンダーラインを引いた箇所の内容と大きな違いはないので，“表現の仕方”を比較するほかない。選択肢③は文脈をそのまままとめたものなので，問題はない。一方，選択肢⑤は「あえて取り組まなくてはならない」と表現してあるように，筆者の主張を拡大解釈している。つまり，筆者はそこまでは述べていない。このように，残り２つのところで，正誤の判断に苦しむ選択肢があるので，そのときは細かい点に注目することである。

以上より，正解は❸。

11. 古　文

ここがポイント　KEY

■口語訳ができれば楽勝！

現代文の設問形式は,「下の文章の内容に合致するものは次のうちどれか」「次の文章の主旨として最も最適なものはどれか」などであるが, 古文の設問形式は「次の文章の内容に合致するものはどれか」の１つだけである。

また, 現代文と古文の違いは, 現代文の場合, 本文の内容がある程度わかっていても正解の選択肢を選ぶことができないことがあるのに対して, 古文の場合, 本文の内容がある程度わかれば, 正解の選択肢にたどりつくことができる。

次の文で, 筆者が最も言いたいことはどれか。

高名(かうみやう)の木登りといひしをのこ, 人をおきてて, 高き木に登せて梢(こずゑ)を切らせしに, いと危(あやふ)く見えしほどは言ふ事もなくて, 降るる時に軒長(のきたけ)ばかりになりて,「あやまちすな。心して降りよ。」と言葉をかけ侍(はべ)りしを,「かばかりになりては, 飛び降るるとも降りなん。如何(いか)にかく言ふぞ。」と申し侍りしかば,「その事に候(さふら)ふ。目くるめき, 枝危きほどは, おのれが恐れ侍れば申さず。あやまちは, やすき所になりて, 必ずつかまつる事に候ふ。」と言ふ。

あやしき下﨟(げらふ)なれども, 聖人の戒(いまし)めにかなへり。まりも, 難(かた)き所を蹴出(けいだ)して後, 安く思へば, 必ず落つと侍るやらん。

①いかに上手な人でも時には失敗することがあるということ。
②どんなにつらいことでも, 我慢強く辛抱してやれば, いつかは必ず成し遂げられるということ。
③たいしたことはないだろうと, たかをくくって油断していると, 思わぬ失敗をするということ。
④人は時には自分より年下の経験の浅い者から, ものごとを教えられることがあるということ。
⑤何事をするにも, 用心に用心を重ねて慎重にやりなさいということ。

大 意

木登りの名人と世間で言っている男が人を指図して高い木に登らせていたが，ひどく危険に見えたときには何も言わないで，軒の高さくらいの所にくると「失敗するな」などと言葉をかけた。「どうしてそう言うのか」とたずねると，「危ない所は自分が恐がっているので何も言いません。まちがいは楽な所で必ず起こるものです」と言った。身分の低い者だが聖人の戒めにも通じる。まりも難しい場をうまく蹴ると安心するので，必ず落とすとのことだ。

以上より，正解は❸。

■口語訳のポイント

ポイントとしては，次の３つが挙げられる。

●現代語に置き換える

古語には，現代語では使われない言葉や，現代語と同形だが異なる意味をもつ言葉が用いられているので，その意味を読み取り，現代語に置き換える必要がある。

●省略語を補う

古語の表現は現代語と比べて，言葉を省略して表現することが多い。つまり，主語，助詞などがよく省略される。そのため，口語に訳す際には，これらの省略語を適切に補う必要がある。

> 春はあけぼの
>
> 春はあけぼの。やうやう白くなりゆく山ぎは，すこしあかりて，紫だちたる雲のほそくたなびきたる。
>
> 夏は夜。月のころはさらなり，やみもなほ蛍(ほたる)の多く飛びちがひたる。また，ただ一つ二つなど，ほのかにうち光りて行くもをかし。雨など降るもをかし。

上文において，助詞の省略が２箇所ある。

（１行目）やうやう白くなりゆく山ぎは，すこしあかりて

　　　→やうやう白くなりゆく山ぎはが，すこしあかりて

（４行目）ただ一つ二つなど，ほのかにうち光りて行くもをかし

　　　→ただ一つ二つなどが，ほのかにうち光りて行くもをかし

●文脈から判断する

いくら単語を覚えても，意味のわからない単語は出てくるもの。そうした場合，英文と同様，前後の文脈からその意味を判断することである。特に，多義語の場合，それが求められる。

■現代語と意味の異なる語

あさまし	驚きあきれるほどだ	きこゆ	うわさされる，申し上げる
あした	朝，翌朝	ここら	たくさん，たいそう
あはれなり	しみじみとした趣がある	さうざうし	心寂しい，物足りない
あやし	ふしぎだ	すさまじ	殺風景だ，荒れている
あたらし	惜しい，もったいない	つとめて	早朝，翌朝
ありがたし	珍しい，難しい	なかなか	かえって，中途半端だ
うつくし	かわいらしい	すなはち	即座に
おとなし	物をわきまえている	にほふ	つやがあり美しい
おどろく	はっと目をさます	ののしる	大騒ぎする
おろかなり	いいかげんである	はかなし	心細い，とるに足らない
かしこし	恐れ多い	はづかし	りっぱである
かなし	かわいい	むつかし	不快である，気味が悪い
めでたし	すばらしい	やさし	恥ずかしい
やがて	そのまま，すぐに	わびし	心細い，つらい，つまらない
ゆかし	心がひかれて見たい，聞きたい	をかし	風情がある

■重要な古語

あいぎゃう	かわいらしさ	たまふ(給ふ)	なさる
いかで	どうして	つきづきし	似つかわしい
いと	たいそう，まったく	つれづれ	手持ちぶさたである
いみじ	非常に，はなはだしい	ながむ	ぼんやりと見る
うたて	ますます，いやで	なべて	一般に，ふつう
おこたる	なまける，(病気が)治る	ねんず	祈る，がまんする
かたはらいたし	気の毒だ，見苦しい おかしくてたまらない	のたまふ	「言う」の尊敬語
くちをし	情けない，残念だ	はべり	そばに仕える
げに	本当に，まったく	ふぜい	趣，ようす
さすがに	やはり，そうはいうものの	ほいなし	残念だ
さうらふ（候）	～ます	まかる	退出する，参上する
そこら	たくさん	まゐる	参上する
たてまつる	献上する	やうやう	ゆっくり，さまざま

■助動詞一覧

自発・可能・受身・尊敬	る・らる
使役・尊敬	す・さす・しむ
過去	き・けり
完了	つ・ぬ・たり・り
推量	む〈ん〉・むず〈んず〉・らむ〈らん〉・けむ〈けん〉・べし・らし・めり・まし
伝聞・推定	なり
打消推量	じ・まじ
断定	なり・たり
願望	まほし・たし
比況	ごとし・やうなり

■重要な助詞

(な)…そ	禁止　～するな（「な」は副詞） 　や，な起こしたてまつりそ。幼き人は寝入りたまひにけり
ば	①仮定　～ならば（未然形に接続） ②原因・理由　～ので（已然形に接続） ①かかる心だに失せなば，いとあはれとなむ思ふべき ②いと幼ければ，籠に入れて養ふ
もぞ・もこそ	将来を予測し危ぶむ気持ち　～すると困る 　昔，若き男，けしはあらぬ女を思いけり。さかしらする親ありて，おもひもぞ付くとて，この女をほかへ追ひやらむとす 　花見れば心さへにぞ移りける色には出でじ人もこそ知れ
もがな	願望　～であったらいいなあ 　みよし野の山のあなたに宿もがな世の憂き時の隠れがにせむ
なむ	①他者への願望　～してほしい（未然形に接続）　②強意 ①五月待つ山ほととぎすうちはぶき今も鳴かなむ去年の古声 ②これなむ都鳥といふを聞きて ＊十日はありなむ　助動詞（ぬ＋む），推量・意志を表す

TEST-1 ■古　文

1 次の文章の内容に合致しないものはどれか。

仁和寺(にんなじ)にある法師，年よるまで石清水(いはしみづ)ををがまざりければ，心うくおぼえて，ある時思ひ立ちてただ一人徒歩(かち)よりまうでけり。極楽寺，高良(かうら)などををがみて，〈かばかり。〉と心得て帰りにけり。さて，かたへの人にあひて，「年ごろ思ひつることはたし侍りぬ。聞きしにもすぎて尊くこそおはしけれ。そも参りたる人ごとに，山へ登りしは，なにごとかありけむ，ゆかしかりしかど，〈神へ参るこそ本意なれ。〉と思ひて，山までは見ず。」とぞ言ひける。すこしのことにも，先達(せんだち)はあらまほしきことなり。　（「徒然草」）

①仁和寺の法師は，念願の石清水八幡宮に，一人で参拝した。
②法師は，山の下にある石清水八幡宮の末社にだけ参拝した。
③法師は，山の上にあるほんものの石清水には行かなかった。
④法師は石清水に行ってみて，うわさほどではないと思った。
⑤何事をするにも，先導者はほしいものである。

（　　）

2 次の文章の内容に合致しないものはどれか。

今は昔，田舎の児(ちご)の，比叡の山へ登りたりけるが，桜のめでたく咲きたりけるに，風のはげしく吹きけるを見て，この児さめざめと泣きけるを見て，僧のやはらよりて，「などかうは泣かせ給ふぞ。この花の散るををしうおぼえさせ給ふか。桜ははかなきものにて，かくほどなくうつろひさぶらふなり。されどもさのみぞさぶらふ。」となぐさめければ，「桜の散らむはあながちにいかがせむ，苦しからず。わがてての作りたる麦の花散りて，実のいらざらむと思ふがわびしき。」と言ひて，さくりあげてよよと泣きけるは，うたてしやな。　（「宇治拾遺物語」）

①少年は，「桜の散るのはつらくない」と言った。
②僧は少年に，「桜ははかないもので，すぐに散ってしまう」と言った。
③僧は少年から泣いている訳を聞いて，とても感動した。
④少年は，「父の作る麦が不作になるのがつらい」と言って，泣いた。
⑤少年は，風が激しく吹いてきたのを見て，泣いた。

（　　）

3 次の文章の内容に合致しないものはどれか。

ゆく川の流れは絶えずして，しかももとの水にあらず。よどみにうかぶうたかたは，かつ消えかつ結びて，久しくとどまりたる例(ためし)なし。世の中にある人と栖(すみか)と，またかくのごとし。玉敷(たましき)の都のうちに棟(むね)をならべ，いらかを争へる，高きいやしき人の住居は，代代をへてつきせぬものなれど，これを〈まことか。〉とたづぬれば，昔ありし家はまれなり。あるいは去年(こぞ)焼けて今年作れり。あるいは大家ほろびて小家となる。住む人もこれに同じ。所もかはらず，人も多かれど，いにしへ見し人は二，三十人が中に，わづかに一人二人なり。朝(あした)に死に，夕(ゆふべ)に生まるる習ひ，ただ水の泡(あわ)にぞ似たりける。（「方丈記」）

①人の住まいは尽きることはないが，昔あった家はきわめて少ない。
②住む人も同じ場所に多くいるが，昔見た人はそのうちわずかである。
③よどんでいる所に浮かぶあわも，同じ状態でとどまってはいない。
④人間は，朝に死に，夕方に生まれる習わしとなっている。
⑤万物の転変する姿は水の流れのようであるが，この世の人と住み家についてはこれとは異なる。

（　　）

ANSWER-1 ■古　文

1 ❹ **解説** 文中に，「うわさに聞いていた以上にまことに尊くいらっしゃいました」とある。〔重要語句〕心うく…残念に，情けなく，かたへの人…かたわらの人，ゆかしかりしかど…見たかったけれど，知りたかったけれど，本意…主目的，先達…案内人，先導者，あらまほしき…あってほしい

2 ❸ **解説** 「うたてしやな」の意味が理解できるかがポイント。「うたてし」は，あきれた，いやな，情けないという意味で，「や」「な」は感動の終助詞。最後の訳は「しゃくり上げておいおい泣いたのには，あきれはてた」となる。〔重要語句〕めでたく…すばらしい，やはら…そっと，さのみぞさぶらふ…そういうものなのです，あながち…無理に

3 ❺ **解説** 前半部分に，「世の中にいる人間とその住み家とは，またこの水の流れのようである」とある。〔重要語句〕うたかた…水のあわ，玉敷の…玉を敷いたように美しい，高きいやしき…身分の高い，低い

TEST-2 ■古　文

1 次の文章の内容に合致するものはどれか。

〈能をつかむ。〉とする人,「よくせざらむほどは, なまじひに人に知られじ。うちうちよく習ひえて, さし出でたらむこそ, いと心にくからめ。」と, 常に言ふめれど, かくいふ人, 一芸も習ひうることなし。いまだ堅固(けんご)かたほなるより, 上手(じゃうず)の中にまじりて, そしり笑はるるにも恥ぢず, つれなく過ぎてたしなむ人, 天性その骨(こつ)なけれども, 道になづまず, みだりにせずして, 年を送れば, 堪能(かんのう)のたしなまざるよりは, つひに上手の位にいたり, 徳たけ, 人にゆるされて, ならびなき名をうることなり。天下のものの上手といへども, はじめは不堪(ふかん)の聞えもあり, むげの瑕瑾(かきん)もありき。されども, その人, 道のおきて正しく, これを重くして, 放埒(はうらつ)せざれば, 世の博士(はかせ)にて, 万人(ばんにん)の師となること, 諸道, かはるべからず。　　　　(「徒然草」)

①その道の達人になろうとして熱心に練習しても, 天分のある人にはどうしてもかなわない。

②未熟なうちから上手な人にまじって研修すると上達は早いけれども, 並ぶ者のない名声まで得ることはできない。

③天下の評判になるような人は初めから上手であるが, それでも日々努力を積んでいる。

④天下第1の名人などと評判になる人は, その道の常識を破り, 自分の信じた道を貫いた人である。

⑤どんなに上手な人でも, 初めはへたであったのだから, 正しい研修だけが上手になる道である。

(　　)

2 次の文章の内容に合致するものはどれか。

また,〈この世にいかでかかることありけむ。〉と, めでたくおぼゆることは, 文(ふみ)こそ侍れな。枕草子に, かへすがへす申して侍るめれば, ことあたらしく申すに及ばねど, なほいとめでたきものなり。はるかなる世界にかきはなれて, いくとせあひ見ぬ人なれど, 文といふものだに見つれば, ただいまさしむかひたる心ちして, なかなかうちむかひては, 思ふほども続けやらぬ心の色もあらはし, 言はまほしきことも, こまごまと書きつくしたるを見る心ちは, めづらしく, うれしく, あひむかひたるに劣りてやはある。つれづれなる折，昔の人の文見いでたるは，ただその折のここちして，いみじくうれしくこそおぼゆれ。まして，なき人などの書きたるものなど見るは，いみじくあはれに，年月の多くつもりたるも，ただ今筆うちぬらして書きたるやうなるこそ，かへすがへすめでたけれ。

（「無名草子」）

①手紙は，会わない人でも向かい合っているように思えるけど，やはり向かい合っているのには劣るものである。

②手紙はとてもすばらしいものだけれど，昔の自分をそこに見ると，恥ずかしい気持ちになる。

③手紙は会っては言えないようなことも書けるけれど，反面，相手の感情を害することもある。

④時間をもて余しているときに，昔の人の手紙を見つけると，その当時の心持ちになってとてもうれしい。

⑤故人の手紙は年月が多く経ってしまうと，とてもすてきなことも悲しい思いにさせられる。

（　　）

ANSWER-2 ■古　文

1 **⑤** **解説** ①「あまり天分がない人でも，天分があって怠けている人を追い越してしまう」と書いてある。②と④「その道の規則を正しく守り，これを重んじていけば，天下に知られる大家になれる」と書いてある。③「天下の評判になるような人でも初めから上手な人はいない」と書いてある。〔重要語句〕能をつかむ…芸能を習得しよう，なまじひに…なまじっか，心にくからめ…奥ゆかしいであろう，かたほなる…未熟である，つれなく…平気で，たしなむ人…精進する人，骨…天分，なづまず…とどこおらないで，堪能…上手，不堪…未熟，むげの瑕瑾…ひどい欠点

2 **④** **解説** （大意）手紙は会わない人でも会っているように思えるし，また会っては言えないようなことも書くことができるので，向かい合っているのに劣るものではない。また，昔の手紙を見つけるととてもうれしいし，ことに故人の手紙はしみじみとした思いにさせられる。〔重要語句〕なほ…やはり，なかなか…かえって，いみじく…たいへん，とても

覚えておこう!! 試験の定番　熟字訓

□小豆	あずき	□相撲	すもう	□天晴	あっぱれ
□硫黄	いおう	□草履	ぞうり	□十六夜	いざよい
□意気地	いくじ	□山車	だし	□従兄弟	いとこ
□田舎	いなか	□七夕	たなばた	□稲荷	いなり
□息吹	いぶき	□足袋	たび	□刺青	いれずみ
□海原	うなばら	□梅雨	つゆ	□所謂	いわゆる
□浮気	うわき	□投網	とあみ	□自惚	うぬぼれ
□笑顔	えがお	□読経	どきょう	□案山子	かかし
□神楽	かぐら	□名残	なごり	□気質	かたぎ
□河岸	かし	□雪崩	なだれ	□河童	かっぱ
□風邪	かぜ	□祝詞	のりと	□剃刀	かみそり
□仮名	かな	□波止場	はとば	□気障	きざ
□為替	かわせ	□日和	ひより	□怪我	けが
□河原	かわら	□吹雪	ふぶき	□健気	けなげ
□果物	くだもの	□下手	へた	□東風	こち
□玄人	くろうと	□迷子	まいご	□独楽	こま
□景色	けしき	□土産	みやげ	□流石	さすが
□心地	ここち	□息子	むすこ	□白湯	さゆ
□雑魚	ざこ	□眼鏡	めがね	□時化	しけ
□五月雨	さみだれ	□猛者	もさ	□老舗	しにせ
□時雨	しぐれ	□紅葉	もみじ	□東雲	しののめ
□竹刀	しない	□木綿	もめん	□科白	せりふ
□芝生	しばふ	□八百長	やおちょう	□松明	たいまつ
□清水	しみず	□八百屋	やおや	□黄昏	たそがれ
□砂利	じゃり	□大和	やまと	□達磨	だるま
□数珠	じゅず	□浴衣	ゆかた	□氷柱	つらら
□上手	じょうず	□行方	ゆくえ	□旅籠	はたご
□白髪	しらが	□寄席	よせ	□真面目	まじめ
□素人	しろうと	□若人	わこうど	□真似	まね
□師走	しわす	□生憎	あいにく	□目論見	もくろみ
□数寄屋	すきや	□欠伸	あくび	□火傷	やけど

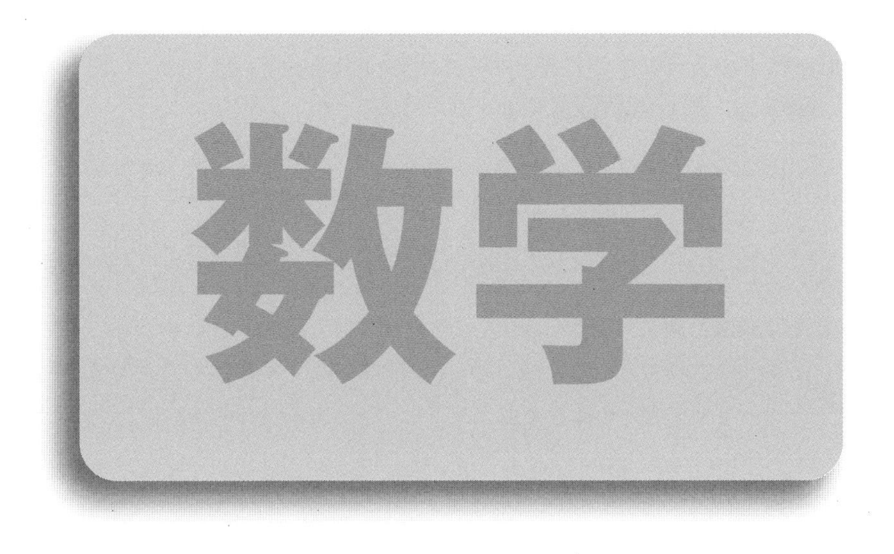
数学

1. 式の加法・減法＆乗法・除法

ここがポイント　KEY

■単項式と多項式

単項式……1つの項だけでできている式

例 a^2, ab, $-2ab^2$, ab^2c など

多項式……2つ以上の項からできている式

例 a^2-2ab, $ax+by+cz$ など

なお，同類項とは，1つの式のなかで，文字の部分が同じ項のことで，これらは下のように1つにまとめることができる。

$4x+3y-2x=(4-2)x+3y=2x+3y$

□① $\frac{3}{4}a+\frac{2}{3}b-\frac{1}{3}a-\frac{2}{5}b=\left(\frac{3}{4}-\frac{1}{3}\right)a+\left(\frac{2}{3}-\frac{2}{5}\right)b$

$=\left(\frac{9}{12}-\frac{4}{12}\right)a+\left(\frac{10}{15}-\frac{6}{15}\right)b=(\quad)a+(\quad)a$　　$\frac{5}{12}$, $\frac{4}{15}$

■多項式の加法と減法

＋(　)の場合 → そのままかっこをはずし，同類項をまとめる。
－(　)の場合 → 符号を変えてかっこをはずし，同類項をまとめる。

□①$(8x-4y)+(6x-3y)$

$=8x-4y+6x-3y$　　←そのままかっこをはずす

$=(8+6)x-(4+3)y$　　←符号を変える

$=(\quad)x-(\quad)y$　　14, 7

□②$(3x^2-2x+5)-(5x^2+4x-6)$

$=3x^2-2x+5-5x^2-4x+6$　　←符号を変える

$=(3-5)x^2-(2+4)x+(5+6)$

$=(\quad)x^2-(\quad)x+(\quad)$　　-2, 6, 11

■単項式と多項式の乗法

分配法則を利用してかっこをはずす。

KEY 分配法則　$a(b+c)=ab+ac$　$(b+c)a=ba+ca$

□① $3a(2x+4y)=3a\times 2x+3a\times 4y$
$=(\quad)+(\quad)$　　$6ax,\ 12ay$

□② $(6x-5y)\times(-2a)=6x\times(-2a)+(-5y)\times(-2a)$
$=(\quad)+(\quad)$　　$-12ax,\ 10ay$

■多項式と単項式の除法

多項式の各項をその単項式で割る。

□① $(16a^2-8a)\div 4a=16a^2\div 4a-8a\div 4a$
$=(\quad)-(\quad)$　　$4a,\ 2$

□② $(12a^2b^3+9ab^2-6a^2b^2)\div 3ab^2$
$=12a^2b^3\div 3ab^2+9ab^2\div 3ab^2-6a^2b^2\div 3ab^2$
$=(\quad)+(\quad)-(\quad)$　　$4ab,\ 3,\ 2a$

■多項式と多項式の乗法

一方の多項式の各項に，他方の多項式の各項を順々にかけていく。

□① $(3x-5)(2x-1)$
$=3x\times 2x+3x\times(-1)+(-5)\times 2x+(-5)\times(-1)$
$=6x^2-3x-10x+5$
$=6x^2-(\quad)x+5$　　13

□② $(2m-3n)(3x+2y)$
$=2m\times 3x+2m\times 2y+(-3n)\times 3x+(-3n)\times 2y$
$=6mx+(\quad)my-(\quad)nx-(\quad)ny$　　4, 9, 6

KEY 計算法則

加法の交換法則	$a+b=b+a$
加法の結合法則	$(a+b)+c=a+(b+c)$
乗法の交換法則	$ab=ba$
乗法の結合法則	$(ab)c=a(bc)$
分配法則	$a(b+c)=ab+ac$
	$(b+c)a=ba+ca$

数学

TEST-1 ■式の加法・減法&乗法・除法

1 次の式を簡単にしなさい。

① $\frac{3}{4}a-5b-\frac{1}{2}a+3b$

② $x-\{2y-(3y-4x)\}$

③ $(a^2-4a+2)\times(-5ab^2)$

④ $(2a^2b)^2\div(-4a)^3$

コーチ

$a^m\times a^n=a^{m+n}$, $a^m\div a^n=a^{m-n}$ (m, n は自然数, $m>n$)

2 次の各問いに答えなさい。

① $a=\frac{3}{5}$, $b=\frac{2}{3}$ のとき, $(3ab^2-5a^2b)\div ab$ の値を求めなさい。

② $A=x+3y-1$, $B=2x-y+3$, $C=-x+4y-3$ のとき,
$B-(2A-3C)$ の値を求めよ。

3 次の式を簡単にしなさい。

① $5a^3\times3a^2\div10a^4$

② $15a^2b\div3a^3b^4\times4ab^3$

③ $\frac{1}{12}a^2b^3\div\left(-\frac{1}{3}ab^5\right)\times(-4ab)^2$

④ $\left(\frac{1}{4}xy\right)^2\times3xy^2z^3\div\left(-\frac{3}{2}y^2z\right)^3$

4 次の各問いに答えなさい。

① $a=\frac{3}{2}$, $b=-\frac{1}{2}$, $c=-1$ のとき, $a^3+b^3+c^3-3abc$ の値を求めなさい。

② $a=6$, $b=-2$ のとき, $(-2ab^2)^2\times3ab\div(-8a^4b^3)$ の値を求めなさい。

5 次の値を求めなさい。

① $|8|$　② $|-5|$

③ $|3-7|$　④ $|10|-|-15|$

⑤ $|\sqrt{5}-2|$　⑥ $|3-3\sqrt{2}|$

ANSWER-1 ■式の加法・減法＆乗法・除法

1 ① $\frac{1}{4}a-2b$ ② $-3x+y$ ③ $-5a^3b^2+20a^2b^2-10ab^2$ ④ $-\frac{ab^2}{16}$

解説 ① $\frac{3}{4}a-\frac{1}{2}a-5b+3b=\frac{1}{4}a-2b$

② $x-(2y-3y+4x)=x-2y+3y-4x=-3x+y$

③ $a^2\times(-5ab^2)-4a\times(-5ab^2)+2\times(-5ab^2)=-5a^3b^2+20a^2b^2-10ab^2$

④ $\frac{4a^4b^2}{-64a^3}=-\frac{ab^2}{16}$

2 ① -1 ② $-3x+5y-4$

解説 ① $\frac{3ab^2-5a^2b}{ab}=3b-5a$

よって，$3b-5a=3\times\frac{2}{3}-5\times\frac{3}{5}=2-3=-1$

② $B-(2A-3C)=(2x-y+3)-\{2(x+3y-1)-3(-x+4y-3)\}$

$=2x-y+3-(2x+6y-2+3x-12y+9)$

$=2x-y+3-(5x-6y+7)=2x-y+3-5x+6y-7$

$=(2-5)x+(6-1)y+(3-7)=-3x+5y-4$

3 ① $\frac{3}{2}a$ ② 20 ③ $-4a^3$ ④ $-\frac{x^3}{18y^2}$

解説 ① $\frac{5a^3\times3a^2}{10a^4}=\frac{15a^5}{10a^4}=\frac{3}{2}a$　② $\frac{15a^2b\times4ab^3}{3a^3b^4}=\frac{60a^3b^4}{3a^3b^4}=20$

③ $\frac{a^2b^3}{12}\times\left(-\frac{3}{ab^5}\right)\times16a^2b^2=-\frac{a^2b^3\times3\times16a^2b^2}{12\times ab^5}=-\frac{48a^4b^5}{12ab^5}=-4a^3$

④ $\frac{x^2y^2}{16}\times3xy^2z^3\div\left(-\frac{27y^6z^3}{8}\right)=\frac{x^2y^2}{16}\times3xy^2z^3\times\left(-\frac{8}{27y^6z^3}\right)$

$=-\frac{x^2y^2\times\overset{1}{\cancel{3}}xy^2z^3\times\overset{1}{\cancel{8}}}{\underset{2}{\cancel{16}}\times\underset{9}{\cancel{27}}\times y^6z^3}=-\frac{x^3y^4z^3}{18y^6z^3}=-\frac{x^3}{18y^2}$

4 ① 0 ② -1

解説 ① $\left(\frac{3}{2}\right)^3+\left(-\frac{1}{2}\right)^3+(-1)^3-3\times\frac{3}{2}\times\left(-\frac{1}{2}\right)\times(-1)$

$=\frac{27}{8}-\frac{1}{8}-1-\frac{9}{4}=\frac{27}{8}-\frac{1}{8}-\frac{8}{8}-\frac{18}{8}=\frac{27-1-8-18}{8}=0$

② $-\frac{4a^2b^4\times3ab}{8a^4b^3}=-\frac{3b^2}{2a}$　　$-\frac{3b^2}{2a}=-\frac{3\times(-2)^2}{2\times6}=-\frac{12}{12}=-1$

5 ① 8 ② 5 ③ 4 ④ -5 ⑤ $\sqrt{5}-2$ ⑥ $3\sqrt{2}-3$

解説 $a\geqq0$ のとき，$|a|=a$，$a<0$ のとき，$|a|=-a$

たとえば，$|9|=9$，$|-9|=-(-9)=9$

① $|8|=8$ ② $|-5|=-(-5)=5$ ③ $|3-7|=|-4|=-(-4)=4$

④ $|10|-|-15|=10-15=-5$ ⑤ $|\sqrt{5}-2|=\sqrt{5}-2$（$\sqrt{5}>2$ なので）

⑥ $|3-3\sqrt{2}|=-(3-3\sqrt{2})=3\sqrt{2}-3$（$3\sqrt{2}>3$ なので）

数学

TEST-2 ■式の加法・減法&乗法・除法

1 次の計算をしなさい。

① $(-1)^3 \times 3^3 - 4^2 \times (-1)$

② $(-6)^2 \div 4 + (-9)^2 \times \left(-\frac{1}{3}\right)^2$

③ $\frac{-2^3}{3} \div \frac{(-6)^2}{9} \times \left(-\frac{2}{3}\right)^2 \div \frac{-2^3}{(-3)^2}$

2 頻出問題 次の各問いに答えなさい。

① $a = 8$ のとき，$|\sqrt{6} + a| + |\sqrt{6} - a|$ の値はいくらか。

② $b = 6$ のとき，$|\sqrt{18} - b| - |\sqrt{18} + b|$ の値はいくらか。

3 頻出問題 次の値を求めなさい。

① $|2\sqrt{2} - 4| - |5\sqrt{2} - 6|$

② $|3\sqrt{2} - 3| + |2\sqrt{2} - 5|$

③ $|4\sqrt{3} - 8| - |6\sqrt{3} - 12|$

4 $A = x^2 - 2x + 4y^2$，$B = -3x^2 + xy - 2y^2$，$C = -x^2 + x - 5y^2$ のとき，次の計算をしなさい。

① $2A - B + 4C$

② $-3B - 2(C - 3A)$

5 次の式を簡単にしなさい。

① $\left(-\frac{1}{3}x^3y^2\right)^2 \div \left(-\frac{5x^2}{9}\right)^2 \times \left(-\frac{5}{3xy}\right)^3$

② $(-0.5xy^3)^2 \times (-0.2x^3y^2)^3 \div \left(\frac{x^2y^4}{10}\right)^2$

ANSWER-2 ■式の加法・減法＆乗法・除法

1 ① -11　② 18　③ $\frac{1}{3}$

解説　① $(-1)^3\times3^3-4^2\times(-1)=(-1)\times27-16\times(-1)=-27+16=-11$

② $(-6)^2\div4+(-9)^2\times\left(-\frac{1}{3}\right)^2=36\div4+81\times\frac{1}{9}=9+9=18$

③ $\frac{-2^3}{3}\div\frac{(-6)^2}{9}\times\left(-\frac{2}{3}\right)^2\div\frac{-2^3}{(-3)^2}=\frac{-8}{3}\times\frac{9}{36}\times\frac{4}{9}\times\frac{9}{-8}=\frac{1}{3}$

2 ① 16　② $-6\sqrt{2}$

解説　① $\sqrt{6}<8$ であるので，$\sqrt{6}-a<0$　よって，$|\sqrt{6}-a|=-(\sqrt{6}-a)$

$|\sqrt{6}+a|+|\sqrt{6}-a|=\sqrt{6}+a-(\sqrt{6}-a)=2a=2\times8=16$

② $\sqrt{18}<6$ であるので，$\sqrt{18}-b<0$　よって，$|\sqrt{18}-b|=-(\sqrt{18}-b)$

したがって，$|\sqrt{18}-b|-|\sqrt{18}+b|=-(\sqrt{18}-\mathrm{b})-\sqrt{18}-b$

$=-\sqrt{18}+b-\sqrt{18}-b=-2\sqrt{18}=-2\sqrt{9\times2}=-6\sqrt{2}$

3 ① $10-7\sqrt{2}$　② $2+\sqrt{2}$　③ $-4+2\sqrt{3}$

解説　① $\sqrt{2}\fallingdotseq1.414$　よって，$\sqrt{2}=1.4$ と覚えておくとよい。

$2\sqrt{2}-4=2\times1.4-4=2.8-4=-1.2<0$

$5\sqrt{2}-6=5\times1.4-6=7.0-6=1.0>0$

$|2\sqrt{2}-4|-|5\sqrt{2}-6|=-(2\sqrt{2}-4)-(5\sqrt{2}-6)$

$=-2\sqrt{2}+4-5\sqrt{2}+6=10-7\sqrt{2}$

② $|3\sqrt{2}-3|+|2\sqrt{2}-5|=3\sqrt{2}-3+\{-(2\sqrt{2}-5)\}=3\sqrt{2}-3-2\sqrt{2}+5=2+\sqrt{2}$

③ $\sqrt{3}\fallingdotseq1.732$　よって，$\sqrt{3}=1.7$ と覚えておくとよい。

$|4\sqrt{3}-8|-|6\sqrt{3}-12|=-(4\sqrt{3}-8)-\{-(6\sqrt{3}-12)\}$

$=-4\sqrt{3}+8+6\sqrt{3}-12=-4+2\sqrt{3}$

4 ① $x^2-xy-10y^2$　② $17x^2-3xy-14x+40y^2$

解説　① $2A-B+4C=2(x^2-2x+4y^2)-(-3x^2+xy-2y^2)+4(-x^2+x-5y^2)$

$=2x^2-4x+8y^2+3x^2-xy+2y^2-4x^2+4x-20y^2=x^2-xy-10y^2$

② $-3B-2(C-3A)=-3(-3x^2+xy-2y^2)-2\{-x^2+x-5y^2-3(x^2-2x+4y^2)\}$

$=9x^2-3xy+6y^2-2(-4x^2+7x-17y^2)=17x^2-3xy-14x+40y^2$

5 ① $-\frac{5y}{3x}$　② $-\frac{x^7y^4}{5}$

解説　① $\left(-\frac{1}{3}x^3y^2\right)^2\div\left(-\frac{5x^2}{9}\right)^2\times\left(-\frac{5}{3xy}\right)^3=\frac{x^6y^4}{9}\times\frac{81}{25x^4}\times\left(-\frac{25\times5}{27x^3y^3}\right)$

$=-\frac{5x^6y^4}{3x^7y^3}=-\frac{5y}{3x}$

② $(-0.5xy^3)^2\times(-0.2x^3y^2)^3\div\left(\frac{x^2y^4}{10}\right)^2=\left(-\frac{1}{2}xy^3\right)^2\times\left(-\frac{1}{5}x^3y^2\right)^3\times\frac{100}{x^4y^8}$

$=\frac{x^2y^6}{4}\times\left(-\frac{x^9y^6}{25\times5}\right)\times\frac{100}{x^4y^8}=-\frac{x^{11}y^{12}}{5x^4y^8}=-\frac{x^7y^4}{5}$

数学

2. 乗法の公式&因数分解

ここがポイント　KEY

■乗法の公式

乗法公式

平方公式	$(a+b)^2 = a^2 + 2ab + b^2$
	$(a-b)^2 = a^2 - 2ab + b^2$
和と差の積	$(a+b)(a-b) = a^2 - b^2$
1次式の積	$(x+a)(x+b) = x^2 + (a+b)x + ab$
	$(ax+b)(cx+d) = acx^2 + (ad+bc)x + bd$
3乗の和・差	$(a+b)(a^2-ab+b^2) = a^3 + b^3$
	$(a-b)(a^2+ab+b^2) = a^3 - b^3$
和・差の3乗	$(a+b)^3 = a^3 + 3a^2b + 3ab^2 + b^3$
	$(a-b)^3 = a^3 - 3a^2b + 3ab^2 - b^3$

●次の式を展開しなさい。

□① $(2x+3)^2 = (2x)^2 + 2\times 2x\times 3 + 3^2$　⇦平方公式を利用

$= (\quad) + 12x + 9$　　$4x^2$

□② $(3x+1)(-1+3x) = (3x+1)(3x-1)$　⇦和と差の積を利用

$= (3x)^2 - 1^2$

$= (\quad) - (\quad)$　　$9x^2$, 1

□③ $(2x-1)(3x+4)$

$= 2x\times 3x + 2x\times 4 - 1\times 3x - 1\times 4$　⇦1次式の積を利用

$= 6x^2 + 8x - 3x - 4$

$= 6x^2 + (\quad) - 4$　　$5x$

□④ $(a-3b)(a^2+3ab+9b^2)$　⇦3乗の和・差を利用

$= (\quad) - (\quad)$　　a^3, $27b^3$

□⑤ $(4a-2b)^3$　⬅和・差の３乗を利用

$= (4a)^3 - 3\times(4a)^2\times 2b + 3\times 4a\times(2b)^2 - (2b)^3$

$= 64a^3 - (\quad) + 48ab^2 - (\quad)$　　$96a^2b$, $8b^3$

■素数・素因数分解

素数……1より大きい整数で，1とその数以外に約数をもたない数のこと。

例 2, 3, 5, 7, 11など

素因数分解……整数を素因数の積の形に表すこと。なお，素因数とは素数である個々の数のこと。

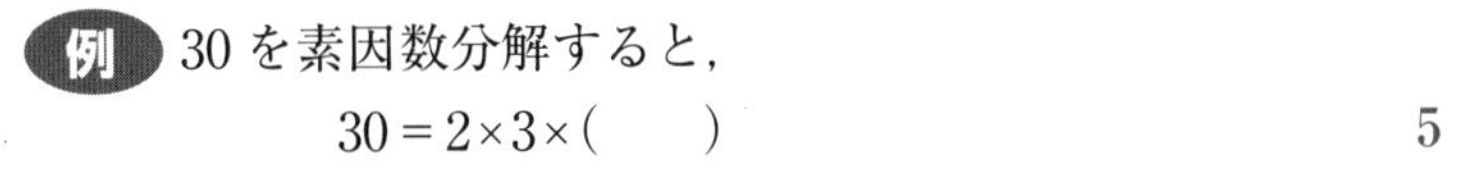

例 30を素因数分解すると，

$30 = 2\times3\times(\quad)$　　5

■因数分解

1つの式をいくつかの因数の積の形に表すことを因数分解という。

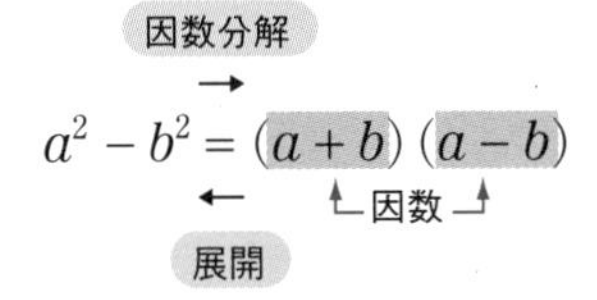

■因数分解の方法

KEY 「共通因数をくくり出す方法」と「乗法公式を利用する方法」の2つがある。

□①共通因数をくくり出す方法

$6x^2y+10x=2x(3xy+5)$

つまり，共通因数は（　　）である。　　$2x$

□②乗法公式を利用する方法

$x^2+10x+25=(x+5)^2$

$9x^2-16y^2=(3x+4y)(\quad)$　　$3x-4y$

$2x^2+7x+3=(2x+1)(\quad)$　　$x+3$

TEST ■乗法の公式＆因数分解

1 次の式を展開しなさい。

式の展開も因数分解も，ポイントは問題を解いて慣れること。

① $(a+b+1)^2$

② $(x-3y+5)(x-3y-1)$

③ $\left(\frac{2}{3}x-3y\right)^2$　　④ $\left(x+\frac{1}{2}\right)(x-2)$

⑤ $(2a-3b)^3$

2 頻出問題 次の式を展開しなさい。

① $(x-2)(x+2)(x^2+4)$

② $(x-3)(x-1)(x+3)(x+5)$

③ $(2x+y)(16x^2+4y^2)(2x-y)$

3 次の式を因数分解しなさい。

① $\frac{1}{6}a^2b+\frac{1}{4}ab^2+\frac{1}{3}abc$　　② $5x^2-\frac{1}{5}y^2$

② $x^2(a-b)-a+b$　　④ $x(x+y)^2-xy(x+y)$

⑤ $x^3-2ax^2+2x-4a$　　⑥ x^6-1

⑦ $6a^2+ab-2b^2$　　⑧ x^4-13x^2+36

4 発展問題 次の式を因数分解しなさい。

x^3+4x^2+x-6

コーチ

因数定理（$P(x)$が$x-\alpha$で割り切れる ⇄ $P(\alpha)=0$）を用いる。

ANSWER ■乗法の公式＆因数分解

1 ① $a^2+b^2+2ab+2a+2b+1$　② $x^2+9y^2-6xy+4x-12y-5$

③ $\frac{4}{9}x^2-4xy+9y^2$　④ $x^2-\frac{3}{2}x-1$　⑤ $8a^3-36a^2b+54ab^2-27b^3$

解説 ①$a+b=A$とおく。$(A+1)^2=A^2+2A+1$　よって，$(a+b)^2+2(a+b)+1=a^2+2ab+b^2+2a+2b+1$　②$x-3y=A$とおく。$(A+5)(A-1)=A^2+4A-5$　よって，$(x-3y)^2+4(x-3y)-5=x^2-6xy+9y^2+4x-12y-5$　③$\left(\frac{2}{3}x\right)^2-2\times\frac{2}{3}x\times3y+(3y)^2=\frac{4}{9}x^2-4xy+9y^2$　⑤ $(2a)^3-3\times(2a)^2\times3b+3\times(2a)\times(3b)^2-(3b)^3=8a^3-36a^2b+54ab^2-27b^3$

2 ①x^4-16　②$x^4+4x^3-14x^2-36x+45$　③$64x^4-4y^4$

解説 ①$(x-2)(x+2)(x^2+4)=(x^2-4)(x^2+4)=x^4-16$　②$(x-3)(x-1)(x+3)(x+5)=(x-3)(x+5)(x-1)(x+3)=(x^2+2x-15)(x^2+2x-3)$
$x^2+2x=A$とおく。$(A-15)(A-3)=A^2-18A+45$
$\therefore (x^2+2x)^2-18(x^2+2x)+45=x^4+4x^3-14x^2-36x+45$　③$(2x+y)(16x^2+4y^2)(2x-y)=(16x^2+4y^2)(2x+y)(2x-y)=4(4x^2+y^2)(4x^2-y^2)=4(16x^4-y^4)=64x^4-4y^4$

3 ①$\frac{1}{12}ab(2a+3b+4c)$　②$5\left(x+\frac{1}{5}y\right)\left(x-\frac{1}{5}y\right)$または$\frac{1}{5}(5x+y)(5x-y)$
③$(a-b)(x+1)(x-1)$　④$x^2(x+y)$　⑤$(x^2+2)(x-2a)$
⑥$(x+1)(x^2-x+1)(x-1)(x^2+x+1)$　⑦$(2a-b)(3a+2b)$
⑧$(x+2)(x-2)(x+3)(x-3)$

解説 ①共通因数は$\frac{ab}{12}$　②$5\left(x^2-\frac{1}{25}y^2\right)=5\left(x+\frac{1}{5}y\right)\left(x-\frac{1}{5}y\right)$
③$x^2(a-b)-(a-b)=(a-b)(x^2-1)=(a-b)(x+1)(x-1)$
④$x(x+y)\{(x+y)-y\}=x^2(x+y)$　⑤この場合，最低次の文字，ここではaに注目し，aについて整理する。$-2ax^2-4a+x^3+2x=-2a(x^2+2)+x(x^2+2)=(x^2+2)(-2a+x)=(x^2+2)(x-2a)$　⑥ $x^6-1=(x^3)^2-(1)^2=(x^3+1)(x^3-1)=(x+1)(x^2-x+1)(x-1)(x^2+x+1)$　⑧$x^2=A$とおく。
$A^2-13A+36=(A-9)(A-4)$　よって，$(x^2-9)(x^2-4)=(x+3)(x-3)(x+2)(x-2)$

4 $(x-1)(x+2)(x+3)$

解説 因数定理を用いて因数分解する場合，与式を$f(x)$とおく。$f(x)=x^3+4x^2+x-6$　次に，$x=1$，$x=2$，$x=-1$，$x=-2$をとりあえず代入してみる。$f(1)=1+4+1-6=0$，$f(1)=0$となったので，$(x-1)$が因数であることになる。$f(x)$は$x-1$で割り切れるので，下の組立除法により，
$x^3+4x^2+x-6=(x-1)(x^2+5x+6)$
$=(x-1)(x+2)(x+3)$

1/	1	4	1	−6
		1	5	6
	1	5	6	0

3. 平方根

ここがポイント　KEY

■平方根と根号

平方根……2乗すると a になる数を a の平方根という。

例　2の平方根は $\sqrt{2}$ と $-\sqrt{2}$

3の平方根は $\sqrt{3}$ と $-\sqrt{3}$

根　号…… $\sqrt{2}$, $-\sqrt{2}$, $\sqrt{3}$, $-\sqrt{3}$ などの $\sqrt{}$ のことを根号という。

なお, $\sqrt{a}$ を平方根 a, またはルート a と読む。

□① 4の平方根は（　　）と（　　）である。　　2, -2

□② $\frac{1}{9}$ の平方根は（　　）と（　　）である。　　$\frac{1}{3}$, $-\frac{1}{3}$

■平方根の積と商

下に示すように, 平方根の積や商は1つの数の平方根として表すことができる。

積…… $\sqrt{a}\sqrt{b}=\sqrt{a\times b}=\sqrt{ab}$

商…… $\dfrac{\sqrt{a}}{\sqrt{b}}=\sqrt{\dfrac{a}{b}}$

□① $\sqrt{3}\sqrt{2}=\sqrt{(\quad)}$　　6

□② $\sqrt{8}\div\sqrt{2}=\sqrt{\dfrac{8}{2}}=\sqrt{(\quad)}=(\quad)$　　4, 2

■根号のついた数の変形

下に示すように, $\sqrt{}$ の中に平方因数があると, $\sqrt{}$ の外に出すことができる。

$\sqrt{k^2a}=k\sqrt{a}$　$(k>0)$　←これができれば正解にたどりつける

例　$\sqrt{45}=\sqrt{9\times5}=\sqrt{3^2\times5}=3\sqrt{5}$

これとは反対に，$\sqrt{\quad}$ の外の数を $\sqrt{\quad}$ の中に入れることもできる。

$k\sqrt{a}=\sqrt{k^2 a}$ $(k>0)$ これもよく使う

例 $2\sqrt{6}=\sqrt{2^2\times6}=\sqrt{4\times6}=\sqrt{24}$

■平方根の和と差

同じ数の平方根の和や差は，下のように簡単にすることができる。

〈和〉の場合

$m\sqrt{a}+n\sqrt{a}=(m+n)\sqrt{a}$

例 $3\sqrt{5}+4\sqrt{5}=(3+4)\sqrt{5}=7\sqrt{5}$

〈差〉の場合

$m\sqrt{a}-n\sqrt{a}=(m-n)\sqrt{a}$

例 $8\sqrt{6}-3\sqrt{6}=(8-3)\sqrt{6}=5\sqrt{6}$

□① $2\sqrt{2}+\sqrt{18}-\sqrt{8}=2\sqrt{2}+\sqrt{9\times2}-\sqrt{4\times2}$

$=2\sqrt{2}+(\quad)\sqrt{2}-(\quad)\sqrt{2}$ 　　3，2

$=(\quad)\sqrt{2}$ 　　3

■分母の有理化

分母が根号($\sqrt{\quad}$)を含んだ数であるとき，下のように，変形して分母から根号を取り除くことを分母を有理化するという。

例 $\dfrac{3}{\sqrt{6}}=\dfrac{3\times\sqrt{6}}{\sqrt{6}\times\sqrt{6}}=\dfrac{3\sqrt{6}}{6}=\dfrac{\sqrt{6}}{2}$ 　分母と同じ $\sqrt{6}$ をかける

□① $\dfrac{9}{4\sqrt{3}}=\dfrac{9\times\sqrt{3}}{4\sqrt{3}\times\sqrt{3}}=\dfrac{9\sqrt{3}}{12}=\dfrac{(\quad)\sqrt{3}}{(\quad)}$ 　　$\dfrac{3}{4}$

■二重根号

根号の中に根号のある式を二重根号という。二重根号 $\sqrt{a+2\sqrt{b}}$ のはずし方は，和が a，積が b の2つの数をみつけること。

例 $\sqrt{8+2\sqrt{15}}=\sqrt{(5+3)+2\sqrt{5\times3}}=\sqrt{(\sqrt{5}+\sqrt{3})^2}$

$=\sqrt{5}+\sqrt{3}$

□① $=\sqrt{9+2\sqrt{18}}=\sqrt{(\quad)}+\sqrt{3}$ 　　6

数学

TEST-1 ■平方根

1 次の計算をしなさい。

① $\sqrt{24}\div\sqrt{8}\times\sqrt{3}$　② $-\sqrt{6}\times\sqrt{8}\div\sqrt{3}$

③ $\sqrt{48}-3\sqrt{3}$　④ $-3\sqrt{12}\div(-3\sqrt{27})\times2\sqrt{63}$

⑤ $\dfrac{\sqrt{3}}{\sqrt{6}}-\dfrac{\sqrt{50}}{\sqrt{3}}+\dfrac{\sqrt{3}}{\sqrt{18}}$

2 次の式を計算しなさい。

① $2\sqrt{3}(\sqrt{27}-2\sqrt{12})$　② $(2\sqrt{5}-\sqrt{3})^2$

③ $(\sqrt{18}-\sqrt{5})(3\sqrt{2}-\sqrt{45})$

④ 頻出問題 $\dfrac{4-\sqrt{3}}{\sqrt{2}}-\dfrac{2\sqrt{6}-\sqrt{2}}{\sqrt{3}}$　⑤ $\dfrac{\sqrt{5}+3\sqrt{3}}{2\sqrt{5}-\sqrt{3}}$

⑥ 頻出問題 $\dfrac{4+2\sqrt{11}}{\sqrt{11}-3}+\dfrac{2\sqrt{11}-3}{4-\sqrt{11}}$

3 頻出問題 次の問いに答えなさい。

① $x=\sqrt{\dfrac{3}{2}}-1$ のとき，$(5+2\sqrt{6})x^2$ の値はいくらか。

② $x=\dfrac{\sqrt{5}+\sqrt{3}}{2}$，$y=\dfrac{\sqrt{5}-\sqrt{3}}{2}$ のとき，$\dfrac{y}{x}+\dfrac{x}{y}$ の値はいくらか。

ANSWER-1 ■平方根

1 ① 3　② -4　③ $\sqrt{3}$　④ $4\sqrt{7}$　⑤ $\dfrac{\sqrt{2}-3\sqrt{6}}{2}$

解説　① $\dfrac{\sqrt{24\times3}}{\sqrt{8}}=\sqrt{9}=3$　② $-\dfrac{\sqrt{6\times8}}{\sqrt{3}}=-\sqrt{16}=-4$　③ $\sqrt{16\times3}-3\sqrt{3}=4\sqrt{3}-3\sqrt{3}=\sqrt{3}$　④ $-3\sqrt{4\times3}\div(-3\sqrt{9\times3})\times2\sqrt{9\times7}=-6\sqrt{3}\div(-9\sqrt{3})\times6\sqrt{7}=\dfrac{6\times6}{9}\sqrt{\dfrac{3\times7}{3}}=4\sqrt{7}$　⑤ $\dfrac{\sqrt{3}\times\sqrt{6}}{\sqrt{6}\times\sqrt{6}}-\dfrac{\sqrt{50}\times\sqrt{3}}{\sqrt{3}\times\sqrt{3}}+\dfrac{\sqrt{3}\times\sqrt{18}}{\sqrt{18}\times\sqrt{18}}=\dfrac{3\sqrt{2}}{6}-\dfrac{5\sqrt{6}}{3}+\dfrac{3\sqrt{6}}{18}=\dfrac{\sqrt{2}}{2}-\dfrac{30\sqrt{6}-3\sqrt{6}}{18}=\dfrac{\sqrt{2}}{2}-\dfrac{27\sqrt{6}}{18}=\dfrac{\sqrt{2}}{2}-\dfrac{3\sqrt{6}}{2}$

2 ① -6　② $23-4\sqrt{15}$　③ $33-12\sqrt{10}$　④ $-\dfrac{\sqrt{6}}{6}$　⑤ $\dfrac{19+7\sqrt{15}}{17}$　⑥ $6\sqrt{11}+19$

解説　① $2\sqrt{3}(3\sqrt{3}-4\sqrt{3})=2\sqrt{3}\times(-\sqrt{3})=-6$　② $(2\sqrt{5})^2-2\times2\sqrt{5}\times\sqrt{3}+(\sqrt{3})^2=4\times5-4\sqrt{15}+3=23-4\sqrt{15}$　③ $(3\sqrt{2}-\sqrt{5})(3\sqrt{2}-3\sqrt{5})=3\sqrt{2}\times3\sqrt{2}-3\sqrt{2}\times3\sqrt{5}-\sqrt{5}\times3\sqrt{2}+\sqrt{5}\times3\sqrt{5}=9\times2-9\sqrt{10}-3\sqrt{10}+3\times5=18-12\sqrt{10}+15=33-12\sqrt{10}$

④ $\dfrac{(4-\sqrt{3})\sqrt{2}}{\sqrt{2}\times\sqrt{2}}-\dfrac{(2\sqrt{6}-\sqrt{2})\sqrt{3}}{\sqrt{3}\times\sqrt{3}}=\dfrac{4\sqrt{2}-\sqrt{6}}{2}-\dfrac{6\sqrt{2}-\sqrt{6}}{3}$

$=\dfrac{3(4\sqrt{2}-\sqrt{6})-2(6\sqrt{2}-\sqrt{6})}{6}=\dfrac{12\sqrt{2}-3\sqrt{6}-12\sqrt{2}+2\sqrt{6}}{6}=-\dfrac{\sqrt{6}}{6}$

⑤ $\dfrac{(\sqrt{5}+3\sqrt{3})(2\sqrt{5}+\sqrt{3})}{(2\sqrt{5}-\sqrt{3})(2\sqrt{5}+\sqrt{3})}=\dfrac{2\times5+\sqrt{5\times3}+6\sqrt{3\times5}+3\times3}{4\times5-3}$

$=\dfrac{10+\sqrt{15}+6\sqrt{15}+9}{20-3}=\dfrac{19+7\sqrt{15}}{17}$

⑥ $\dfrac{4+2\sqrt{11}}{\sqrt{11}-3}+\dfrac{2\sqrt{11}-3}{4-\sqrt{11}}=\dfrac{(4+2\sqrt{11})(\sqrt{11}+3)}{(\sqrt{11}-3)(\sqrt{11}+3)}+\dfrac{(2\sqrt{11}-3)(4+\sqrt{11})}{(4-\sqrt{11})(4+\sqrt{11})}$

$=\dfrac{4\sqrt{11}+12+22+6\sqrt{11}}{11-9}+\dfrac{8\sqrt{11}+22-12-3\sqrt{11}}{16-11}$

$=\dfrac{10\sqrt{11}+34}{2}+\dfrac{5\sqrt{11}+10}{5}=5\sqrt{11}+17+\sqrt{11}+2=6\sqrt{11}+19$

3 ① $\dfrac{1}{2}$　② 8

解説　① $x=\dfrac{\sqrt{6}}{2}-1=\dfrac{\sqrt{6}-2}{2}$，$x^2=\left(\dfrac{\sqrt{6}-2}{2}\right)^2=\dfrac{1}{4}(10-4\sqrt{6})=\dfrac{2}{4}(5-2\sqrt{6})$
$=\dfrac{1}{2}(5-2\sqrt{6})$，$(5+2\sqrt{6})\times\dfrac{1}{2}(5-2\sqrt{6})=\dfrac{1}{2}\left\{5^2-(2\sqrt{6})^2\right\}=\dfrac{1}{2}(25-24)=\dfrac{1}{2}$

② $\dfrac{y}{x}+\dfrac{x}{y}=\dfrac{x^2+y^2}{xy}=\dfrac{(x+y)^2-2xy}{xy}$，$x+y=\dfrac{\sqrt{5}+\sqrt{3}}{2}+\dfrac{\sqrt{5}-\sqrt{3}}{2}=\sqrt{5}$

$xy=\left(\dfrac{\sqrt{5}+\sqrt{3}}{2}\right)\times\left(\dfrac{\sqrt{5}-\sqrt{3}}{2}\right)=\dfrac{5-3}{4}=\dfrac{1}{2}$　ゆえに，$\dfrac{(x+y)^2-2xy}{xy}=$

$\dfrac{(\sqrt{5})^2-2\times\frac{1}{2}}{\frac{1}{2}}=\dfrac{5-1}{\frac{1}{2}}=\dfrac{4}{\frac{1}{2}}=4\times2=8$

TEST-2 ■平方根

1 次の計算をしなさい。

① $\dfrac{1}{(3-\sqrt{8})^2}+\dfrac{1}{(3+\sqrt{8})^2}$

② $\dfrac{1+\sqrt{2}+\sqrt{3}}{1+\sqrt{2}-\sqrt{3}}+\dfrac{1-\sqrt{2}-\sqrt{3}}{1-\sqrt{2}+\sqrt{3}}$

2 頻出問題 $x=\dfrac{1}{\sqrt{3}+\sqrt{2}}$，$y=\dfrac{1}{\sqrt{3}-\sqrt{2}}$ のとき，次の式の値を求めなさい。

① $x^2+3xy+y^2$

② x^3+y^3

3 次の式を簡単にしなさい。

① $\sqrt{5+2\sqrt{6}}$　　② $\sqrt{12-2\sqrt{35}}$

③ $\sqrt{11+4\sqrt{7}}$　　④ $\sqrt{15-6\sqrt{6}}$

4 頻出問題 $\sqrt{7-3\sqrt{5}}$ の二重根号をはずしたときの値として正しいものは，次のうちどれか。

① $\sqrt{3}+\sqrt{5}$　　② $2+2\sqrt{3}$

③ $\dfrac{3\sqrt{2}-\sqrt{10}}{2}$　　④ $\dfrac{3\sqrt{3}+\sqrt{5}}{2}$

⑤ $\dfrac{3\sqrt{5}-\sqrt{3}}{2}$

ANSWER-2 ■平方根

1 ① 34　② $2+\sqrt{6}$

解説 ① $\dfrac{(3+\sqrt{8})^2+(3-\sqrt{8})^2}{(3-\sqrt{8})^2\times(3+\sqrt{8})^2}=\dfrac{9+8+9+8}{\{(3-\sqrt{8})\times(3+\sqrt{8})\}^2}=\dfrac{34}{(9-8)^2}=34$

② $\dfrac{\{(1+\sqrt{2})+\sqrt{3}\}\{(1+\sqrt{2})+\sqrt{3}\}}{\{(1+\sqrt{2})-\sqrt{3}\}\{(1+\sqrt{2})+\sqrt{3}\}}+\dfrac{\{(1-\sqrt{2})-\sqrt{3}\}\{(1-\sqrt{2})-\sqrt{3}\}}{\{(1-\sqrt{2})+\sqrt{3}\}\{(1-\sqrt{2})-\sqrt{3}\}}$

$=\dfrac{(1+\sqrt{2})^2+2\sqrt{3}(1+\sqrt{2})+3}{(1+\sqrt{2})^2-3}+\dfrac{(1-\sqrt{2})^2-2\sqrt{3}(1-\sqrt{2})+3}{(1-\sqrt{2})^2-3}$

$=\dfrac{6+2\sqrt{2}+2\sqrt{3}+2\sqrt{6}}{2\sqrt{2}}+\dfrac{6-2\sqrt{2}-2\sqrt{3}+2\sqrt{6}}{-2\sqrt{2}}$

$=\dfrac{(6+2\sqrt{2}+2\sqrt{3}+2\sqrt{6})-(6-2\sqrt{2}-2\sqrt{3}+2\sqrt{6})}{2\sqrt{2}}=\dfrac{4\sqrt{2}+4\sqrt{3}}{2\sqrt{2}}$

$=\dfrac{2\sqrt{2}+2\sqrt{3}}{\sqrt{2}}=\dfrac{4+2\sqrt{6}}{2}=2+\sqrt{6}$

2 ① 13　② $18\sqrt{3}$

解説 $x+y=\dfrac{1}{\sqrt{3}+\sqrt{2}}+\dfrac{1}{\sqrt{3}-\sqrt{2}}=\dfrac{\sqrt{3}-\sqrt{2}+\sqrt{3}+\sqrt{2}}{(\sqrt{3}+\sqrt{2})(\sqrt{3}-\sqrt{2})}=\dfrac{2\sqrt{3}}{3-2}=2\sqrt{3}$

$xy=\dfrac{1}{\sqrt{3}+\sqrt{2}}\times\dfrac{1}{\sqrt{3}-\sqrt{2}}=\dfrac{1}{(\sqrt{3}+\sqrt{2})(\sqrt{3}-\sqrt{2})}=\dfrac{1}{3-2}=1$

① $x^2+3xy+y^2=(x+y)^2+xy=(2\sqrt{3})^2+1=12+1=13$

② $x^3+y^3=(x+y)(x^2-xy+y^2)=(x+y)\{(x+y)^2-3xy\}$

$=2\sqrt{3}\{(2\sqrt{3})^2-3\times1\}=2\sqrt{3}\times(12-3)=2\sqrt{3}\times9=18\sqrt{3}$

3 ① $\sqrt{3}+\sqrt{2}$　② $\sqrt{7}-\sqrt{5}$　③ $\sqrt{7}+2$　④ $3-\sqrt{6}$

解説 ① $\sqrt{5+2\sqrt{6}}=\sqrt{(\sqrt{3}+\sqrt{2})^2}=\sqrt{3}+\sqrt{2}$

② $\sqrt{12-2\sqrt{35}}=\sqrt{(\sqrt{7}-\sqrt{5})^2}=\sqrt{7}-\sqrt{5}$

③ $\sqrt{11+4\sqrt{7}}=\sqrt{11+2\sqrt{2^2\times7}}=\sqrt{(\sqrt{7}+\sqrt{4})^2}=\sqrt{7}+\sqrt{4}=\sqrt{7}+2$

④ $\sqrt{15-6\sqrt{6}}=\sqrt{15-2\sqrt{3^2\times6}}=\sqrt{(\sqrt{9}-\sqrt{6})^2}=\sqrt{9}-\sqrt{6}=3-\sqrt{6}$

4 ❸

解説 $\sqrt{7-3\sqrt{5}}=\sqrt{\dfrac{14-6\sqrt{5}}{2}}=\sqrt{\dfrac{14-2\times3\sqrt{5}}{2}}=\sqrt{\dfrac{14-2\sqrt{3^2\times5}}{2}}$

$=\sqrt{\dfrac{14-2\sqrt{45}}{2}}=\sqrt{\dfrac{(\sqrt{9}-\sqrt{5})^2}{2}}=\dfrac{\sqrt{9}-\sqrt{5}}{\sqrt{2}}=\dfrac{3-\sqrt{5}}{\sqrt{2}}$

$=\dfrac{3\sqrt{2}-\sqrt{5}\times\sqrt{2}}{\sqrt{2}\times\sqrt{2}}=\dfrac{3\sqrt{2}-\sqrt{10}}{2}$

4. 連立方程式

ここがポイント KEY

■連立方程式の解き方

x, y についての連立方程式を解く場合，どちらか一方の文字を消去し，1つの文字だけの方程式をつくることがポイントである。

1つの文字を消去する方法として，**加減法**と**代入法**がある。

□① $\begin{cases} 2x + y = 3 & \cdots\cdots (1) \\ x - y = 0 & \cdots\cdots (2) \end{cases}$

加減法を使って解くには，(1)に(2)を加える。

$$\begin{array}{rl} & 2x + y = 3 \\ +) & x - y = 0 \\ \hline & 3x \quad = 3 \end{array}$$

よって，$x = (\quad)$　　　1

これを(2)に代入すると，

$(\quad) - y = 0$　　　1

$y = (\quad)$　　　1

□② $\begin{cases} 6x + y = 13 & \cdots\cdots (1) \\ 3x = 2y + 1 & \cdots\cdots (2) \end{cases}$

代入法を使って解くには，(1)を変形して，$y = 13 - 6x$

これを(2)に代入すると

$3x = 2(13 - 6x) + 1$

$3x = 26 - 12x + 1$

$3x + 12x = 26 + 1$

$x = (\quad)$　　　$\frac{9}{5}$

これを(1)に代入し，整理すると，

$y = (\quad)$　　　$\frac{11}{5}$

■連立方程式の解と係数

□① $\begin{cases} ax+by=5 \\ ax-by=-1 \end{cases}$ の解が $x=2,\ y=-1$ であるとき，$a,\ b$ の値はいくらか。

解を2つの式に代入し，係数の値を求める。

$a\times2+b\times(-1)=5$　より，

$2a-b=5$　……(1)

$a\times2-b\times(-1)=-1$　より，

$2a+b=-1$　……(2)

(1)と(2)より，$a=($　　$)$，$b=($　　$)$　　1，－3

■連立方程式の応用

□①りんご3個と，みかん5個を買ったら700円で，りんご6個と，みかん2個を買ったら1,000円であった。りんご，みかん1個の値段はそれぞれいくらか。

求めるものを x，y などで表す。
文字を2つ使えば，方程式は2つ作らなくてはならない。

りんご1個の値段を x，みかん1個の値段を y とすると，題意より，次の2つの方程式が成立する。

$$\begin{cases} 3x+5y=700 & \cdots\cdots(1) \\ 6x+2y=1{,}000 & \cdots\cdots(2) \end{cases}$$

(1)×2－(2)より，

$$\begin{array}{rr} & 6x+10y=1{,}400 \\ -) & 6x+2y=1{,}000 \\ \hline & (\quad)y=(\quad) \end{array}$$

8，400

$y=($　　$)$　……(3)　　50

(3)を(1)に代入し，整理すると，

$x=($　　$)$　　150

TEST-1 ■連立方程式

1 次の連立方程式を解きなさい。

① $\begin{cases} 2x + 7y = 1 \\ x + 2y = -1 \end{cases}$

② $\begin{cases} 4x + 3y = 2 \\ 5x + 4y = 2 \end{cases}$

③ $\begin{cases} \dfrac{x}{2} - \dfrac{y}{6} = 4 \\ \dfrac{x}{4} + \dfrac{3}{8}y = \dfrac{5}{8} \end{cases}$

④ $\begin{cases} x - \dfrac{y}{2} = 1 \\ \dfrac{x+1}{2} - \dfrac{y-2}{3} = 0 \end{cases}$

2 連立方程式 $\begin{cases} x + ay = b \\ bx - y = ab + 2 \end{cases}$ の解が $x = 7$，$y = 6$ であるとき，a，b の値はいくらか。

3 頻出問題 A，B 2種類の食塩水がある。いま，Aから200g，Bから100gとり出して混ぜると，10%の食塩水になった。また，Aから100g，Bから200gとり出して混ぜると，12%の食塩水になった。A，Bそれぞれの食塩水の濃度の組合せとして正しいものは，次のうちどれか。

①A－6%　B－10%　②A－6%　B－8%

③A－8%　B－14%　④A－8%　B－12%

⑤A－10%　B－12%

ヒント！ A食塩水の濃度を x%，B食塩水の濃度を y%として連立方程式をつくってみよう。

ANSWER-1 ■連立方程式

1 ① $(x,\ y) = (-3,\ 1)$　② $(x,\ y) = (2,\ -2)$　③ $(x,\ y) = (7,\ -3)$

④ $(x,\ y) = (11,\ 20)$

解説 ① $x+2y=-1$ より，$x=-2y-1$　これを $2x+7y=1$ に代入すると，
$2(-2y-1)+7y=1$，$-4y-2+7y=1$，$3y=3$ より，$y=1$
$y=1$ を $x=-2y-1$ に代入すると，$x=-2\times1-1=-3$　　$x=-3$，$y=1$
② $4x+3y=2$ ……(1)　　$5x+4y=2$ ……(2)　　(1)×4－(2)×3 より

$$\begin{array}{rr} & 16x+12y=8 \\ -) & 15x+12y=6 \\ \hline & x=2 \end{array}$$

ゆえに，$x=2$　　$x=2$ を $4x+3y=2$ に代入すると，
$4\times2+3y=2$　$3y=-6$　　$y=-2$

③ $\dfrac{x}{2}-\dfrac{y}{6}=4$ より，$\dfrac{x}{2}\times6-\dfrac{y}{6}\times6=4\times6$，$3x-y=24$ ……(1)
$\dfrac{x}{4}+\dfrac{3}{8}y=\dfrac{5}{8}$ より，$\dfrac{x}{4}\times8+\dfrac{3}{8}y\times8=\dfrac{5}{8}\times8$，$2x+3y=5$ ……(2)
(1)×3＋(2) より，

$$\begin{array}{rr} & 9x-3y=72 \\ +) & 2x+3y=5 \\ \hline & 11x=77 \\ & x=7 \end{array}$$

$x=7$ を (1)に代入すると，
$3\times7-y=24$
$y=21-24=-3$

④ $x-\dfrac{y}{2}=1$ より，$x\times2-\dfrac{y}{2}\times2=1\times2$，$2x-y=2$ ……(1)
$\dfrac{x+1}{2}-\dfrac{y-2}{3}=0$，$\dfrac{x+1}{2}\times6-\dfrac{y+2}{3}\times6=0\times6$，$3x-2y=-7$ ……(2)
(1)×3－(2)×2 より

$$\begin{array}{rr} & 6x-3y=6 \\ -) & 6x-4y=-14 \\ \hline & y=20 \end{array}$$

$y=20$ を(1)に代入すると，
$2x-20=2$　　$x=11$

2 $a=-1$，$b=1$

解説 連立方程式に，$x=7$，$y=6$ を代入すると，

$\begin{cases} 7+6a=b \\ 7b-6=a+2 \end{cases}$　これを整理すると，$\begin{cases} 6a-b=-7 \text{……(1)} \\ a-7b=-8 \text{……(2)} \end{cases}$

(1)－(2)×6 より，

$$\begin{array}{rr} & 6a-b=-7 \\ -) & 6a-42b=-48 \\ \hline & 41a=41 \\ & b=1 \end{array}$$

$b=1$ を(1)に代入すると，
$6a-1=-7$
$6a=-6$　　$a=-1$

3 ❸

解説
$$\begin{cases} 200\times\dfrac{x}{100}+100\times\dfrac{y}{100}=(200+100)\times\dfrac{10}{100} \\ 100\times\dfrac{x}{100}+200\times\dfrac{y}{100}=(100+200)\times\dfrac{12}{100} \end{cases}$$

これを整理すると，$\begin{cases} 2x+y=30 \text{……(1)} \\ x+2y=36 \text{……(2)} \end{cases}$

(1)－(2)×2 より，

$$\begin{array}{rr} & 2x+y=30 \\ -) & 2x+4y=72 \\ \hline & -3y=-42 \\ & y=14 \end{array}$$

$y=14$ を(2)に代入すると，
$x+2\times14=36$
$x=36-28$　　$x=8$

数学

TEST-2 ■連立方程式

1 ある学校の今年の生徒数は 1,752 人であった。昨年と比べると，男子は5％減り，女子は3％増えたため，全体としては8人減っている。昨年の男子生徒と女子生徒の数はそれぞれ何人か。

①男子－ 722 人，女子－ 1,030 人　②男子－ 760 人，女子－ 1,000 人
③男子－ 757 人，女子－ 995 人　④男子－ 995 人，女子－ 757 人
⑤男子－ 1,000 人，女子－ 760 人

2 A，B，Cの 3 地点があり，AからBを経由してCまでの距離が 330 m，BからCを経由してAまでの距離が400m，CからAを経由してBまでの距離が370mであるとき，BC 間の距離として正しいものは次のうちどれか。

① 140 m　② 150 m　③ 160 m　④ 170 m　⑤ 180 m

ヒント！ AB，BC，CA 間の距離を x，y，z として図示してみる。

3 AとBの 2 人が射撃を行い，それぞれ 60 発の弾丸を発射したところ，Bが的に命中させた回数はAのそれの2倍であり，またAが的をはずした回数はBのそれの3倍であった。このとき，Aが的に命中させた回数として正しいものは次のうちどれか。

① 22 回　② 24 回　③ 26 回　④ 28 回　⑤ 30 回

ヒント！ Aが的に命中させた回数を x とすると，的をはずした回数は $60-x$ となる。

4 頻出問題 銀45％を含む合金Aと，銀75％を含む合金Bとをまぜて，銀65％を含む合金をつくるつもりであったが，まちがえて合金Bを3g少なくまぜたため，銀55％を含む合金ができてしまった。はじめ，合金A，Bはそれぞれいくらまぜるつもりであったか。

①A－ 2g，B－ 4g　②A－ 2g，B－ 6g
③A－ 4g，B－ 6g　④A－ 4g，B－ 8g
⑤A－ 6g，B－ 2g

ANSWER-2 ■連立方程式

1 ❷

解説 昨年の男子生徒数を x 人，女子生徒数を y 人とすると，次式が成立する。

$$\begin{cases} x + y = 1{,}760 & \cdots\cdots(1) \\ -0.05x + 0.03y = -8 & \cdots\cdots(2) \end{cases}$$

(1)より，$x = 1760 - y$ ……(1)′　(1)′を(2)に代入すると，

$-0.05 \times (1760 - y) + 0.03y = -8$

$-88 + 0.05y + 0.03y = -8$

$0.08y = 80$　　$y = 1{,}000$（人）

これを(1)′に代入すると，$x = 1{,}760 - 1{,}000 = 760$（人）

2 ❺

解説

$$\begin{cases} x + y = 330 & \cdots\cdots(1) \\ y + z = 400 & \cdots\cdots(2) \\ x + z = 370 & \cdots\cdots(3) \end{cases}$$

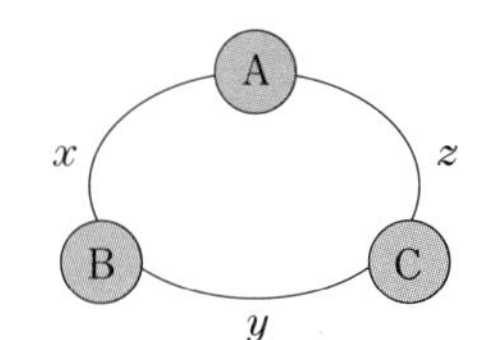

(1)+(2)+(3)より，

$2(x+y+z) = 1{,}100$　　$x+y+z=550$

$x+z=370$ より，$y+370=550$　　$y=180$

なお，$x = 150$，$z = 220$

3 ❷

解説 Aが的に命中させた回数を x とする。そして，Bが的に命中させた回数を yとすると，Bが的をはずした回数は $60 - y$ となる。

$$\begin{cases} y = 2x & \cdots\cdots(1) \\ 60 - x = 3 \times (60 - y) & \cdots\cdots(2) \end{cases}$$

(1)を(2)に代入すると，$60 - x = 180 - 6x$，$5x = 120$　　$x = 24$

4 ❶

解説 A，Bをそれぞれ xg，yg ずつまぜるとすると，題意より次式が成立する。

$$\frac{45}{100}x + \frac{75}{100}y = \frac{65}{100}(x+y) \cdots\cdots(1)$$

$$\frac{45}{100}x + \frac{75}{100}(y - 3) = \frac{55}{100}(x + y - 3) \cdots\cdots(2)$$

これを整理すると，　$-20x + 10y = 0$ ……(1)′

$-10x + 20y = 60$ ……(2)′

(1)′× 2 −(2)′ より，$x = 2$　　$y = 4$

5. 2次方程式，絶対値記号を含む方程式

ここがポイント KEY

■解の公式を使う

2次方程式の解き方は2通りある。1つは「解の公式」を使うこと，もう1つは「因数分解」を利用することである。

2次方程式

$ax^2+bx+c=0$ $(a \neq 0)$ の解は，

解の公式

$$x=\frac{-b \pm \sqrt{b^2-4ac}}{2a}$$

□① $x^2+2x-3=0$ を解の公式を使って解くと，$a=1$，$b=2$，$c=-3$ なので，これらを解の公式にあてはめると，

$$x=\frac{-2 \pm \sqrt{2^2-4\times1\times(-3)}}{2\times1}$$

$$=\frac{-2 \pm \sqrt{(\quad)}}{2}=\frac{-2 \pm (\quad)}{2}$$ 16，4

ゆえに　$x=1$，(　　)　　　−3

□② $\frac{1}{6}x^2-\frac{1}{2}x+\frac{1}{3}=0$ を解く場合，分母の最小公倍数6を両辺にかけて分母をはらう。

すると，$x^2-3x+2=0$ これを解の公式にあてはめると，

$$x=\frac{-(-3) \pm \sqrt{(-3)^2-4\times1\times2}}{2\times1}$$

$$=\frac{(\quad) \pm (\quad)}{2}$$ 3，1

ゆえに　$x=2$，(　　)　　　1

■因数分解を使う解き方

□① $x^2-4x-32=0$　を因数分解を使って解くには，乗法公式などを利用して，左辺を因数分解する。

$$x^2-4x-32=0$$
$$(x+4)(x-8)=0$$

ゆえに，　$x+4=0$　より，$x=($　　$)$　　　－4

$x-8=0$　より，$x=($　　$)$　　　8

□② $\dfrac{x^2-4x-12}{3}=\dfrac{x^2-x}{4}$ を因数分解を使って解くには，分母の最小公倍数12を両辺にかけて分母をはらう。

$4(x^2-4x-12)=3(x^2-x)$ これを整理すると，

$$x^2-13x-48=0$$
$$(x+3)(x-16)=0$$

ゆえに，　$x+3=0$　より，$x=($　　$)$　　　－3

$x-16=0$　より，$x=($　　$)$　　　16

■絶対値記号を含む方程式

□$|x-5|=7$ のような絶対値記号を含む方程式を解く場合，「場合分け」することがポイント。

A≧0の場合，$|A|=A$
A＜0の場合，$|A|=-A$

よって，$|x-5|=7$ については，

$x\geqq5$ の場合，$x-5=7$

$x=12$

$x\geqq5$ であるので，$x=12$ は条件を満たしている。

$x<5$ の場合，$-(x-5)=7$　　$-x+5=7$

$-x=2$

$x=-2$

$x<5$ であるので，$x=-2$ は条件を満たしている。

以上より，$x=12$，$x=-2$ となる。　　　12，－2

TEST-1 ■2次方程式，絶対値記号を含む方程式

1 次の２次方程式を解きなさい。解の公式，因数分解のいずれを使ってもよい。

① $x^2-36=0$

② $x^2-5x-6=0$

③ $2x^2+3x-2=0$

④ $x^2+3x=2(3-x)$

⑤ $x^2-4x-6=0$

⑥ $3x^2-15x+18=0$

⑦ $(x+2)^2-6(x+2)-16=0$

⑧ $4(x^2-1)=3x^2-2x$

2 次の各問いに答えなさい。

① ２次方程式　$2x^2+ax-b=0$ の解が -1 と２であるとき，$a+b$ の値はいくらか。

② ２次方程式　$x^2-4x+m=0$ の１つの解が $2+\sqrt{3}$ であるとき，m の値を求めよ。

3 頻出問題 原価600円の商品に x%の利益を見込んで定価をつけたが売れないので，定価の x%引きで売ったところ24円の損になった。x の値として正しいものは，次のうちどれか。

① $x=10$　　② $x=15$

③ $x=20$　　④ $x=25$

⑤ $x=30$

コーチ　定価 $=600\times\left(1+\frac{x}{100}\right)$　　売価 $=$(定価)$\times\left(1-\frac{x}{100}\right)$

4 頻出問題 連続する４つの自然数があり，それぞれの２乗の和が630になる。このとき，この連続する４つの自然数の和はいくらになるか。

① 48　② 50　③ 52

④ 54　⑤ 56

ANSWER-1 ■2次方程式，絶対値記号を含む方程式

1 ① $x=\pm 6$　② $x=-1,\ 6$　③ $x=\dfrac{1}{2},\ -2$　④ $x=1,\ -6$

⑤ $x=2\pm\sqrt{10}$　⑥ $x=2,\ 3$　⑦ $x=-4,\ 6$　⑧ $x=-1\pm\sqrt{5}$

解説　① $(x+6)(x-6)=0$　$x=6,\ -6$　② $(x+1)(x-6)=0$　$x=-1,\ 6$
③ $(2x-1)(x+2)=0$　$x=\dfrac{1}{2},\ -2$　④ $x^2+3x=6-2x$　$x^2+5x-6=0$
$(x-1)(x+6)=0$　$x=1,\ -6$　⑤ $x=\dfrac{-(-4)\pm\sqrt{(-4)^2-4\times1\times(-6)}}{2\times1}=$
$=\dfrac{4\pm\sqrt{16+24}}{2}=\dfrac{4\pm\sqrt{40}}{2}=\dfrac{4\pm\sqrt{4\times10}}{2}=\dfrac{4\pm2\sqrt{10}}{2}=2\pm\sqrt{10}$　⑥ $(3x-6)(x-3)$
$=0$　$x=2,\ 3$　⑦ $x^2+4x+4-6x-12-16=0$　$x^2-2x-24=0$
$(x+4)(x-6)=0$　$x=-4,\ 6$　⑧ $4x^2-4=3x^2-2x$　$x^2+2x-4=0$
$x=\dfrac{-2\pm\sqrt{2^2-4\times1\times(-4)}}{2\times1}=\dfrac{-2\pm\sqrt{20}}{2}=\dfrac{-2\pm2\sqrt{5}}{2}=-1\pm\sqrt{5}$

2 ① $a+b=2$　② $m=1$

解説　① $x=-1$，$x=2$ であることから，まず，$x=-1$ を $2x^2+ax-b=0$ に代入する。$2\times(-1)^2+a\times(-1)-b=0$　$2-a-b=0$ ……(1)　次に，$x=2$ を $2x^2+ax-b=0$ に代入する。$2\times2^2+a\times2-b=0$　$8+2a-b=0$……(2)
(1)−(2)より，$-6-3a=0$　$a=-2$　$a=-2$ を(1)に代入すると，$2+2-b=0$　$b=4$　したがって，$a+b=-2+4=2$
② $x=2+\sqrt{3}$ を $x^2-4x+m=0$ に代入する。$(2+\sqrt{3})^2-4(2+\sqrt{3})+m=0$
$4+4\sqrt{3}+3-8-4\sqrt{3}+m=0$　$m=-4-3+8=1$

3 ❸　**解説**　原価600円の商品に x%の利益を見込んで定価をつけたので，
定価 $=600\times\left(1+\dfrac{x}{100}\right)$ しかし，実際は定価の x%引きで売ったので，
売値 $=$ (定価) $\left(1-\dfrac{x}{100}\right)$ したがって，
$600\times\left(1+\dfrac{x}{100}\right)\times\left(1-\dfrac{x}{100}\right)=600-24$　$600\times\left(1+\dfrac{x^2}{10000}\right)=576$
$600-\dfrac{6x^2}{100}=576$　$\dfrac{6x^2}{100}=24$，$x^2=400$　$x=\pm20$
しかし，$x>0$ であることから，$x=20$

4 ❷　**解説**　連続する4つの自然数を n，$n+1$，$n+2$，$n+3$，とすると，題意より次式が成立する。

$n^2+(n+1)^2+(n+2)^2+(n+3)^2=630$
$4n^2+12n+14=630$　$n^2+3n-154=0$　$(n+14)(n-11)=0$
$n=-14$，$n=11$　$n>0$　ゆえに，$n=11$

したがって，求めるものは，$11+12+13+14=50$

数学

TEST-2 ■2次方程式，絶対値記号を含む方程式

1 2次方程式 $2x^2+ax-3=0$ の1つの解は $-\frac{1}{2}$ で，他の解は2次方程式 $x^2-2x+b=0$ の解の1つである。a，b の組合せとして正しいものは，次のうちどれか。

①$a=-4$　$b=-3$　②$a=-4$　$b=-4$
③$a=-5$　$b=-3$　④$a=-5$　$b=-4$
⑤$a=-5$　$b=-5$

2 頻出問題 縦30cm，横40cmの長方形がある。この長方形の縦と横をそれぞれ同じ長さだけ短くして，その面積をもとの長方形の半分にしたい。何cm短くすればよいか。

① 5cm　② 8cm　③ 10cm　④ 15cm　⑤ 20cm

ヒント! 縦と横をそれぞれ $x$cmだけ短くすると考える。

3 30km離れた2地点A，Bがある。P，Qの2人が自転車に乗って同じ道を，PはAからBへ，QはBからAへ同時に出発した。2人がすれ違った後，QがAに着くのに1時間20分かかった。このとき，出発後2人がすれ違うまでにかかった時間は次のうちどれか。ただし，Pの時速は8kmとする。

①1時間10分　②1時間20分
③1時間30分　④1時間40分
⑤1時間50分

ヒント! Qの時速を $x$kmとし，2人がすれ違うまでに要した時間を y 時間とする。

4 円形の池の周囲に，幅6mの道路を作ったところ，その道路の面積は池の面積の60%になった。このとき，池の半径は次のうちどれか。

① $(6+3\sqrt{7})$m　② $(7+4\sqrt{6})$m
③ $(8+3\sqrt{7})$m　④ $(9+4\sqrt{6})$m
⑤ $(10+4\sqrt{10})$m

ANSWER-2 ■2次方程式，絶対値記号を含む方程式

1 ③

解説 $x=-\frac{1}{2}$ を $2x^2+ax-3=0$ に代入すると，$2\times\left(-\frac{1}{2}\right)^2+a\times\left(-\frac{1}{2}\right)-3=0$，$2\times\frac{1}{4}-\frac{a}{2}-3=0$ より　$a=-5$

したがって，$2x^2-5x-3=0$ が成立する。

$(2x+1)(x-3)=0$ より，$x=-\frac{1}{2}$，3

次に，$x=3$ を $x^2-2x+b=0$ に代入すると，$3^2-2\times3+b=0$

よって，$b=-3$

2 ③

解説 縦と横をそれぞれ $x$cm だけ短くすると考えると，題意より次式が成立する。$(30-x)(40-x)=30\times40\times\frac{1}{2}$

$1200-70x+x^2=600$ より，$x^2-70x+600=0$，$(x-10)(x-60)=0$

よって，$x=10$，60　ただし，$0<x<30$ であることから，$x=10$ となる。

3 ④

解説 $(8+x)y=30$ ……(1)　$8y=1\frac{1}{3}x$ ……(2)

(2)より，$\frac{4}{3}x=8y$，$x=8y\times\frac{3}{4}=6y$ ……(3)

(3)を(1)に代入すると，$(8+6y)y=30$

$6y^2+8y-30=0$，$3y^2+4y-15=0$

$(3y-5)(y+3)=0$

よって，$y=\frac{5}{3}$，-3

ただし，$y>0$ より，$y=\frac{5}{3}=1\frac{2}{3}=1$ 時間40分

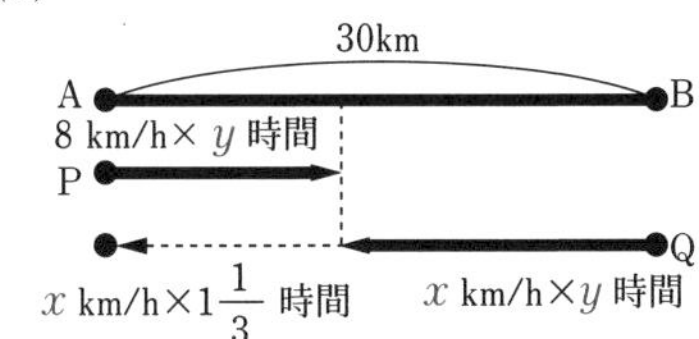

4 ⑤

解説 右図のように，池の半径を xm とすると，

題意より，$\pi(x+6)^2-\pi x^2=\frac{60}{100}\times\pi x^2$

これを整理すると，$x^2-20x-60=0$

$$x=\frac{20\pm\sqrt{(-20)^2-4\times1\times(-60)}}{2\times1}$$

$$=\frac{20\pm\sqrt{640}}{2}=\frac{20\pm8\sqrt{10}}{2}$$

$x=10\pm4\sqrt{10}$　ただし，$x>0$ より，$x=10+4\sqrt{10}$

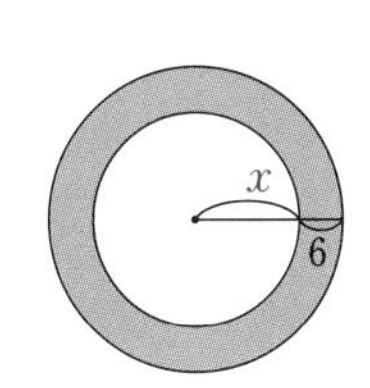

数学

TEST-3 ■2次方程式，絶対値記号を含む方程式

1 次の方程式を解きなさい。

①$2|x|-6=0$

②$x^2-|x|-2=0$

③$x^2+2|x|-3=0$

④$|x-1|=2x-5$

⑤$x^2-4=-3|x-2|$

⑥$x^2-|5-6x|=0$

2 頻出問題 $x^2+|x-1|=4-|x-3|$を満たすxの値として，正しいものはどれか。

①$x=0,\ 2$

②$x=0,\ \sqrt{2}$

③$x=2,\ -\sqrt{2}$

④$x=2,\ \sqrt{2}$

⑤$x=4,\ -\sqrt{2}$

3 2次方程式 $x^2+3x-k=0$ と $x^2-kx+3=0$ とが，ただ1つの共通解をもつ。このとき，その解はいくらか。

①1

②-1

③2

④-2

⑤3

ANSWER-3 ■2次方程式，絶対値記号を含む方程式

1 ①$x=\pm3$ ②$x=\pm2$ ③$x=\pm1$ ④$x=4$ ⑤$x=2,\ 1$ ⑥$x=-3\pm\sqrt{14},\ 1,\ 5$

解説 ①$x\geqq0$のとき，$2x-6=0$ $x=3$ 一方，$x<0$のとき，$2\times(-x)-6=0$

$x=-3$　以上より，$x=\pm 3$　②$x \geqq 0$のとき，$x^2-x-2=0$　$(x+1)(x-2)=0$
$x=-1, 2$　しかし，$x=-1$は不適であるので，$x=2$　一方，$x<0$のとき，
$x^2-(-x)-2=0$　$x^2+x-2=0$　$(x+2)(x-1)=0$　$x=1, -2$　しかし，$x=1$
は不適であるので，$x=-2$　以上より，$x\pm 2$　③$x \geqq 0$のとき，$x^2+2x-3=0$　$(x+3)(x-1)=0$　$x=1, -3$　しかし，$x=-3$は不適であるので，
$x=1$　一方，$x<0$のとき，$x^2-2x-3=0$　$(x+1)(x-3)=0$　$x=-1, 3$　しかし，$x=3$は不適であるので，$x=-1$　以上より，$x\pm 1$　④$x \geqq 1$のとき，
$x-1=2x-5$　$-x=-4$　$x=4$　一方，$x<1$のとき，$-x+1=2x-5$，
$-3x=-6$　$x=2$　しかし，$x<1$であるので，$x=2$は不適となる。以上
より，$x=4$　⑤$x \geqq 2$のとき，$x^2-4=-3(x-2)$，$x^2+3x-10=0$
$(x+5)(x-2)=0$　$x=-5, 2$　しかし，$x=-5$は不適であるので，$x=2$
一方，$x<2$のとき，$x^2-4=-3\cdot-(x-2)$，$x^2-4=3(x-2)$，$x^2-3x+2=0$，
$(x-1)(x-2)=0$　$x=1, 2$　よって，$x=1$　以上より　$x=2, 1$　⑥$5-6x \geqq 0$　つまり，$x \leqq \frac{5}{6}$のとき，$x^2-(5-6x)=0$，$x^2+6x-5=0$，
$x=\frac{-6\pm\sqrt{36+20}}{2}=\frac{-6\pm\sqrt{56}}{2}=\frac{-6\pm 2\sqrt{14}}{2}=-3\pm\sqrt{14}$　一方，$5-6x<0$
つまり，$x>\frac{5}{6}$のとき，$x^2-6x+5=0$，$(x-1)(x-5)=0$　$x=1, 5$
以上より，$x=-3\pm\sqrt{14}$，1，5

2 ❷

解説　$x \geqq 3$のとき，$x^2+(x-1)=4-(x-3)$　$x^2+x-1=4-x+3$　$x^2+2x-8=0$　$(x+4)(x-2)=0$　$x=-4, 2$　しかし，$x \geqq 3$　であるので，
$x=-4$（不適），$x=2$（不適）　$1 \leqq x<3$のとき，$x^2+(x-1)=4+(x-3)$
$x^2+x-1=4+x-3$　$x^2=2$　$x\pm\sqrt{2}$　しかし，$1 \leqq x<3$であるので，
$x=-\sqrt{2}$（不適），$x=\sqrt{2}$（適）　$x<1$のとき，$x^2-(x-1)=4+(x-3)$
$x^2-x+1=4+x-3$　$x^2-2x=0$　$x(x-2)=0$　$x=0$，$x=2$　しかし，
$x<1$であるので，$x=2$（不適），$x=0$（適）以上より，$x=\sqrt{2}$，$x=0$

3 ❶

解説　共通解をαとすると，$\alpha^2+3\alpha-k=0$ ……（1）　$\alpha^2-k\alpha+3=0$ ……（2）
(1)－(2)より，$3\alpha+k\alpha-k-3=0$，$\alpha(k+3)-(k+3)=0$　$(k+3)(\alpha-1)=0$
したがって，$k=-3$または$\alpha=1$　しかし，$k=-3$のとき，(1)と(2)ともに，
$x^2+3x+3=0$となる。よって，題意に反する。$\alpha=1$のとき，(1)より，$k=4$
$k=4$のとき，$x^2+3x-4=0$，$x^2-4x+3=0$　$x^2+3x-4=0$より，
$(x-1)(x+4)=0$，$x=1, -4$　$x^2-4x+3=0$より　$(x-1)(x-3)=0$，$x=1, 3$　以上より，共通解は$x=1$

数学

6. 2次方程式の判別式&解と係数の関係

ここがポイント KEY

■2次方程式の解の判別

$ax^2 + bx + c = 0$（a, b, c は実数で，$a \neq 0$）

の解は，$x = \dfrac{-b + \sqrt{b^2 - 4ac}}{3a}$，$x = \dfrac{-b - \sqrt{b^2 - 4ac}}{2a}$

2次方程式の解は，実数の場合と虚数の場合とがあるが，根号内の式である $b^2 - 4ac$ の符号により，次のようになる。

KEY

$b^2 - 4ac > 0$　ならば，異なる2つの実数解をもつ
$b^2 - 4ac = 0$　ならば，重解をもつ
$b^2 - 4ac < 0$　ならば，異なる2つの虚数解をもつ

なお，$D = b^2 - 4ac$ を 判別式 という

□① $3x^2 - 4x - 1 = 0$　の解を判別する方法は，

$D = (-4)^2 - 4 \times 3 \times (-1)$
$= 16 + 12$
$= 28 > 0$　つまり，$D > 0$ より，

異なる2つの(　　)をもつとわかる　　実数解

□② $4x^2 - 20x + 25 = 0$　の解を判別すると，

$D = (-20)^2 - 4 \times 4 \times 25$
$= 400 - 400 = 0$　つまり，$D = 0$ より，

(　　)をもつとわかる　　重解

□③ $6x^2 - 4x + 1 = 0$　の解を判別すると，

$D = (-4)^2 - 4 \times 6 \times 1$
$= 16 - 24$
$= -8 < 0$　つまり，$D < 0$ より，

異なる2つの(　　)をもつといえる　　虚数解

■2次方程式の解と係数の関係　発展内容

2次方程式　$ax^2+bx+c=0$　の2つの解を α, β とし，$D=b^2-4ac$ とすると，解の公式より次式が成立する。

$$\alpha+\beta=\frac{-b+\sqrt{D}}{2a}+\frac{-b-\sqrt{D}}{2a}=\frac{-2b}{2a}=-\frac{b}{a}$$

$$\alpha\beta=\frac{-b+\sqrt{D}}{2a}\times\frac{-b-\sqrt{D}}{2a}=\frac{(-b)^2-(\sqrt{D})^2}{(2a)^2}=\frac{b^2-\sqrt{D}}{4a^2}$$

$$=\frac{b^2-(b^2-4ac)}{4a^2}=\frac{4ac}{4a^2}=\frac{c}{a}$$

$$\alpha+\beta=-\frac{b}{a}\qquad\alpha\beta=\frac{c}{a}$$

□① $3x^2-15x+18=0$　の2つの解の和と積を求める場合，

2つの解を α, β とすると，

$$\alpha+\beta=-\frac{-15}{3}=\frac{15}{3}=5$$

$$\alpha\beta=\frac{18}{3}=6$$

ゆえに　2つの解の和は(　　)，積は(　　)　　　5，6

□② 2次方程式　$2x^2+5x+8=0$　の2つの解を α, β とするとき，次の式の値はいくらになるか。

(1) $\alpha^2+\beta^2$　　(2) $\dfrac{\alpha}{\beta}+\dfrac{\beta}{\alpha}$

(1) $\alpha^2+\beta^2=(\alpha+\beta)^2-2\alpha\beta$

$=\left(-\dfrac{5}{2}\right)^2-2\times4=($　　$)$　　　$-\dfrac{7}{4}$

(2) $\dfrac{\alpha}{\beta}+\dfrac{\beta}{\alpha}=\dfrac{\alpha^2}{\alpha\beta}+\dfrac{\beta^2}{\alpha\beta}=\dfrac{\alpha^2+\beta^2}{\alpha\beta}$

$=\dfrac{(\quad)}{4}$　　　$-\dfrac{7}{4}$

$=($　　$)$　　　$-\dfrac{7}{16}$

TEST ■2次方程式の判別式&解と係数の関係

1 次の各問いに答えなさい。

① 頻出問題 2次方程式 $x^2+2(2-k)x+k=0$ が重解をもつように，定数kの値を求めよ。

② 頻出問題 2次方程式 $-2x^2-8x+k-4=0$ が実数解をもたないとき，定数kの値の範囲を求めよ。

③ $(a+3)x^2-4x+a=0$ が2つの異なる実数解をもつとき，実数aの値の範囲を定めよ。ただし，$a+3 \neq 0$とする。

④ $ax^2+(a+1)x+2a-1=0$ が虚数解をもつとき，実数aの値の範囲を定めよ。

2 発展問題 ある2次方程式の2つの解の和は$\frac{3}{2}$，積は$\frac{1}{3}$である。これに該当するものは次のうちどれか。

① $3x^2-9x+1=0$　② $3x^2-12x+4=0$

③ $6x^2-8x+3=0$　④ $6x^2-9x+2=0$

⑤ $6x^2-12x+5=0$

3 発展問題 2次方程式 $4x^2+8x-16=0$ の2つの解をα，βとするとき，次の式の値を求めよ。

① $(\alpha-\beta)^2$

② $(\alpha^2-1)(\beta^2-1)$

③ $\frac{\beta}{\alpha-1}+\frac{\alpha}{\beta-1}$

④ $\alpha^3+\beta^3$

ANSWER ■2次方程式の判別式&解と係数の関係

1 ① $k=1,\ 4$　② $k<-4$　③ $-4<a<-3,\ -3<a<1$　④ $a<-\frac{1}{7},\ a>1$

解説　①重解の場合，判別式$D=b^2-4ac=0$となる。よって，$D=\{2(2-k)\}^2-4\times1\times k=0$　これを整理すると，$4(4-4k+k^2)-4k=0$より，$4k^2-20k+16=0$　ゆえに，$k^2-5k+4=0$，$(k-1)(k-4)=0$，$k=1$，$k=4$

②実数解をもたない場合，判別式 $D=b^2-4ac<0$ となる。
よって，$D=(-8)^2-4\times(-2)\times(k-4)=64+8k-32=8k+32<0$
$\therefore 8k<-32$ より，$k<-4$
③ $a+3=0$ の場合，$(a+3)x^2-4x+a=0$ の $(a+3)x^2$ の箇所が $0\times x^2=0$ となってしまうので，2次方程式でなくなってしまう。よって，$a+3\neq 0$ と記されている。2つの異なる実数解をもつ場合，判別式 $D>0$ となる。よって，$D=(-4)^2-4(a+3)\times a>0$　これを整理すると，$4a^2+12a-16<0$　$a^2+3a-4<0$ $(a+4)(a-1)<0$ ゆえに $-4<a<1$　しかし，$a\neq -3$ なので，a の値の範囲は，$-4<a<-3$，$-3<a<1$ となる。
④虚数解をもつ場合，判別式 $D=b^2-4ac<0$ となる。よって，$D=(a+1)^2-4a(2a-1)<0$，これを整理すると，$7a^2-6a-1>0$，$(7a+1)(a-1)>0$　a の値の範囲は $a<-\frac{1}{7}$，$a>1$ となる。

2 ④

解説　2つの解を α，β とし，$\alpha+\beta=m$，$\alpha\beta=n$ のとき，$x^2-mx+n=0$ となる。よって，$\alpha+\beta=\frac{3}{2}$，$\alpha\beta=\frac{1}{3}$ のとき，$x^2-\frac{2}{3}x+\frac{1}{3}=0$ となる。
ゆえに，$6x^2-9x+2=0$

3 ① 20　② 5　③ −14　④ −32

解説　$4x^2+8x-16=0$ より，$\alpha+\beta=-\frac{8}{4}=-2$，$\alpha\beta=\frac{-16}{4}=-4$
① $(\alpha-\beta)^2=\alpha^2-2\alpha\beta+\beta^2=(\alpha+\beta)^2-4\alpha\beta=(-2)^2-4\times(-4)=4+16=20$　② $(\alpha^2-1)(\beta^2-1)=\alpha^2\beta^2-\alpha^2-\beta^2+1=\alpha^2\beta^2-(\alpha^2+\beta^2)+1=(\alpha\beta)^2-\{(\alpha+\beta)^2-2\alpha\beta\}+1=(-4)^2-\{(-2)^2-2\times(-4)\}+1=16-(4+8)+1=5$　③ $\frac{\beta}{\alpha-1}+\frac{\alpha}{\beta-1}=\frac{\beta(\beta-1)+\alpha(\alpha-1)}{(\alpha-1)(\beta-1)}$

$$=\frac{\alpha^2+\beta^2-1(\alpha+\beta)}{\alpha\beta-(\alpha+\beta)+1}=\frac{\{(\alpha+\beta)^2-2\alpha\beta\}-(\alpha+\beta)}{\alpha\beta-(\alpha+\beta)+1}=\frac{\{(-2)^2-2\times(-4)\}-(-2)}{-4-(-2)+1}$$

$$=\frac{4+8+2}{-1}=-14$$

④ $\alpha^3+\beta^3=(\alpha+\beta)(\alpha^2-\alpha\beta+\beta^2)=(\alpha+\beta)(\alpha^2+\beta^2-\alpha\beta)=(\alpha+\beta)\{(\alpha+\beta)^2-3\alpha\beta\}=-2\{(-2)^2-3\times(-4)\}=-2\times(4+12)=-32$

数学

7. 1次不等式・2次不等式

ここがポイント KEY

■1次不等式の解き方

□①**移項**……方程式の場合と同じように，不等式の場合も次のように移項できる。

$6x-5\ >4x+3$

$6x-4x>3+5$　⇦不等式を越えた時，⊕→⊖，⊖→⊕になる

$(\quad\quad)>8$　　　　$2x$

$x>(\quad\quad)$　　　　4

□②**不等号の向きが変わる**……xの係数がマイナスであった場合，最後にxの係数で割ったとき，不等号の向きが変わる。

$2x-3>6x+9$

$2x-6x>9+3$

$-4x>12$

$x<(\quad\quad)$　⇦不等号の向きが変わる　　　　-3

$a>0$のとき，$ax>b \rightarrow x>\dfrac{b}{a}$　　$ax<b \rightarrow x<\dfrac{b}{a}$

$a<0$のとき，$ax>b \rightarrow x<\dfrac{b}{a}$　　$ax<b \rightarrow x>\dfrac{b}{a}$

□③**分数を含むときは，分母の最小公倍数をかける**

$\dfrac{1}{2}x-2>\dfrac{2}{3}x-5$

$\left(\dfrac{1}{2}x-2\right)\times 6>\left(\dfrac{2}{3}x-5\right)\times 6$

$3x-12>4x-30$

$-x>-18$　　ゆえに　$x(\quad\quad)18$　　　　$<$

■2次不等式の解き方

$ax^2+bx+c>0$ または $ax^2+bx+c<0$（a, b, cは実数，$a \neq 0$）で，$D=b^2-4ac>0$ のとき，

$ax^2+bx+c=0$ は，2つの異なる実数解 α，β をもち，
$ax^2+bx+c=a(x-\alpha)(x-\beta)$ となる。

したがって，上の2つの不等式は次のいずれかに変形できる。

$(x-\alpha)(x-\beta)>0$　$(x-\alpha)(x-\beta)<0$

なお，$\alpha>\beta$ のとき

$(x-\alpha)(x-\beta)>0$ の解は，$x>\alpha$，$x<\beta$
$(x-\alpha)(x-\beta)<0$ の解は，$\beta<x<\alpha$

□① $x^2-5x+4>0$ を解く場合，まずは，
$x^2-5x+4=0$ と考える。これを因数分解すると，
$(x-1)(x-4)=0$　よって，
$x^2-5x+4>0$ → $(x-1)(x-4)>0$
$(x-\alpha)(x-\beta)>0$ の解は，$x>\alpha$，$x<\beta$ より，
$(x-1)(x-4)>0$ は，$x>(\quad)$　　4
$x<(\quad)$　　1

□② $x^2+3x-10<0$ を解く場合，まずは，
$x^2+3x-10=0$ と考える。これを因数分解すると，
$(x-2)(x+5)=0$　よって，
$x^2+3x-10<0$ → $(x-2)(x+5)<0$
$(x-\alpha)(x-\beta)<0$ の解は，$\beta<x<\alpha$ より，
$(x-2)(x+5)<0$ は，$(\quad)<x<(\quad)$　　-5，2

□③ $2x^2-7x+3>0$ を解く場合，まずは，
$2x^2-7x+3=0$ と考える。これを因数分解すると，
$(2x-1)(x-3)=0$　よって，
$2x^2-7x+3>0$ → $(2x-1)(x-3)>0$
$(x-\alpha)(x-\beta)>0$ の解は，$x>\alpha$，$x<\beta$ より，
$(2x-1)(x-3)>0$ は，$x>(\quad)$　　3
$x<(\quad)$　　$\frac{1}{2}$

TEST-1 ■1次不等式・2次不等式

1 次の1次不等式を解きなさい。

① $2(x-3) \leqq 3(2x-1)$

② $0.2x-0.3 \geqq 0.7-0.3x$

③ $5(x-1)-\frac{3x+5}{2}<0$

④ $\frac{x+1}{3}-\frac{3x-1}{4} \leqq 2$

2 次の各問いに答えなさい。

①現在，兄は3,000円，弟は8,000円の貯金がある。来月から毎月，兄は1,000円，弟は600円ずつ貯金していくと，兄の貯金が弟の貯金より多くなるのは何か月後か。

ヒント! 兄の貯金が弟の貯金よりも多くなるのが x か月後として式をつくる。

② 頻出問題 100円のジュースを40本買うつもりで，4,000円持って店に行ったところ，あいにく100円のジュースは売り切れていた。店には105円と90円のジュースがあったので，それらを合わせて40本買うことにした。このとき，105円のジュースをできるだけ多く買うことにすると，105円のジュースは何本買えるか。

ヒント! x, y の2つの文字を使った場合，これを解くには2つの式が必要となる。

3 次の不等式を解きなさい。

① $-x^2+3x+10<0$

② $x^2-x-1 \leqq 0$

③ 頻出問題 $(x+3)(x-2) \leqq 3(x-1)(x-4)-4$

④ 頻出問題 $-(2x-1)(-x-5)-(13-6x)>4(x+3)(x-1)$

ANSWER-1 1次不等式・2次不等式

1 ① $x \geqq -\frac{3}{4}$　② $x \geqq 2$　③ $x<\frac{15}{7}$　④ $x \geqq -\frac{17}{5}$

解説 ① $2x-6 \leqq 6x-3$, $4x \geqq -3$　$x \geqq -\frac{3}{4}$　②両辺に10をかけると，$2x-3 \geqq 7-3x$, $5x \geqq 10$　$x \geqq 2$　③両辺に2をかけると，$10(x-1)-(3x+5)<0$　$10x-3x<5+10$　$7x<15$　$x<\frac{15}{7}$　④両辺に12をかけると，$4(x+1)-3(3x-1) \leqq 2 \times 12$　$4x+4-9x+3 \leqq 24$　$-5x \leqq 17$　$x \geqq -\frac{17}{5}$

2 ① 13か月後　② 26本

解説 ①兄の貯金が弟の貯金より多くなるのがxか月後だとすると，題意より次式が成立する。

$$3{,}000+1{,}000x>8{,}000+600x$$
$$1{,}000x-600x>8{,}000-3{,}000$$
$$400x>5{,}000 \quad x>\frac{5{,}000}{400} \quad x>12.5$$

② 105円のジュースをx本，90円のジュースをy本買うとすると，題意より次式が成立する。

$$\begin{cases} x+y=40 \cdots\cdots(1) \\ 105x+90y \leqq 4{,}000 \cdots\cdots(2) \end{cases}$$

(1)より，$y=40-x \cdots\cdots(1)'$

(1)′を(2)に代入すると，

$$105x+90(40-x) \leqq 4{,}000 \quad 105x-90x \leqq 4{,}000-3{,}600$$
$$15x \leqq 400 \quad x \leqq \frac{400}{15} \quad x \leqq 26.6$$

3 ① $x>5$, $x<-2$　② $\frac{1-\sqrt{5}}{2} \leqq x \leqq \frac{1+\sqrt{5}}{2}$

③ $x \geqq 7$, $x \leqq 1$　④ $\frac{3}{2}<x<2$

解説 ① $x^2-3x-10>0$　$(x+2)(x-5)>0$ より，$x>5$, $x<-2$　② $x^2-x-1=0$ より，$x=\frac{-(-1) \pm \sqrt{(-1)^2-4 \times 1 \times (-1)}}{2 \times 1}=\frac{1 \pm \sqrt{1+4}}{2}=\frac{1 \pm \sqrt{5}}{2}$

$\left(x-\frac{1+\sqrt{5}}{2}\right)\left(x-\frac{1-\sqrt{5}}{2}\right) \leqq 0$　$\frac{1-\sqrt{5}}{2} \leqq x \leqq \frac{1+\sqrt{5}}{2}$　③ $(x+3)(x-2) \leqq 3(x-1)(x-4)-4$, $x^2+x-6 \leqq 3(x^2-5x+4)-4$, $x^2+x-6 \leqq 3x^2-15x+12-4$, $2x^2-16x+14 \geqq 0$, $x^2-8x+7 \geqq 0$, $(x-7)(x-1) \geqq 0$　$\therefore x \geqq 7$, $x \leqq 1$

④ $-(2x-1)(-x-5)-(13-6x)>4(x+3)(x-1)$, $-(-2x^2-10x+x+5)-13+6x>4(x^2+2x-3)$, $2x^2+9x-5-13+6x>4x^2+8x-12$, $2x^2-7x+6<0$, $(2x-3)(x-2)<0$　$\therefore \frac{3}{2}<x<2$

数学

TEST-2 ■1次不等式・2次不等式

1 次の連立不等式を解きなさい。

① $\begin{cases} -3x+1>2x-4 \\ 5x-1 \geqq x-9 \end{cases}$

② $\begin{cases} 2(x+1)>x+2 \\ 3(x-1)<x+1 \end{cases}$

③ 頻出問題 $\begin{cases} 3x^2+3x-18 \geqq 0 \\ 5x+4>2(x-4) \end{cases}$

④ 頻出問題 $-x<x^2 \leqq 2x+8$

⑤ 頻出問題 $\begin{cases} x^2+7x-18<0 \\ x^2+3x-10>0 \end{cases}$

⑥ 頻出問題 $\begin{cases} 3x^2-x-2 \geqq 0 \\ x^2-6x+5 \geqq 0 \end{cases}$

2 次の各問いに答えなさい。

① 頻出問題 ある動物園の団体入場料は20人で8,000円，あと1人増すごとに200円増しである。平均して1人当たり250円以下になるためには，最低何人で入場すればよいか。

②8%の食塩水が1,000gある。これに水を加えて食塩水の濃度を4%以上，5%以下にしたい。何gの水を加えたらよいか。

ANSWER-2 1次不等式・2次不等式

1 ① $-2 \leqq x<1$　② $0<x<2$　③ $-4<x \leqq -3,\ x \geqq 2$　④ $-2 \leqq x<-1,\ 0<x \leqq 4$
⑤ $-9<x<-5$　⑥ $x \leqq -\dfrac{2}{3},\ x=1,\ x \geqq 5$

解説 数直線上に表してみよう。 ①$-3x+1>2x-4$ より，$x<1$ ……(1) $5x-1 \geqq x-9$ より，$x \geqq -2$ ……(2) よって，(1)と(2)より，$-2 \leqq x<1$（図1のオレンジ色の部分） ②$2x+2>x+2$ より，$x>0$ ……(1) $3x-3<x+1$ より，$x<2$ ……(2) (1)と(2)より，$0<x<2$ ③$3x^2+3x-18 \geqq 0$ より，$x^2+x-6 \geqq 0$ $(x+3)(x-2) \geqq 0$ より，$x \geqq 2$, $x \leqq -3$ ……(1) $5x+4>2(x-4)$ より，$x>-4$ ……(2) (1)と(2)より，$-4<x \leqq -3$, $x \geqq 2$（図2のオレンジ色の部分） ④$-x<x^2$ と，$x^2 \leqq 2x+8$ に分けて計算する。$-x<x^2$ より，$x^2+x>0$, $x(x+1)>0$ よって，$x>0$, $x<-1$ ……(1) $x^2 \leqq 2x+8$ より，$x^2-2x-8 \leqq 0$, $(x-4)(x+2) \leqq 0$ よって $-2 \leqq x \leqq 4$ ……(2) (1)と(2)より，$-2 \leqq x<-1$, $0<x \leqq 4$

(図1)

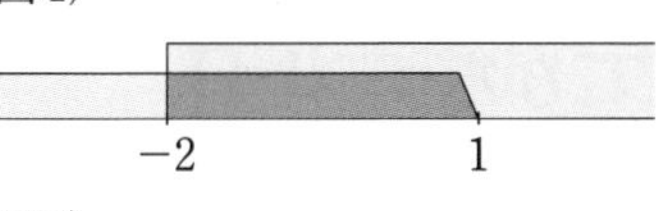

(図2)

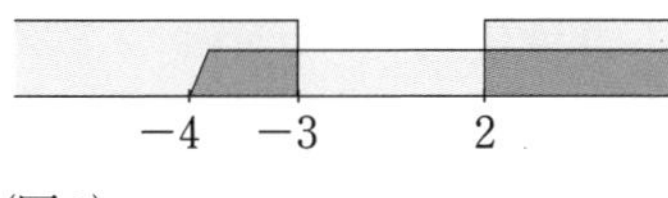

(図3)

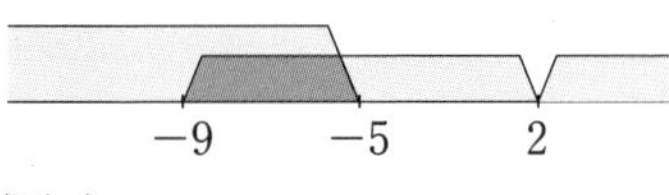

(図4)

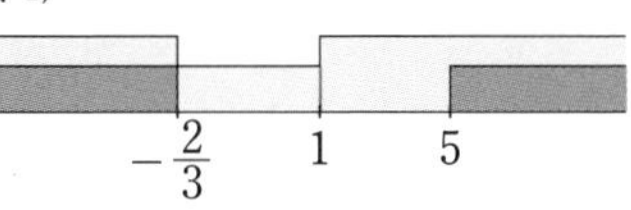

⑤$x^2+7x-18<0$ より，$(x+9)(x-2)<0$ $-9<x<2$ ……(1) $x^2+3x-10>0$ より，$(x+5)(x-2)>0$ $x>2$, $x<-5$ ……(2) (1)と(2)より，$-9<x<-5$（図3のオレンジ色の部分）

⑥$3x^2-x-2 \geqq 0$ より，$(3x+2)(x-1) \geqq 0$ $x \geqq 1$, $x \leqq -\frac{2}{3}$ …… (1) $x^2-6x+5 \geqq 0$ より，$(x-1)(x-5) \geqq 0$ $x \geqq 5$, $x \leqq 1$ ……(2) (1)と(2)より，$x \leqq -\frac{2}{3}$, $x=1$, $x \geqq 5$（図4のオレンジ色の部分）

2 ① 80人 ② 600g以上，1,000g以下

解説 ①入場者数を x（人）とすると，題意より次式が成立する。

$8{,}000+200(x-20) \leqq 250x$ $8{,}000+200x-4{,}000 \leqq 250x$ $50x \geqq 4{,}000$ $x \geqq 80$

②加える水の量を xg とすると，題意より次式が成立する。

$$0.04 \leqq \frac{80}{1{,}000+x} \leqq 0.05$$

$0.04 \leqq \frac{80}{1{,}000+x}$ より，$0.04(1{,}000+x) \leqq 80$

$40+0.04x \leqq 80$ $x \leqq 1{,}000$ ……(1)

$\frac{80}{1{,}000+x} \leqq 0.05$ より，$80 \leqq 0.05(1{,}000+x)$

$80 \leqq 50+0.05x$ $x \geqq 600$ ……(2)

(1)と(2)より， $600 \leqq x \leqq 1{,}000$

数学

8. 関数とグラフ

ここがポイント　KEY

■ **1 次関数**　$y=ax+b$ ($a \neq 0$)

1 次関数……y が x の 1 次式で表される関数

傾き $a=\dfrac{y\text{の増加量}}{x\text{の増加量}}$

$a>0$ →グラフは右上がり

$a<0$ →グラフは右下がり

切片 b……グラフが y 軸と交わる点の y 座標

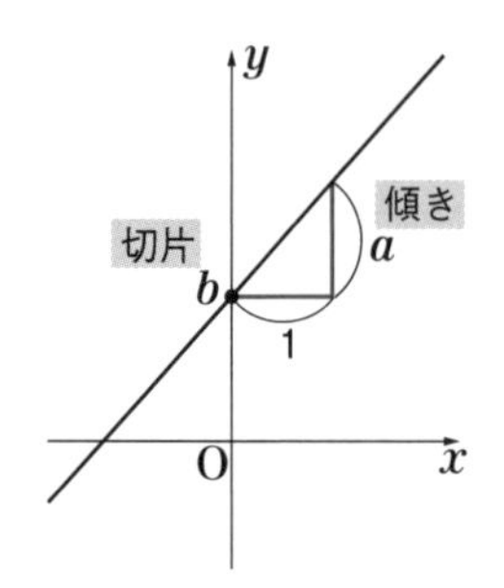

□① $y=7x+3$ のグラフの傾きは(　　)　　7

切片は(　　)　　3

□② $y=-\dfrac{1}{2}x-5$ のグラフの 傾きは(　　)　　$-\dfrac{1}{2}$

切片は(　　)　　-5

■ **2 次関数**　$y=ax^2$ ($a \neq 0$)

・原点 (0, 0) を通り，y 軸について対称な曲線。

・$a>0$ のとき上に開き（図 1），$x<0$ のとき下に開く（図 2)。

・a の絶対値が大きいほど曲線の開きが小さい。

図 1　$a>0$

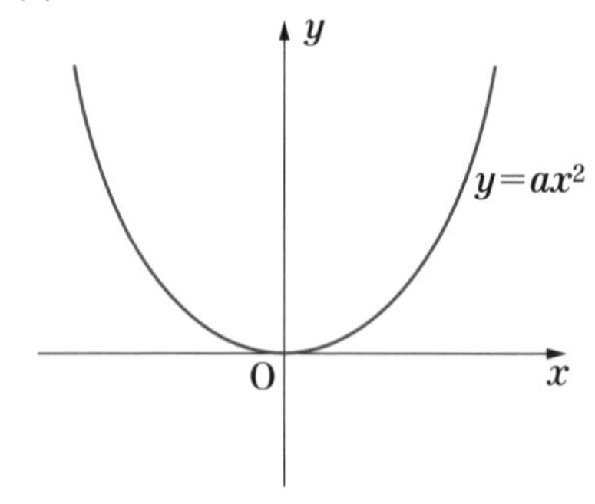

図 2　$a<0$

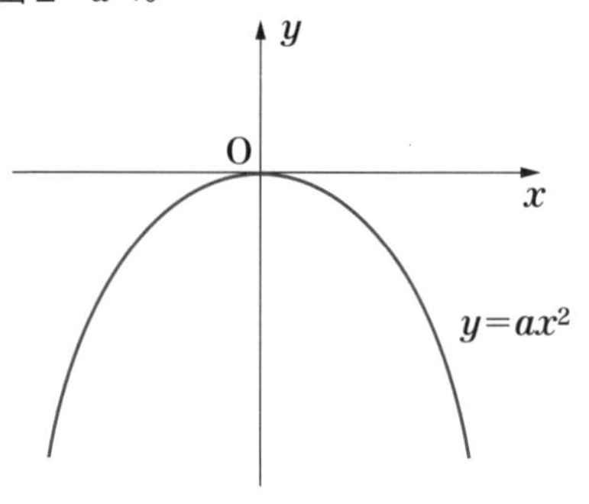

■2次関数　$y=ax^2+bx+c$ のグラフのかき方

これを変形すると,

KEY　$y=a\left(x+\dfrac{b}{2a}\right)^2-\dfrac{b^2-4ac}{4a}$　　⇦ $y=a(x-p)^2+q$ の形に変形する

よって, $y=ax^2$ のグラフを　⇦ これを中心に考える

x軸の方向に$-\dfrac{b}{2a}$, y軸の方向に$-\dfrac{b^2-4ac}{4a}$ 平行移動したもの

また, 軸は　$x=-\dfrac{b}{2a}$, 頂点は $\left(-\dfrac{b}{2a},\ -\dfrac{b^2-4ac}{4a}\right)$

⇦ 放物線の対称軸を軸, 軸と放物線の交点を頂点という

■1次関数　$f(x)=ax+b$ $(m \leqq x \leqq n)$ の最大・最小

$a>0$ のとき, 最大値 $f(n)$, 最小値 $f(m)$

$a<0$ のとき, 最大値 $f(m)$, 最小値 $f(n)$

□① $f(x)=3x-5$ $(2 \leqq x \leqq 7)$ のグラフにおける,
最大値は(　　), 最小値は(　　)　　16, 1

□② $f(x)=-4x+7$　$(-3 \leqq x \leqq 2)$ のグラフにおける,
最大値は(　　), 最小値は(　　)　　19, -1

■2次関数　$f(x)=ax^2+bx+c$ の最大・最小

$f(x)=ax^2+bx+c=a\left(x+\dfrac{b}{2a}\right)^2-\dfrac{b^2-4bc}{4a}$ より

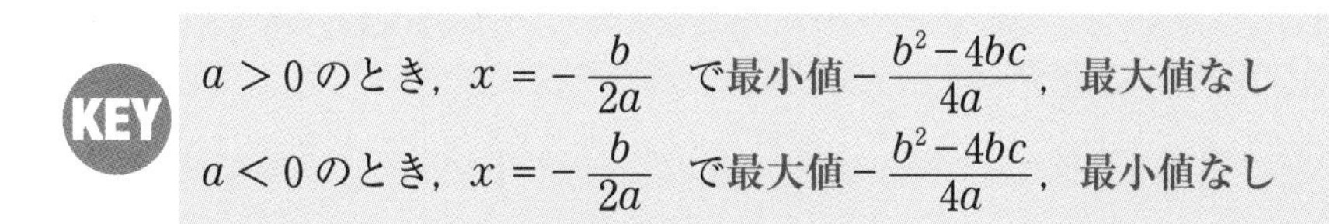

KEY

$a>0$ のとき, $x=-\dfrac{b}{2a}$ で最小値 $-\dfrac{b^2-4bc}{4a}$, 最大値なし

$a<0$ のとき, $x=-\dfrac{b}{2a}$ で最大値 $-\dfrac{b^2-4bc}{4a}$, 最小値なし

□① 2次関数 $y=x^2-6x+10$ の最小値は次のように求める。

$y=(x-3)^2+1$ より,

$x=$(　　)のとき, 最小値は(　　)　　3, 1

□② 2次関数 $y=-\dfrac{1}{2}x^2+2x$の最大値は次のように求める。

$y=-\dfrac{1}{2}(x^2-4x)=-\dfrac{1}{2}(x-2)^2+2$ より,

$x=$(　　)のとき, 最大値は(　　)　　2, 2

TEST-1 ■関数とグラフ

1 次の1次関数の式を求めなさい。

①グラフの傾きが-4で，切片が7である。

②点$(2,\ 4)$を通り，傾きが$\frac{1}{2}$である直線。

③直線$y=5x$に平行で，点$(0,\ -4)$を通る。

④ 頻出問題 2点$(1,\ -2)$，$(3,\ -8)$を通る直線。

2 直線$y=-3x+2$について，次の問いに答えなさい。

① x軸について対称な直線を求めなさい。

② y軸について対称な直線を求めなさい。

③原点について対称な直線を求めなさい。

コーチ 点$(a,\ b)$と，x軸について対称な点は$(a,\ -b)$，y軸に対称な点は$(-a,\ b)$，原点について対称な点は$(-a,\ -b)$

3 次のグラフの式を求めなさい。

①

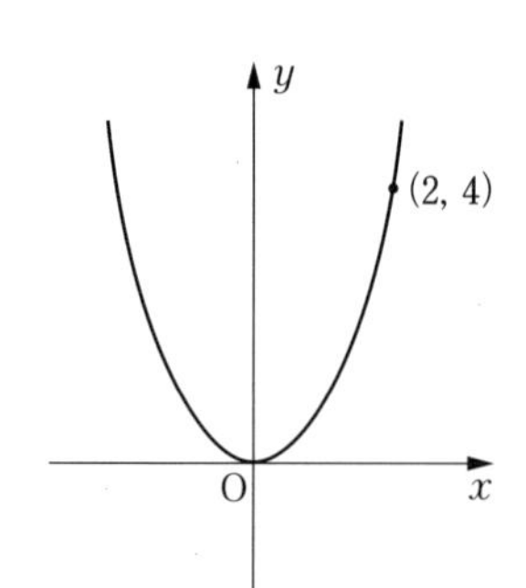

②

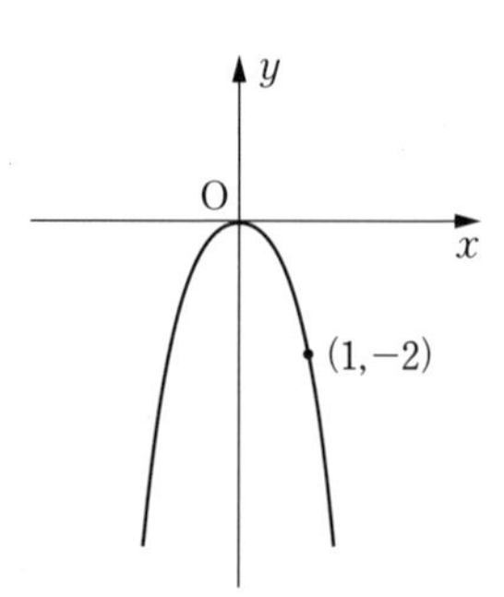

③ 頻出問題

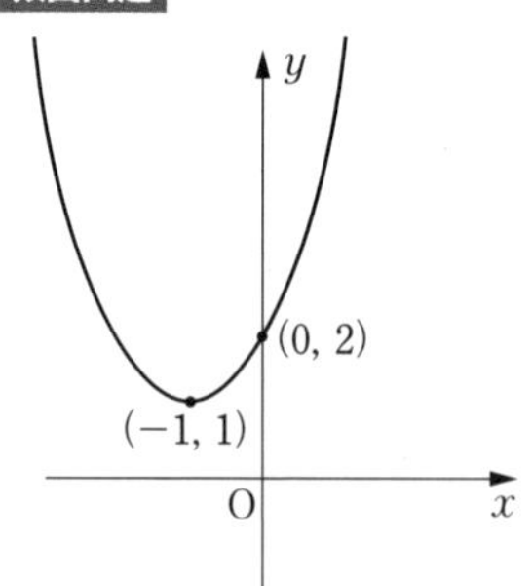

④ 頻出問題

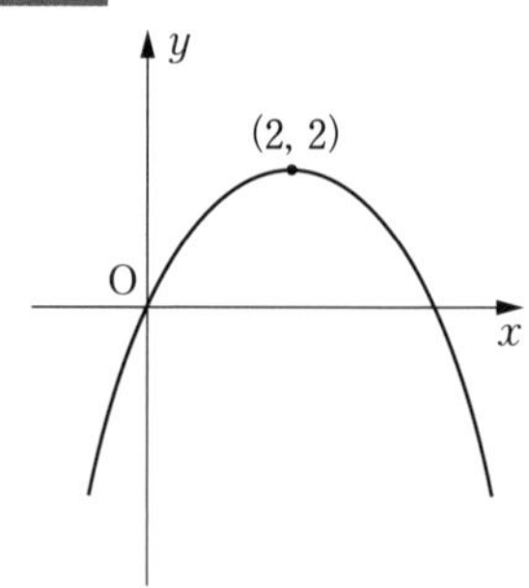

ANSWER-1 ■関数とグラフ

1 ① $y=-4x+7$ ② $y=\frac{1}{2}x+3$ ③ $y=5x-4$ ④ $y=-3x+1$

解説 ①求めるものは1次関数なので，$y=ax+b$ とおく。傾きは－4なので，$a=-4$，切片は7であるので，$b=7$ となる。よって，$y=-4x+7$ ②$y=ax+b$ とおく。傾きが $\frac{1}{2}$ なので，$a=\frac{1}{2}$ 点(2, 4)を通るので，これを $y=ax+b$ に代入すると，$4=\frac{1}{2}\times2+b$，$b=3$ ゆえに $y=\frac{1}{2}x+3$ ③$y=5x$ に平行なので，求める直線の傾きも5となる。よって，$y=5x+b$ とおく。点(0, －4) を通るので，$-4=5\times0+b$，$b=-4$ ゆえに，$y=5x-4$ ④点(1, －2)を通るので，$-2=a\times1+b$ ……(1) 点(3, －8)を通るので，$-8=a\times3+b$ ……(2) (1)と(2)より，$a=-3$，$b=1$ ゆえに，$y=-3x+1$

2 ① $y=3x-2$ ② $y=3x+2$
③ $y=-3x-2$（図参照）

解説 ① $y\times(-1)=-3x+2$ より，$y=3x-2$ ② $y=-3x\times(-1)+2$ より，$y=3x+2$
③ $y\times(-1)=-3x\times(-1)+2$ より，$-y=3x+2$，$y=-3x-2$

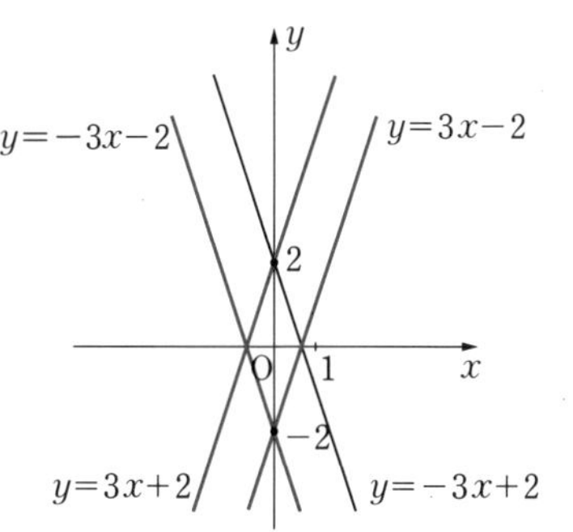

3 ① $y=x^2$ ② $y=-2x^2$
③ $y=(x+1)^2+1$ ④ $y=-\frac{1}{2}(x-2)^2+2$

解説 ①頂点が原点(0, 0)なので，$y=ax^2$ とおける。点(2, 4)を通るので，$4=a\times2^2$ $a=1$ ゆえに，$y=x^2$ ②頂点が原点(0, 0)なので，$y=ax^2$ とおける。点(1, －2) を通るので，$-2=a\times1^2$ $a=-2$ ゆえに，$y=-2x^2$
③頂点が点(－1, 1)なので，$y=a(x+1)^2+1$ とおける。点(0, 2)を通るので，$2=a(0+1)^2+1$ $a=1$ ゆえに，$y=(x+1)^2+1$ ④頂点が点(2, 2)なので，$y=a(x-2)^2+2$ とおける。原点(0, 0)を通るので，$0=a(0-2)^2+2$ $a=-\frac{1}{2}$ ゆえに，$y=-\frac{1}{2}(x-2)^2+2$

TEST-2 ■関数とグラフ

1 頻出問題 次の2次関数の式を求めなさい。

① $y=x^2$ のグラフを x 軸の正の方向に2，y 軸の正の方向に3平行移動したもの。

② $y=x^2-2x+1$ のグラフを x 軸の負の方向に1平行移動したもの。

③ $y=-x^2+5x+6$ のグラフを x 軸の負の方向に2，y 軸の正の方向に4平行移動したもの。

2 頻出問題 $y=x^2+4x+5$ のグラフを平行移動して，$y=x^2-4x+7$ とした。このときの平行移動として正しいものは，次のうちどれか。

① x 軸の正の方向に3，y軸の正の方向に1，平行移動した。

② x 軸の負の方向に3，y軸の正の方向に2，平行移動した。

③ x 軸の正の方向に4，y軸の正の方向に2，平行移動した。

④ x 軸の負の方向に2，y軸の正の方向に1，平行移動した。

⑤ x 軸の正の方向に4，y軸の負の方向に3，平行移動した。

3 頻出問題 $y=(x+2)(x-3)$ のグラフを x 軸の負の方向に3，y 軸の正の方向に5平行移動したとする。このときの，2次関数の式として正しいものは次のどれか。

① $y=x^2+3x+3$

② $y=x^2+5x+2$

③ $y=x^2+5x+5$

④ $y=x^2-3x+6$

⑤ $y=x^2-4x+2$

4 頻出問題 2次関数 $y=x^2+6x+2$ のグラフが x 軸から切り取る線分の長さとして正しいものは，次のうちどれか。

①3　②6

③$\sqrt{7}$　④$2\sqrt{7}$

⑤$6-\sqrt{7}$

ANSWER-2 ■関数とグラフ

1 ① $y=x^2-4x+7$　② $y=x^2$　③ $y=-x^2+x+16$

解説 $y=ax^2$ のグラフを x 軸方向に p，y 軸方向に q だけ平行移動したときのグラフは，$y=a(x-p)^2+q$ となる。このとき，軸は $x=p$，頂点は（p, q）となる。

① $y=(x-2)^2+3$ より，$y=x^2-4x+4+3=x^2-4x+7$

② $y=(x+1)^2-2(x+1)+1$　よって，$y=x^2+2x+1-2x-2+1$　$y=x^2$

③ $y=-(x+2)^2+5(x+2)+6+4=-x^2-4x-4+5x+10+10=-x^2+x+16$

2 ❸

解説 $y=x^2+4x+5=(x+2)^2+1$　よって，頂点は$(-2,\ 1)$

一方，$y=x^2-4x+7=(x-2)^2+3$　よって，頂点は$(2,\ 3)$　以上より，x 軸の正の方向に 4，y 軸の正の方向に 2，平行移動したことになる。

3 ❸

解説 $y=(x+2)(x-3)$ より，$y=x^2-x-6$　x 軸の負の方向に 3，y 軸の正の方向に 5 平行移動したので，次式が成立する。

$y=(x+3)^2-(x+3)-6+5=x^2+6x+9-x-3-6+5=x^2+5x+5$

（別解）$y=(x+2)(x-3)$ のグラフを，x 軸の負の方向に 3，y 軸の正の方向に 5 平行移動したので，次式が成立する。

$y=\{(x+3)+2\}\{(x+3)-3\}+5=(x+5)\times x+5=x^2+5x+5$

4 ❹

解説 まず，$y=x^2+6x+2$ のグラフと x 軸との交点を求める。グラフが x 軸と交わる点は $y=0$ であるので，

$$0=x^2+6x+2 \qquad x^2+6x+2=0$$

$$x=\frac{-6\pm\sqrt{6^2-4\times1\times2}}{2\times1}=\frac{-6\pm\sqrt{28}}{2}$$

$$=\frac{-6\pm2\sqrt{7}}{2}=-3\pm\sqrt{7}$$

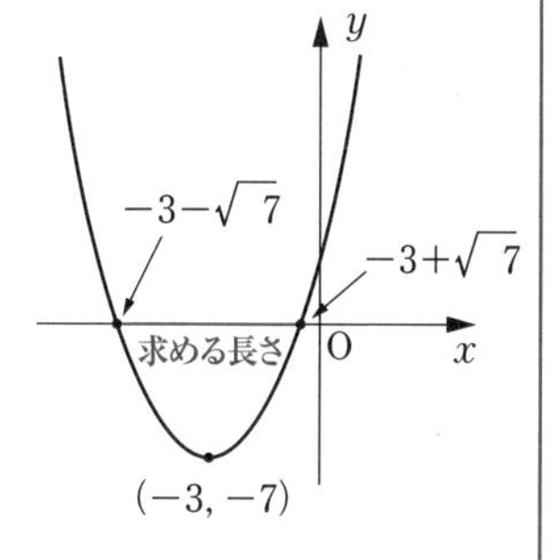

求めるものは，$-3+\sqrt{7}-(-3-\sqrt{7})=-3+\sqrt{7}+3+\sqrt{7}=2\sqrt{7}$

数学

TEST-3 ■関数とグラフ

1 次の各問いに答えなさい。

①点（1, 3）を通り，直線 $y=4x+7$ に平行な直線を求めなさい。

②点（2, －4）を通り，直線 $x-3y+6=0$ に垂直な直線を求めなさい。

③ **頻出問題** 点（3, －5）を頂点とし，点（5, －3）を通る2次関数を求めなさい。

④ **頻出問題** 3点（1, 8），（－1, 14），（3, 6）を通る2次関数を求めなさい。

コーチ ②2つの直線が垂直な場合，2つの直線の傾きを m, m' とすると $m\times m'=-1$ となる。③ $y=a(x-p)^2+q$ とおく。④ $y=ax^2+bx+c$ とおく。

2 **頻出問題** 2次関数 $y=2x^2-6x+10$ を x 軸に関して対称移動したところの放物線の方程式は次のうちどれか。

① $y=2x^2+6x+10$　② $y=2x^2+6x-10$
③ $y=-2x^2-6x+10$　④ $y=-2x^2+6x-10$
⑤ $y=-2x^2+6x+10$

3 **頻出問題** $y=3x^2-6x+5$ を点$(a,\ b)$に関して対称移動したら，$y=-3x^2-18x-29$ となった。a, b の値の組合せとして正しいものは次のうちどれか。

① $a=1,\ b=0$　② $a=-1,\ b=0$
③ $a=0,\ b=1$　④ $a=0,\ b=-1$
⑤ $a=-1,\ b=-1$

コーチ 〈対称移動に対し〉
x 軸について対称　$y\to -y$　y軸について対称　$x\to -x$　原点について対称　$x\to -x$, $y\to -y$　$y=x$ について対称　x と y を交換　$(a,\ b)$について対称　$x\to 2a-x$, $y\to 2b-y$

ANSWER-3 ■関数とグラフ

1 ① $y=4x-1$　② $y=-3x+2$　③ $y=\dfrac{1}{2}(x-3)^2-5$
④ $y=\dfrac{1}{2}x^2-3x+\dfrac{21}{2}$

解説 ① $y=4x+7$ に平行であるので，傾きは4となる。つまり，傾きが4で，点$(1,\ 3)$を通るので，$y-3=4(x-1)$，$y=4x-4+3=4x-1$

②$x-3y+6=0$ より，$y=\frac{1}{3}x+2$　求める直線の傾きを m とすると，
$\frac{1}{3}\times m=-1$　$m=-3$　つまり，傾きが-3で，点$(2,\ -4)$を通るので，$y+4=-3(x-2)$，$y=-3x+6-4=-3x+2$

③頂点が$(3,\ -5)$であることから，$p=3$，$q=-5$とわかる。よって，$y=a(x-3)^2-5$　点$(5,\ -3)$を通るので，$x=5$，$y=-3$を代入すると，
$-3=a(5-3)^2-5$，$4a=2$より，$a=\frac{1}{2}$　ゆえに，$y=\frac{1}{2}(x-3)^2-5$

④点$(1,\ 8)$を通るので，$8=a+b+c$ ……(1) 点$(-1,\ 14)$を通るので，$14=a-b+c$ ……(2) 点$(3,\ 6)$を通るので，$6=9a+3b+c$ ……(3) (1)−(2)より，$-6=2b$　ゆえに，$b=-3$　$b=-3$を(1)と(3)にそれぞれ代入すると，
$a+c=11$ ……(1)′　$9a+c=15$ ……(3)′　(1)′−(3)′より，$a=\frac{1}{2}$
$a=\frac{1}{2}$，$b=-3$を(2)に代入すると，$14=\frac{1}{2}+3+c$　ゆえに，$c=\frac{21}{2}$

2 ❹

解説　$y=2x^2-6x+10$ のグラフ上の任意の点を$(x,\ y)$とし，これをx軸に対称移動した点を$(X,\ Y)$とすると，$x=X$，$y=-Y$が成立する。
よって，$-Y=2X^2-6X+10$，$Y=-2X^2+6X-10$　X，Yをx，yとかきなおすと，$y=-2x^2+6x-10$

3 ❷

解説　点$(a,\ b)$に関して対称な2つの点を$(x,\ y)$，$(X,\ Y)$とすると，次式が成立する。

$\frac{x+X}{2}=a$ ……(1)　$\frac{y+Y}{2}=b$ ……(2)

(1)より，$x=2a-X$ …… (1)′　(2)より，$y=2b-Y$ ……(2)′
(1)′と(2)′を$y=3x^2-6x+5$に代入すると，

$2b-Y=3(2a-X)^2-6(2a-X)+5$　これを整理すると，

$Y=-3X^2+12aX-6X-12a^2+12a+2b-5$
$=-3X^2+(12a-6)X-12a^2+12a+2b-5$

$12a-6=-18$ より，$a=-1$ ……(3)
$-12a^2+12a+2b-5=-29$ ……(4)

(3)を(4)に代入すると，$-12-12+2b-5=-29$
$2b=-29+29$　$b=0$

以上より，$a=-1$，$b=0$

TEST-4 ■関数とグラフ

1 次の各問いに答えなさい。

①2点A（-4, 6），B（2, 4）を結ぶ線分の垂直二等分線の方程式を求めなさい。

②点（6, -3）から，直線 $x-2y+6=0$ に下した垂線の長さを求めなさい。

2 2直線 $3x+y-2=0$, $2x-y-3=0$ の交点を通り，次の条件をみたす直線の方程式を求めなさい。

①点(-2, 1)を通る。

②直線 $\frac{1}{2}x-y-5=0$ に垂直である。

3 次の各問いに答えなさい。

①直線 $y=2x-k$ と放物線 $y=x^2+4x+3k+4$ とが接するとき，k の値はいくらか。

②直線 $y=mx+2$ と放物線 $y=x^2+3x+3$ とが交わるための，m の値の範囲を求めなさい。

4 頻出問題 関数 $y=ax^2+bx+c$ のグラフが下図であるとき，$a+b+c$ の値は次のうちどれか。

①1
②3
③4
④-1
⑤-3

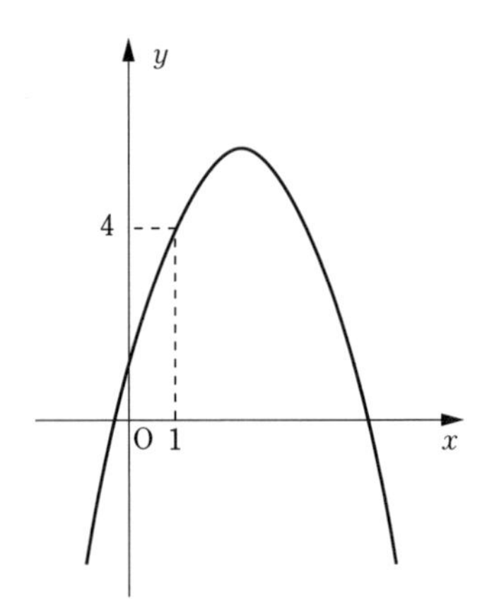

ANSWER-4 ■関数とグラフ

1 ① $y=3x+8$　② $\frac{18}{5}\sqrt{5}$

解説　①ABの中点は $\left(\frac{-4+2}{2}, \frac{6+4}{2}\right)$，よって，$(-1, 5)$ また，線分AB の傾きは $-\frac{1}{3}$ であることから，求める方程式の傾きは3。以上より，
$y-5=3(x+1)$，$y=3x+8$
②点 $P(x_0, y_0)$ から，直線 $ax+by+c=0$ に下した垂線の長さは，
$\frac{|ax_0+by_0+c|}{\sqrt{a^2+b^2}}$　したがって，
$\frac{|1\times6+(-2)\times(-3)+6|}{\sqrt{1^2+2^2}}=\frac{|6+6+6|}{\sqrt{5}}=\frac{|18|}{\sqrt{5}}=\frac{18}{5}\sqrt{5}$

2 ① $y=-\frac{2}{3}x-\frac{1}{3}$　② $y=-2x+1$

解説　①2直線 $ax+by+c=0$，$a'x+b'y+c'=0$ が交わるとき，交点を通る直線は $(ax+by+c)+k(a'x+b'y+c')=0$（$k$ は定数）
これを使うと，$3x+y-2+k(2x-y-3)=0$……(1)　$(3+2k)x+(1-k)y-2-3k=0$……(2)　点 $(-2, 1)$ を通るので，これを(2)に代入すると，
$(3+2k)\times(-2)+(1-k)\times1-2-3k=0$　これを整理すると，$k=-\frac{7}{8}$……(3)
(3)を(1)に代入すると，$3x+y-2-\frac{7}{8}(2x-y-3)=0$　これを整理すると，
$2x+3y+1=0$
② $-\frac{3+2k}{1-k}\times\frac{1}{2}=-1$　　$k=-\frac{1}{4}$……(4)　(4)を(1)に代入すると，$3x+y-2-\frac{1}{4}(2x-y-3)=0$　これを整理すると，$2x+y-1=0 \Rightarrow y=-2x+1$

3 ② $k=-\frac{3}{4}$　② $m>5$ または $m<1$

解説　① $2x-k=x^2+4x+3k+4$　これを整理すると，$x^2+2x+4k+4=0$　直線と放物線が接するときには，判別式 $D=0$ となるので，判別式 $D=2^2-4\times1\times(4k+4)=0$　よって，$4-16k-16=0$　$k=-\frac{3}{4}$
② $mx+2=x^2+3x+3$　これを整理すると，$x^2+(3-m)x+1=0$　直線と放物線が交わるときには，判別式 $D>0$ となるので，判別式 $D=(3-m)^2-4\times1\times1>0$　よって，$9-6m+m^2-4>0$，$m^2-6m+5>0$
$(m-1)(m-5)>0$　したがって，$m>5$，$m<1$

4 ❸

解説　$y=ax^2+bx+c$ に，$x=1$ を代入すると，$y=a+b+c$
また，与えられた図より，$x=1$ のとき，$y=4$ であるので，$a+b+c=4$

数学

TEST-5 ■関数とグラフ

1 次の2次関数の最大値または最小値を求めなさい。また，そのときのxも求めなさい。

① $y=x^2+x$　② $y=6+4x+2x^2$

③ $y=-x^2-6x-12$　④ $y=-3x^2-5x-4$

2 次の2次関数の（　）内の変域における最大値と最小値を求めなさい。また，そのときのxも求めなさい。

① $y=-x^2+x-1$ $(0 \leqq x \leqq 2)$

② $y=2x^2-3x-4$ $(2 \leqq x \leqq 4)$

3 頻出問題 2次関数 $y=x^2+ax+b$ は，$x=-6$ のとき最小値をとる。aの値として正しいものはどれか。

① -6　② -10　③ 6　④ 10　⑤ 12

4 頻出問題 2次関数 $y=3x^2-2ax+a$ が最小値 -6 をもつときのaの値として正しいものは，次のうちどれか。

① 5　② 2　③ 1　④ -3　⑤ -6

5 頻出問題 2次関数 $y=ax^2+2x+4$ が最大値8をもつときのaの値として正しいものは，次のうちどれか。

① $-\dfrac{1}{2}$　② $-\dfrac{1}{4}$　③ $-\dfrac{1}{5}$

④ $-\dfrac{1}{6}$　⑤ $-\dfrac{1}{8}$

6 頻出問題 $x^2+8y-16=0$ のとき，x^2-y^2 の最大値と最小値に関する記述として正しいものは次のうちどれか。なお，x，yは実数である。

①最小値は -8 で，最大値はない。

②最小値は12で，最大値はない。

③最大値は4で，最小値はない。

④最大値は16で，最小値はない。

⑤最大値は32で，最小値はない。

ANSWER-5 ■関数とグラフ

1 ① $x=-\frac{1}{2}$ のとき，最小値 $-\frac{1}{4}$ ② $x=-1$ のとき，最小値 4

③ $x=-3$ のとき，最大値 -3 ④ $x=-\frac{5}{6}$ のとき，最大値 $-1\frac{11}{12}$

解説 ① $y=\left(x+\frac{1}{2}\right)^2-\frac{1}{4}$ ② $y=2(x^2+2x)+6=2(x+1)^2+4$

③ $y=-(x^2+6x)-12=-(x+3)^2-3$

④ $y=-3\left(x^2+\frac{5}{3}x\right)-4=-3\left(x+\frac{5}{6}\right)^2-\frac{23}{12}$

2 ① $x=\frac{1}{2}$ のとき，最大値 $-\frac{4}{3}$ $x=2$ のとき，最小値 -3

② $x=4$ のとき最大値 16 $x=2$ のとき，最小値 -2

解説 ① $y=-\left(x-\frac{1}{2}\right)^2-\frac{3}{4}$ よって，$x=\frac{1}{2}$のとき，最大値 $-\frac{3}{4}$ $x=0$ のとき，$y=-0^2+0-1=-1$，$x=2$ のとき，$y=-2^2+2-1=-4+2-1=-3$ よって，$x=2$ のとき，最小値 -3

② $y=2\left(x^2-\frac{3}{2}x\right)-4=2\left(x-\frac{3}{4}\right)^2-4-\frac{9}{8}=2\left(x-\frac{3}{4}\right)^2-5\frac{1}{8}$ $x=\frac{3}{4}$のとき最小値をとるが，x の範囲は $2\leqq x\leqq 4$ であるゆえ，$x=\frac{3}{4}$は該当しない。よって，$x=2$ のとき，最小値 -2 をとる。また，$x=4$ のとき，最大値 16 をとる。

3 ❺

解説 $y=x^2+ax+b=\left(x+\frac{a}{2}\right)^2+b-\frac{a^2}{4}$ $x=-6$ のとき最小値をとるので，$-\frac{a}{2}=-6$ $a=12$

4 ❹

解説 $y=3x^2-2ax+a=3\left(x^2-\frac{2}{3}ax\right)+a=3\left(x-\frac{1}{3}a\right)^2+a-\frac{1}{3}a^2$ 最小値 -6 をもつので，$a-\frac{1}{3}a^2=-6$，$a^2-3a-18=0$ よって，$(a-6)(a+3)=0$ $\therefore a=6$，$a=-3$ 選択肢を見ると，「6」は記入されていないので，④の「-3」が正解となる。

5 ❷

解説 $y=ax^2+2x+4=a\left(x^2+\frac{2x}{a}\right)+4=a\left(x+\frac{1}{a}\right)^2+4-\frac{1}{a}$ 最大値 8 をもつので，$4-\frac{1}{a}=8$，$\frac{1}{a}=-4$ $a=-\frac{1}{4}$

6 ❺

解説 $x^2+8y-16=0$ より，$x^2=-8y+16$

$x^2-y^2=-8y+16-y^2=-y^2-8y+16=-(y^2+8y)+16=-(y+4)^2+32$

したがって，$y=-4$ のとき，最大値 32。最小値はない。

数学

9. 角＆平行四辺形

ここがポイント

■対頂角

2直線が交わってできる4つの角のうち，右図のような位置にある2つの角を対頂角という。

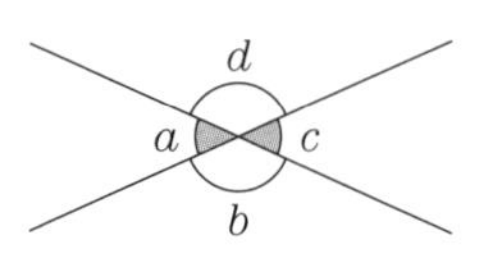

$\angle a = \angle c$，$\angle b = \angle d$

■同位角，錯角

右図のような位置にある2つの角を，同位角，錯角という。

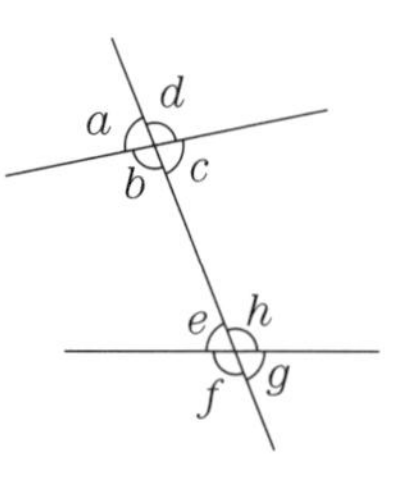

同位角……$\angle a$ と $\angle e$，$\angle b$ と $\angle f$
$\angle c$ と $\angle g$，$\angle d$ と $\angle h$

錯　角……$\angle b$ と $\angle h$，$\angle c$ と $\angle e$

右図のように，$\ell \parallel m$ のとき，

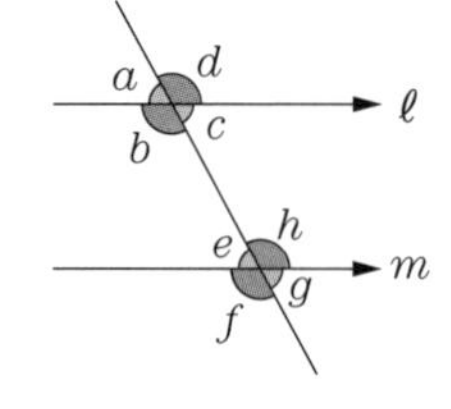

同位角は等しい（$\angle a = \angle e$ など）
錯角は等しい　（$\angle b = \angle h$ など）

□①

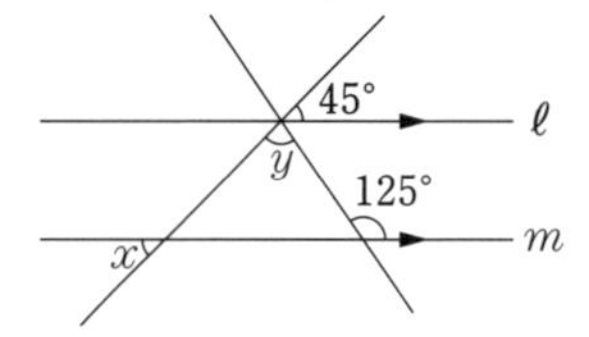

上図において，$\ell \parallel m$ のとき，

$\angle x =$（　　），$\angle y =$（　　）　　45°，80°

■三角形の角

内角と外角

△ABCにおいて，∠A，∠B，∠Cを△ABCの内角という。

また，∠ACDを∠ACBの外角という。

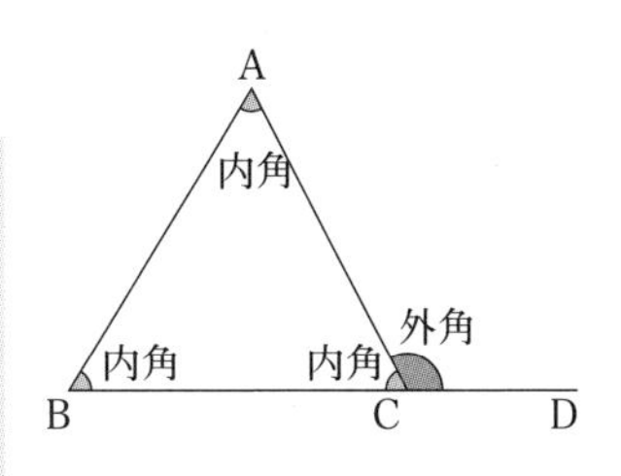

- 三角形の内角の和は180°
  ∠A＋∠B＋∠C＝180°
- 三角形の1つの外角は，その隣にない2つの内角の和に等しい。
  ∠A＋∠B＝∠ACD

□①

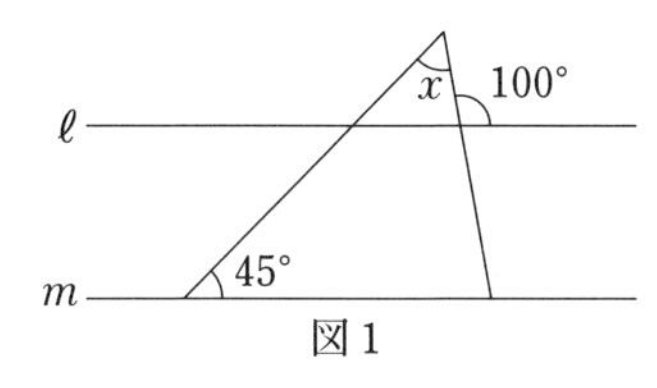

図1

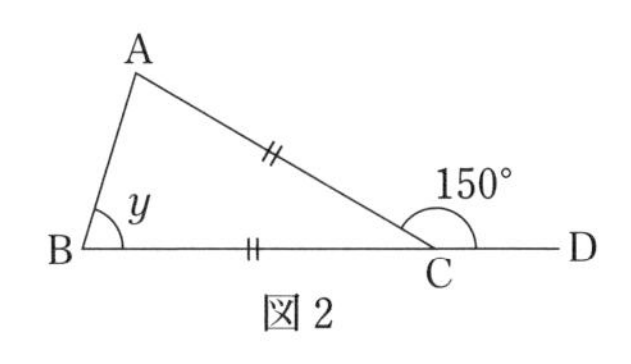

図2

図1において，ℓ // mのとき，∠x＝(　　)　　55°

図2において，AC＝BCのとき，∠y＝(　　)　　75°

■多角形の角

- n角形の内角の和は，180°×(n－2)
- n角形の外角の和は，360°である。

□①五角形の内角の和は，(　　)　　540°

■平行四辺形の性質

- 向かいあう辺が等しい
  AB＝DC，AD＝BC
- 向かいあう角が等しい
  ∠A＝∠C，∠B＝∠D
  ∠BAC＝∠DCA

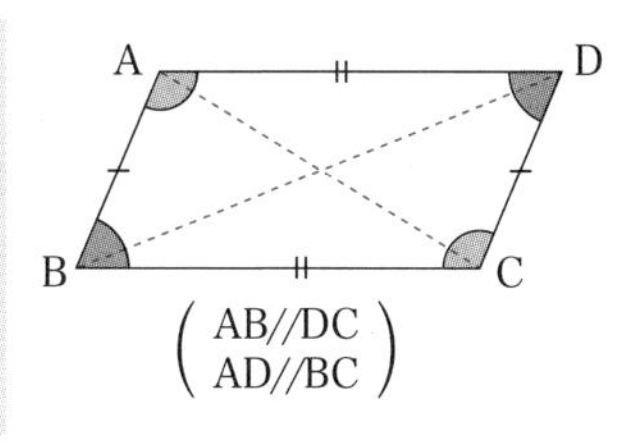

□①

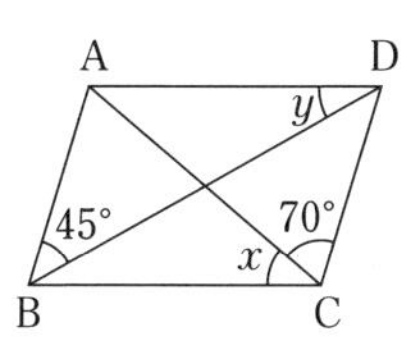

▱ABCDにおいて，
∠x＋∠y＝(　　)　　65°

TEST ■角＆平行四辺形

1 頻出問題 右図の色のついた部分の角度の総和として正しいものは，次のうちどれか。

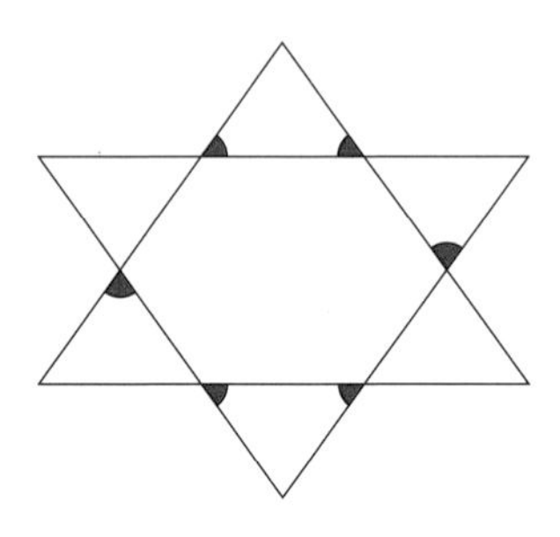

① 270°
② 360°
③ 450°
④ 540°
⑤ 630°

2 右図で，BD，CDはそれぞれ∠ABC，∠ACEの二等分線である。∠Dの大きさは次のうちどれか。

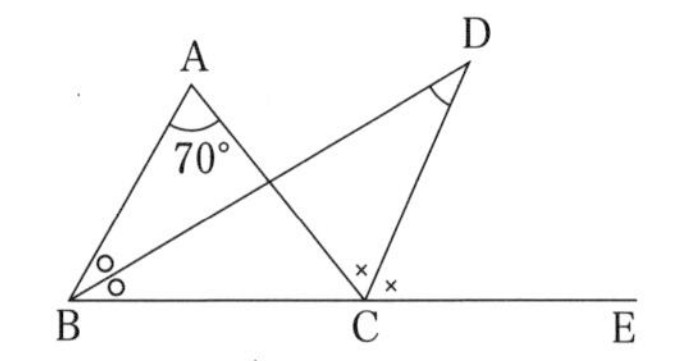

① 25°
② 30°
③ 35°
④ 40°
⑤ 45°

3 頻出問題 右図の平行四辺形ＡＢＣＤの面積の値として，正しいものはどれか。

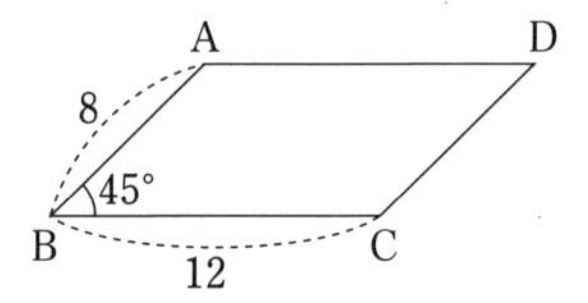

① $36\sqrt{2}$　② 42　③ $42\sqrt{2}$
④ 48　⑤ $48\sqrt{2}$

 三平方の定理を使う。

4 頻出問題 右図のように，ＡＤ//ＢＣで，ＡＤ＝6，ＢＣ＝10の台形の内部にＰをとり，△ＡＰＤと△ＢＰＣの面積を等しくするとき，△ＡＰＢ＋△ＣＰＤと，もとの台形ＡＢＣＤの面積の比は次のうちどれか。

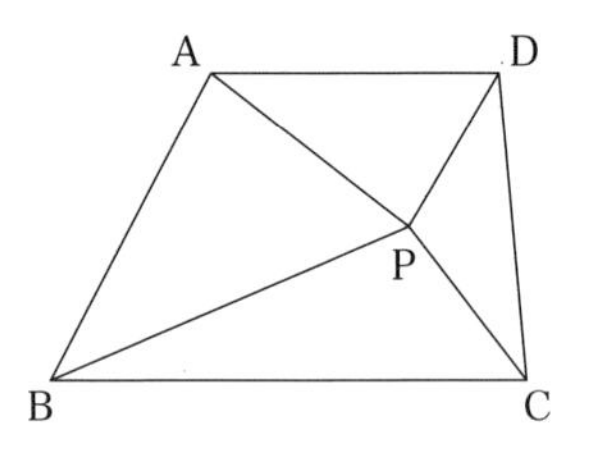

①1：2　②7：15　③8：15
④17：32　⑤19：40

ANSWER ■角＆平行四辺形

1 ②

解説 色のついた部分の角度はいずれも，六角形ABCDEFの外角である。よって，色のついた部分の角度の総和は360°となる。なぜなら，〈多角形の角〉で説明したように，n 角形の外角の和は360°である。

2 ③

解説 右図において，∠AFB＝∠DFCであることから，

∠FAB＋∠ABF＝∠FDC＋∠DCF

∠FAB＝70°であるので，

　70°＋∠ABF＝∠FDC＋∠DCF …… (1)

また，∠CAB＋∠ABC＝∠ACEであるので，

　70°＋2∠ABF＝2∠DCF …… (2)

(2)より，∠ABF＝∠DCF－35°…… (2)′

(2)′を(1)に代入すると，

　70°＋∠DCF－35°＝∠FDC＋∠DCF　　∠FDC＝35°

3 ⑤

解説 右図において，AB：AE＝$\sqrt{2}$：1

AB＝8より，8：AE＝$\sqrt{2}$：1

AE＝$\dfrac{8}{\sqrt{2}}=4\sqrt{2}$

BC＝12より，▱ABCD＝12×4$\sqrt{2}$＝48$\sqrt{2}$

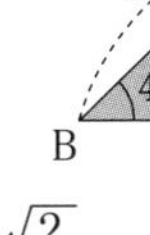

4 ④

解説 右図のように，△APDの高さを x，△BPCの高さを y とすると，

$\dfrac{1}{2}\times6\times x=\dfrac{1}{2}\times10\times y$　$3x=5y$　$x:y=5:3$

　したがって，台形ABCDの高さを h とすると，△APDの高さは $\dfrac{5}{8}h$，△BPCの高さは $\dfrac{3}{8}h$

また，△APB＋△CPD＝台形ABCD－2△APD

$=8h-2\times\dfrac{1}{2}\times6\times\dfrac{5}{8}h=\dfrac{17}{4}h$

ゆえに，$\dfrac{17}{4}h:8h=17:32$

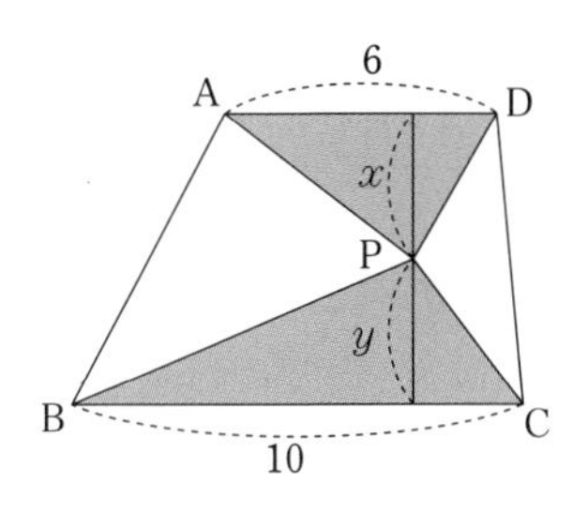

10. 円の性質

ここがポイント KEY

■円の中心と弦・接線

円の中心と弦……円の中心から弦にひいた垂線は，弦の中点を通る。

右図において，$OM \perp AB \rightleftarrows AM = BM$

半径と接線……円の接線は，接点で半径と垂直に交わる。

右図において，$\angle OPT = 90°$

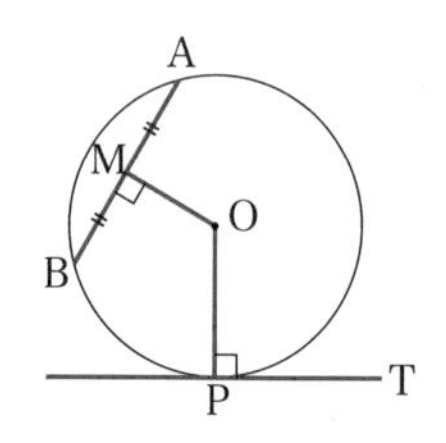

■円と三角形

外接円と外心

三角形の3つの頂点を通る円を外接円といい，その中心を外心という。

外心は3つの辺の垂直二等分線の交点であり，3つの頂点から等距離にある。

内接円と内心

三角形の3つの辺に接する円を内接円といい，その中心を内心という。

内心は3つの内角の二等分線の交点であり，各辺におろした垂線の長さは等しい。

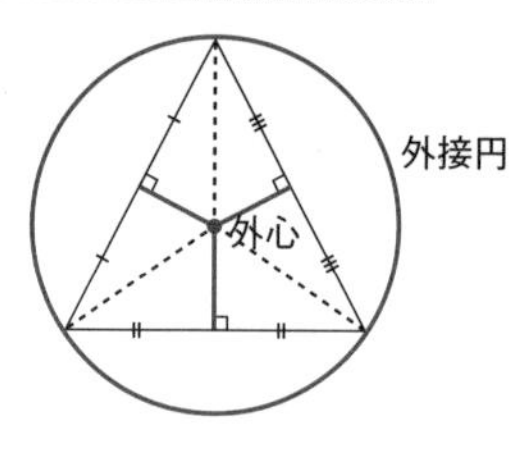

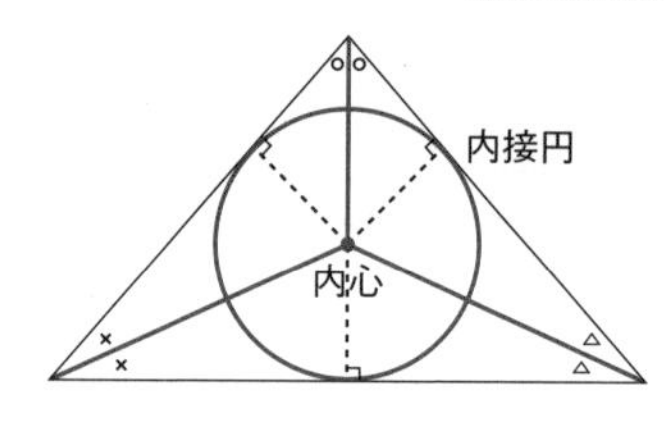

■ 2つの円の位置関係

2つの円をそれぞれ r，r' $(r > r')$，中心間の距離を d とすると，次の5つの場合がある。 ① $d > r + r'$ 離れている　② $d = r + r'$ 外接する

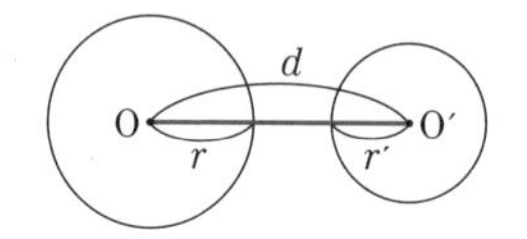

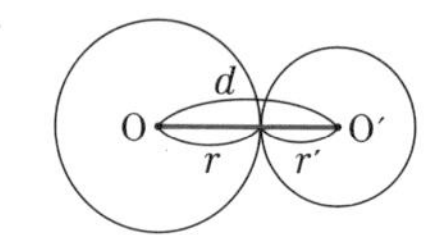

③ $r-r'<d<r+r'$ 交わる　④ $d=r-r'$ 内接する　⑤ $d<r-r'$ 含まれる

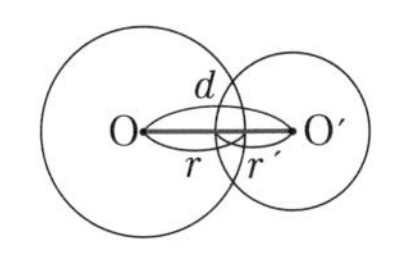

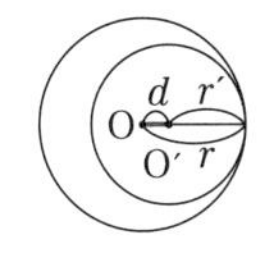

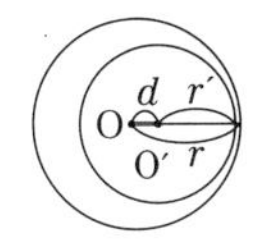

■２つの円の共通接線

１つの直線が２つの円に接しているとき，この直線をこれらの円の共通接線という。共通接線には，共通外接線と共通内接線がある。

〈共通外接線〉　〈共通内接線〉

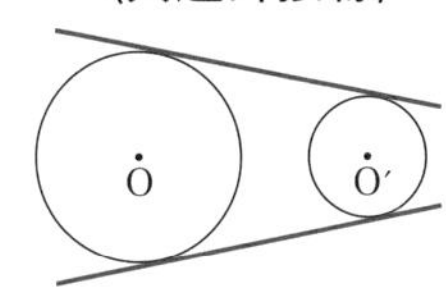

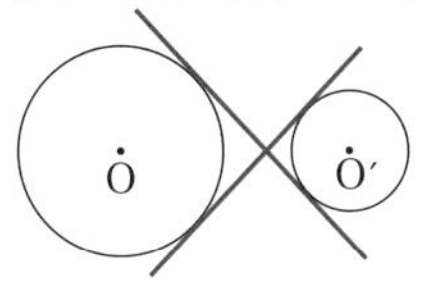

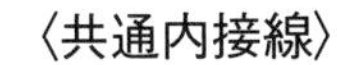

■円周角の定理

(1) 円周角の大きさは，その弧に対する中心角の大きさの $\frac{1}{2}$ である。
(2) 同じ弧に対する円周角の大きさは等しい。

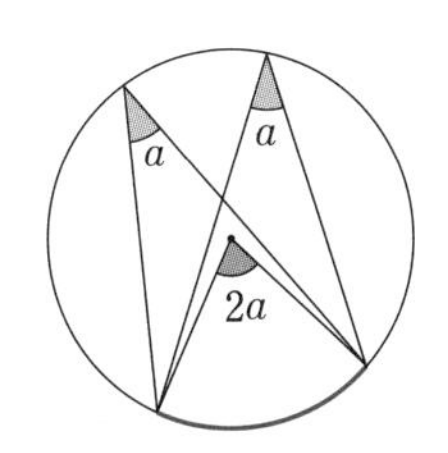

■円周角と弧

(1) 等しい弧に対する円周角の大きさは等しい。
(2) 等しい円周角に対する弧は等しい。

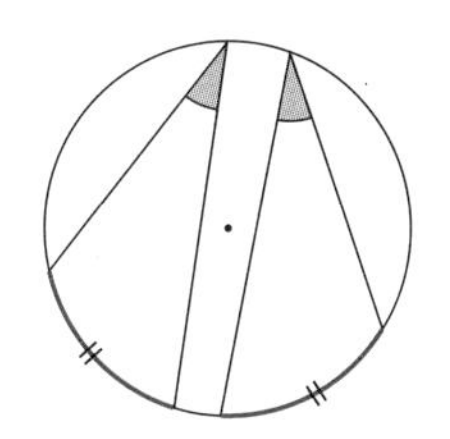

□①

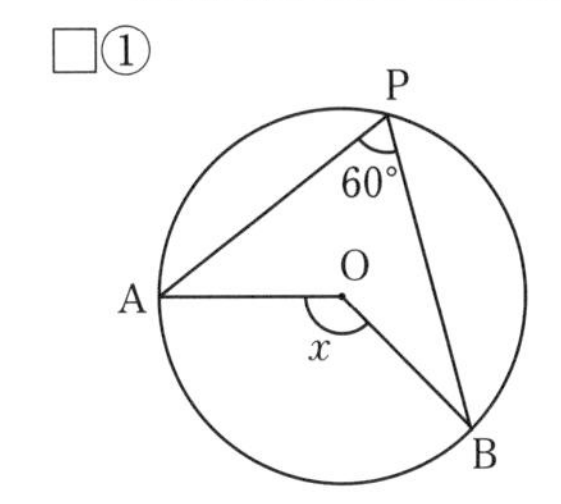

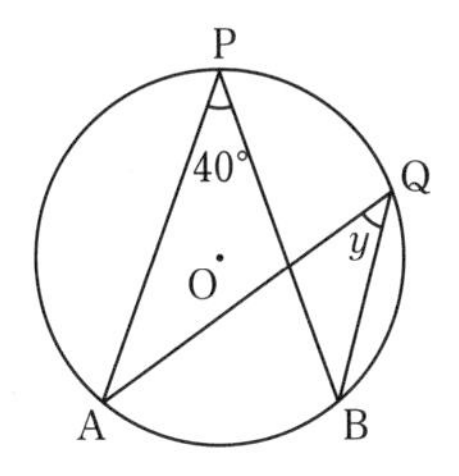

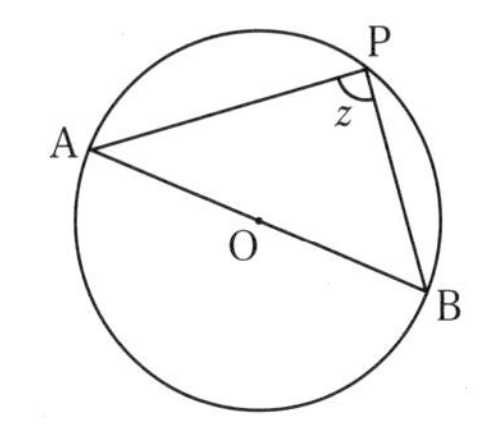

上図において，$\angle x=($　　$)$，$\angle y=($　　$)$，　120°，40°
$\angle z=($　　$)$　90°

■円に内接する四角形の性質

(1) 円に内接する四角形の向かいあう角の和は180°である。

右図において，$\angle A+\angle BCD=180°$

$\angle B+\angle D=180°$

(2) 円に内接する四角形の１つの内角は，対角の外角に等しい。

右図において，$\angle A=\angle DCE$

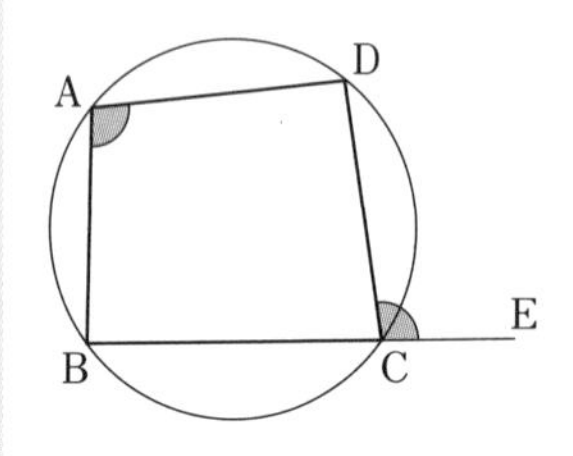

□①

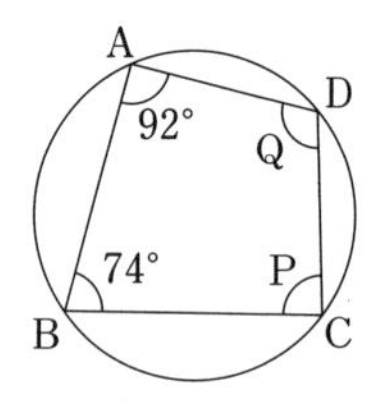

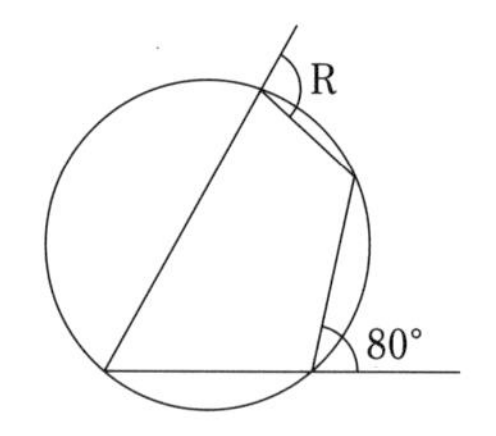

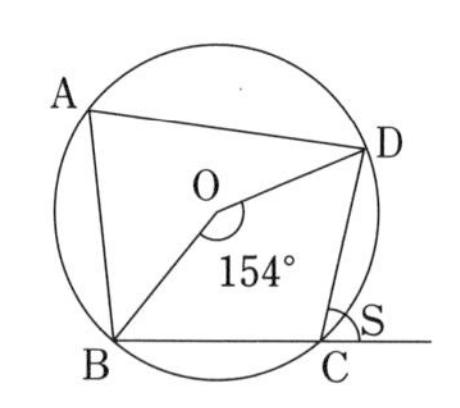

上図において，∠P＝(　　)　∠Q＝(　　)　　88°，106°

∠R＝(　　)　∠S＝(　　)　　100°，77°

■２つの接線の長さ

右図のように，円Oの点外から，円Oに２つの接線が引ける。その接点をA，Bとするとき，線分PAとPBの長さは等しい。

PA＝PB

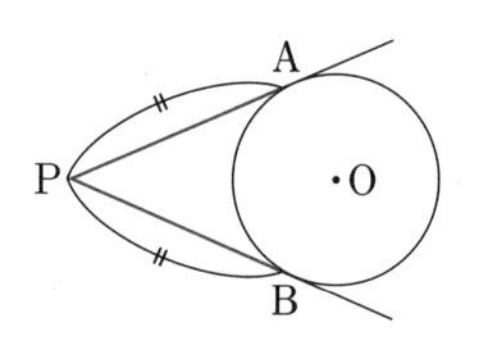

□①右図のように，△ABCの内心をI，内接円と各辺との接点をP，Q，Rとする。

AR＝4cm，BC＝10cmのとき，△ABCの周囲の長さは(　　)cmである。　28

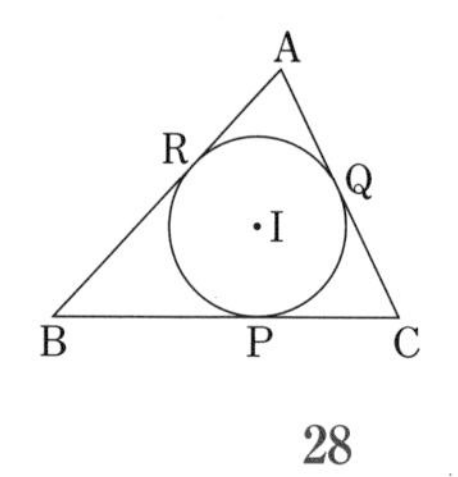

コーチ　AR＝AQ　BR＝BP　CP＝CQ

AB＋BC＋CA＝(AR＋BR)＋(BP＋PC)＋(CQ＋QA)＝(AR＋BR)＋10＋(CQ＋QA)

＝(AR＋QA)＋10＋(BR＋CQ)＝(4＋4)＋10＋10

■円に外接する四角形の性質

右図のように，四角形で，4辺に接する円がかけるとき，この四角形は円に外接するという。

また，円に外接する四角形では，2組の対辺の長さの和は等しい。

AB+CD=AD+BC

□①右図の四角形ABCDで，4辺が円OにE，F，G，Hで接している。

このとき，四角形のABCDの周の長さは，2辺ABとCDの長さの和の(　　)倍になる。

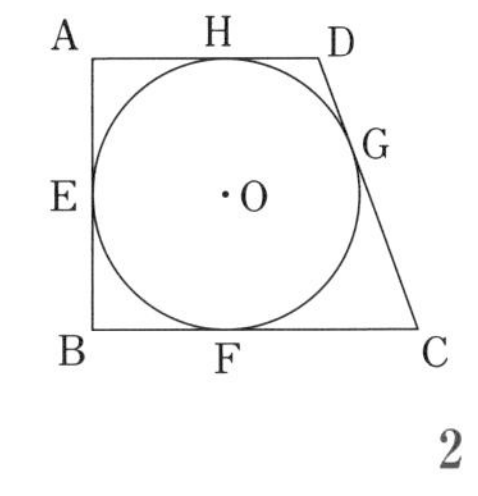

2

■接弦定理

円周上の1点から引いた接線と弦のつくる角は，その角内にある弧に対する円周角に等しい。

∠BAT=∠ACB

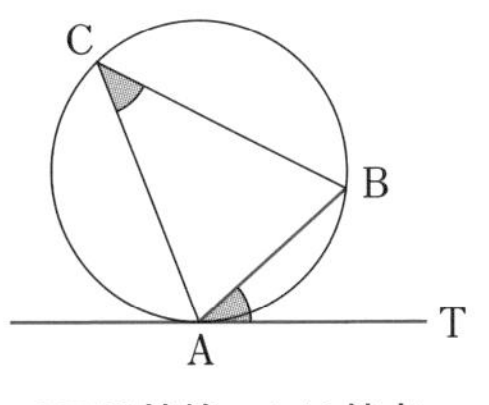

ATは接線，Aは接点

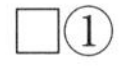
□①

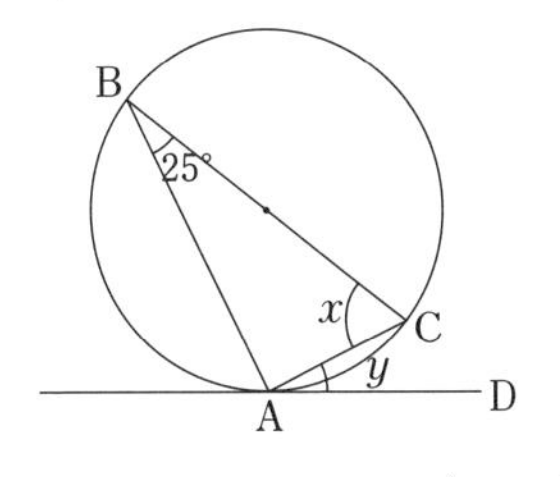

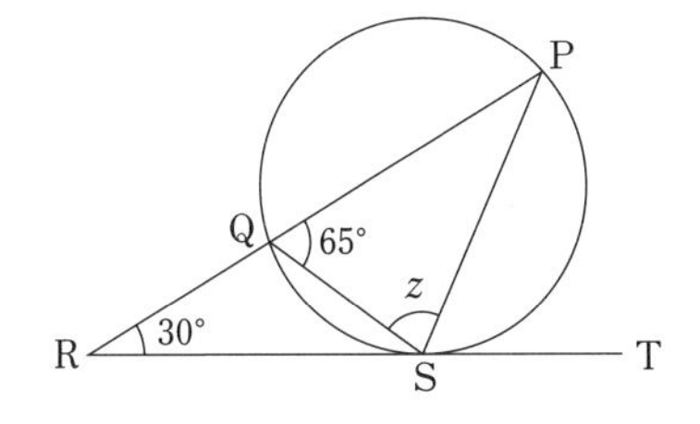

上図において，$\angle x$ =(　　)，$\angle y$ =(　　)　　65°，25°

$\angle z$ =(　　)　　80°

コーチ　$\angle x$を求める場合，∠Aをまず求める。
半円の弧に対する円周角は90°である。
$\angle z$を求める場合，∠QRS＋∠RQS＝∠QSTを使う。
∠PSTは接弦定理より求める。

TEST-1 ■円の性質

1 頻出問題 右図において，点Oは△ABCの外心である。このとき，$\angle x + \angle y + \angle z$の値は次のうちどれか。

① 60°　② 90°　③ 120°
④ 150°　⑤ 180°

ヒント！ 点Oは△ABCの外心であるので，∠OAB=∠OBA，∠OBC=∠OCB，∠OCA=∠OAC

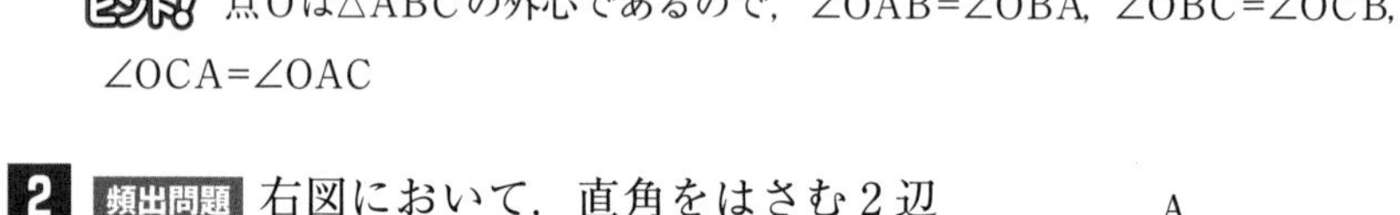

2 頻出問題 右図において，直角をはさむ2辺の和が21cmの直角三角形ABCに半径3cmの円Oが内接している。このとき，△ABCの面積は次のうちどれか。

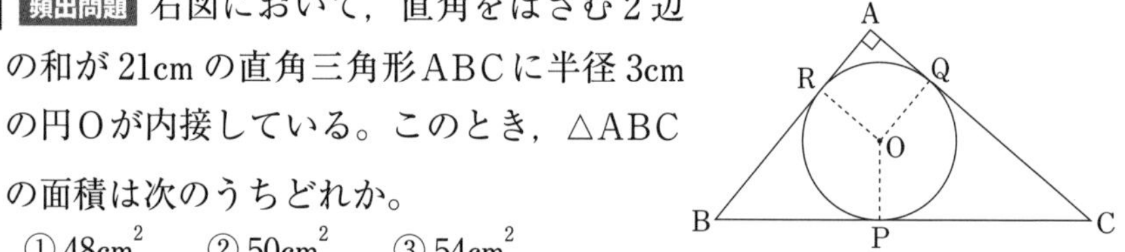

① 48cm^2　② 50cm^2　③ 54cm^2
④ 58cm^2　⑤ 60cm^2

ヒント！ △ABC=△OAB+△OBC+△OCA

3 右図において，△ABCの辺ABは円Oの直径である。∠ACB = 50°のとき，∠DFEの大きさは次のうちどれか。

① 30°　② 35°　③ 40°
④ 45°　⑤ 50°

4 右図において，四角形ABCDは円に内接し，直線EFは点Aで円に接している。∠DAE = 53°，∠ADB = 35°であるとき，∠BCDは何度か。

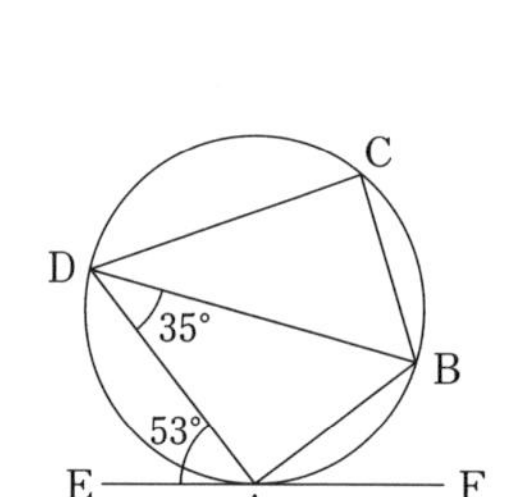

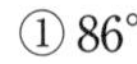

① 86°　② 88°　③ 90°
④ 92°　⑤ 94°

ANSWER-1 ■円の性質

1 ❷

解説 $\angle OAB = \angle OBA = \angle x$, $\angle OBC = \angle OCB = \angle y$, $\angle OCA = \angle OAC = \angle z$ ゆえに，$\angle A + \angle B + \angle C = 2(\angle x + \angle y + \angle z) = 180°$

$\angle x + \angle y + \angle z = 90°$

2 ❸

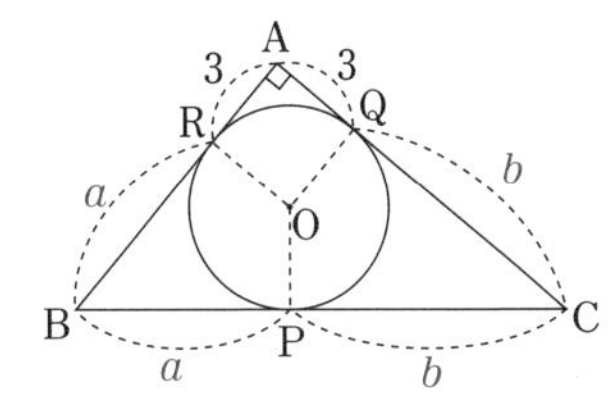

解説 円外の１点から，その円に引いた２つの接線の長さは等しいことから，AR＝AQ, BR＝BP，CP＝CQとなる。

また，OR＝OQ＝3であり，$\angle A = 90°$であることから，AR＝AQ＝3　さらに題意より，BR＋AR＋CQ＋AQ＝21

ここで，図に示したようにBR＝a，CQ＝bとすると，$a + 3 + b + 3 = 21$　$a + b = 15$　BR＝BP，CQ＝CPより，BC＝BP＋CP＝$a + b = 15$

$\triangle ABC = \triangle OAB + \triangle OBC + \triangle OCA = \frac{1}{2} \times AB \times OR + \frac{1}{2} \times BC \times OP + \frac{1}{2} \times CA \times OQ = \frac{1}{2} \times 3 \times (AB + BC + CA) = \frac{1}{2} \times 3 \times (21 + 15) = 54$

3 ❸

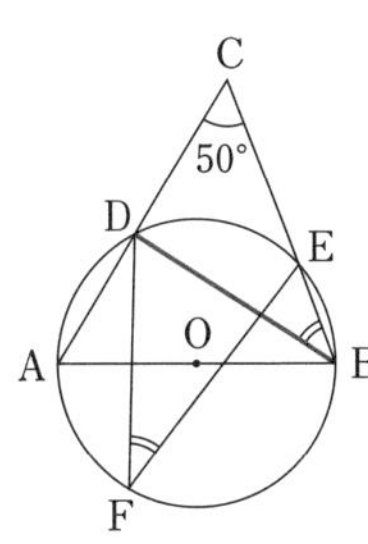

解説 右図のように，BDを引いてみると，$\overset{\frown}{DE}$に対する円周角は等しいことから，$\angle DFE = \angle DBE$

また，ABは円Oの直径であるので，$\angle ADB = 90°$

よって，△BCDについて，$\angle DBE = 40°$

$\angle DFE = \angle DBE$より，$\angle DFE = 40°$

4 ❷

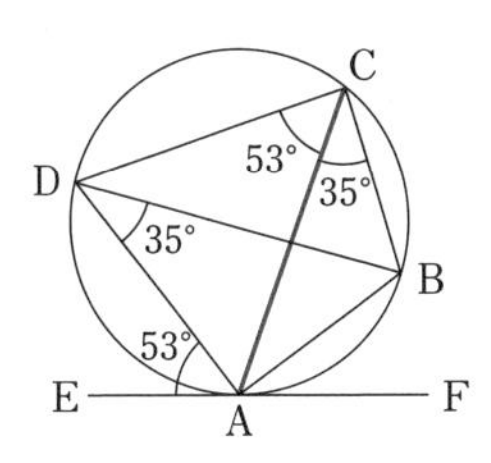

解説 右図のように，ACを引いてみる。接弦定理より，$\angle BAF = \angle ADB = 35°$　また，$\angle ADB = \angle ACB$より，$\angle ACB = 35°$

一方，接弦定理より，$\angle DAE = \angle DCA = 53°$

$\angle BCD = \angle BCA + \angle ACD = 35° + 53° = 88°$

TEST-2 ■円の性質

1 右図で，A, B, C, Dは円周上で，ACとBDの交点をP，ABとDCの交点をQとする。$\angle APD = 80^\circ$，$\angle AQD = 40^\circ$のとき，$\angle BAC$は何度か。

① 10° ② 15° ③ 20°
④ 25° ⑤ 30°

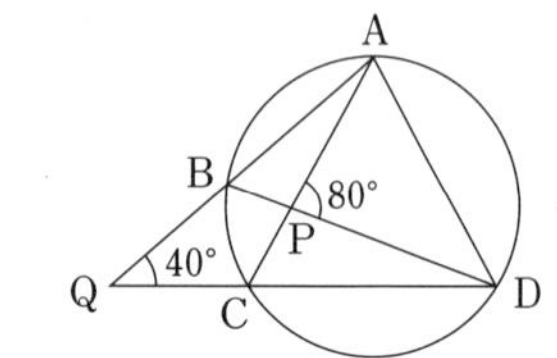

2 頻出問題 右図のPA，PBは円Oの接線である。$\angle P = 50^\circ$のとき，$\angle x$は何度か。

① 50° ② 55° ③ 60°
④ 65° ⑤ 70°

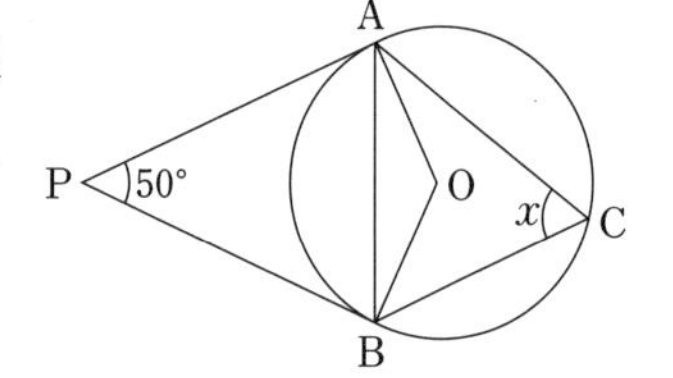

3 右図の四角形ABCDは円に内接している。このとき，$\angle BCD$は何度か。

① 100° ② 105° ③ 110°
④ 115° ⑤ 120°

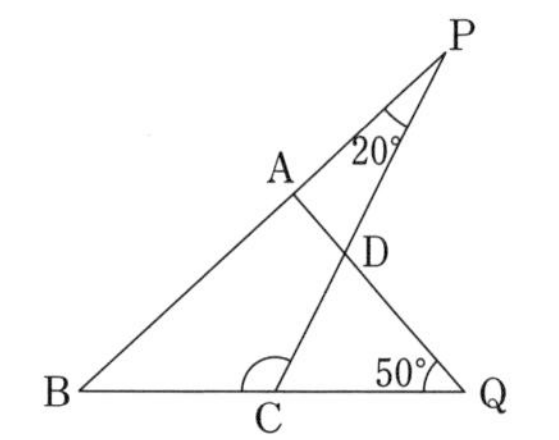

4 右図で，四角形ABCDは円に内接し，AB＝DCである。また，EはACとDBとの交点で，Fは点Cと点Dにおけるこの円の2つの接線の交点である。$\angle DFC = 78^\circ$のとき，$\angle AEB$は何度か。

① 102° ② 104° ③ 106°
④ 108° ⑤ 110°

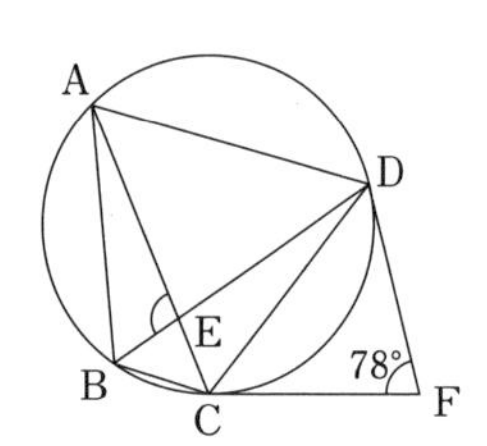

ANSWER-2 ■円の性質

1 ③

解説 円周角の定理より，$\angle BAC=\angle BDC$ よって，図に示したように，∠

BAC=∠BDC=x°とおく。

∠ABP=∠BQC+∠CDP

$= 40 + x$

∠APD=∠BAP+∠ABP

$80° = x + 40 + x$

$2x = 40 \quad x = 20$

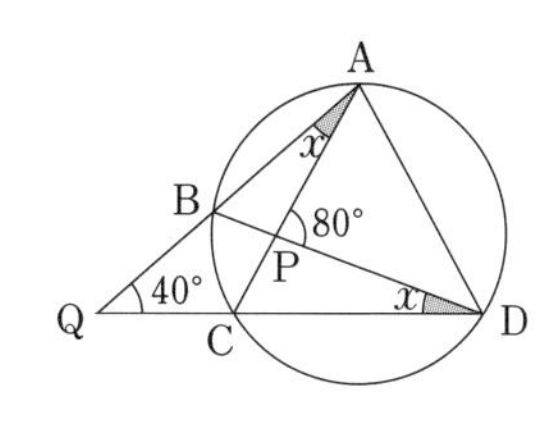

2 ❹

解説 円周角の定理より，$\frac{1}{2}$∠BOA=∠BCA=∠x　また，PAとPBは接線であり，AとBは接点である。ゆえに，∠OAP=∠OBP = 90°

ここで，四角形APBOに注目する。

四角形の内角の和は，(4－2)×180°＝360°

よって，∠OAP+∠APB+∠PBO+∠BOA=360°

90°＋50°＋90°＋∠BOA= 360°

ゆえに，∠BOA= 130°

したがって，∠BCA=∠x = 130°÷2 = 65°

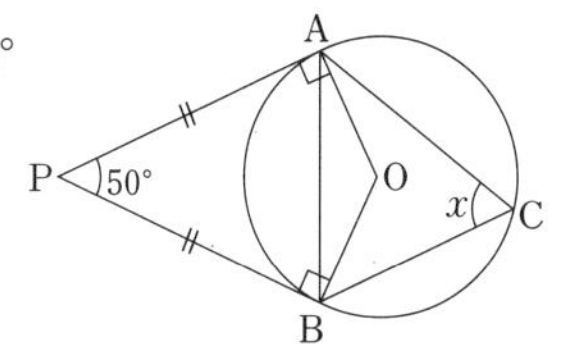

3 ❷

解説 四角形ＡＢＣＤは円に内接していることから，∠ＢＣＤ＋∠ＢＡＤ＝180° よって，∠BAD = 180°－∠BCD　△ABQに着目すると，∠BAD+∠ABC+∠CQA = 180°　180°－∠BCD+∠ABC + 50°= 180°……(1)

△BPCに着目すると，∠ABC+∠BCD+∠DPA = 180°

∠ABC+∠BCD + 20°= 180°……(2)

(1)より，∠ABC=∠BCD － 50°……(1)′

(1)′を(2)に代入すると，∠BCD － 50°＋∠BCD + 20°= 180°

2∠BCD = 210°　∠BCD = 105°

4 ❶

解説 △CFDに着目する。FD，FCとも接線であることから，FD＝FC　よって，△CFDは二等辺三角形。∠FDC = (180°－ 78°)÷2 = 51°　∠FCD = 51°　接弦定理より，∠FCD=∠CAD = 51°　また，AB＝DCであることから，∠CAD=∠ADB　∠ADB = 51°

∠AEB=∠CAD+∠ADB = 51°＋51°= 102°

11. 三平方の定理

ここがポイント　KEY

■三平方の定理（ピタゴラスの定理）

直角三角形の直角をはさむ2辺の長さを a, b としたとき，次式が成立する。

$a^2+b^2=c^2$

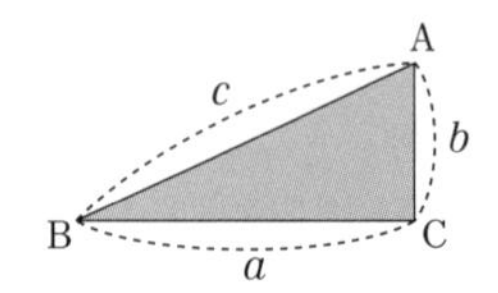

■三平方の定理の逆

三角形の3辺の長さ a, b, c について，$a^2+b^2=c^2$ という関係が成立すれば，この三角形は∠C = 90°であり，直角三角形であるとわかる。

■特別な直角三角形の3辺の比

直角二等辺三角形

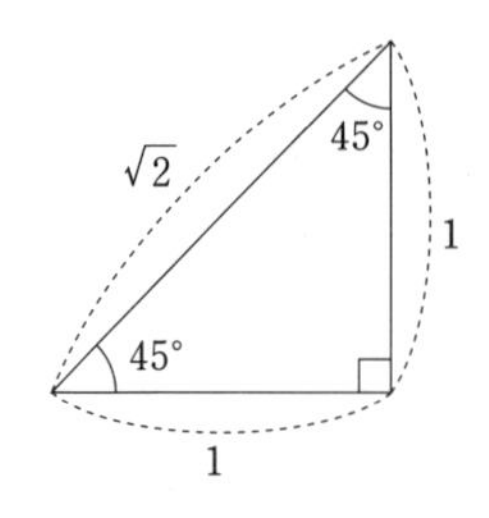

3辺の比は $1:1:\sqrt{2}$　　3辺の比は $1:\sqrt{3}:2$

□①次の△ABCは正三角形である。

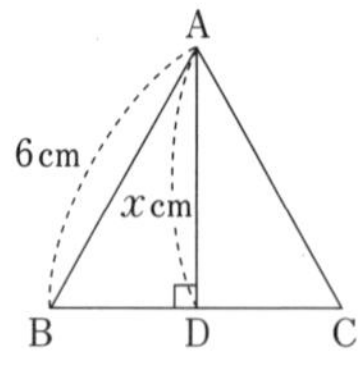

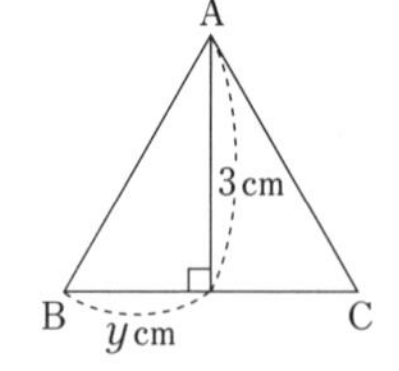

x =（　　）cm，y =（　　）cm　　　$3\sqrt{3}$，$\sqrt{3}$

コーチ　$6:x=2:\sqrt{3}$ → $2x=6\sqrt{3}$　　$3:y=\sqrt{3}:1$ → $\sqrt{3}y=3$

■座標平面上の２点間の距離

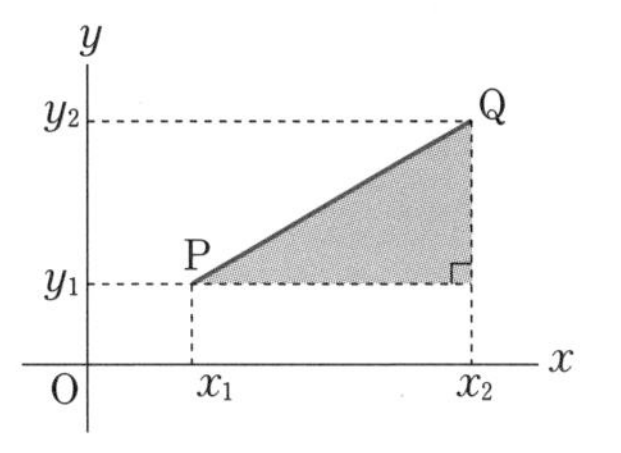

座標平面上の２点P$(x,\ y)$，Q$(x^2,\ y^2)$間の距離を d とすると，

$$d=\sqrt{(x_2-x_1)^2+(y_2-y_1)^2}$$

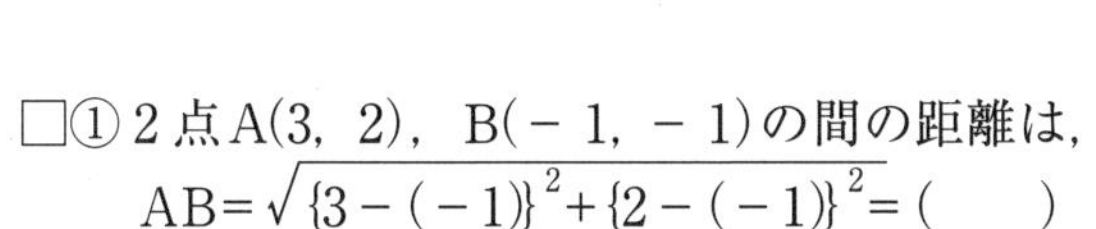

□① ２点A(3，2)，B(－1，－1)の間の距離は，

$AB=\sqrt{\{3-(-1)\}^2+\{2-(-1)\}^2}=($　　$)$　　5

■円の接線の長さ

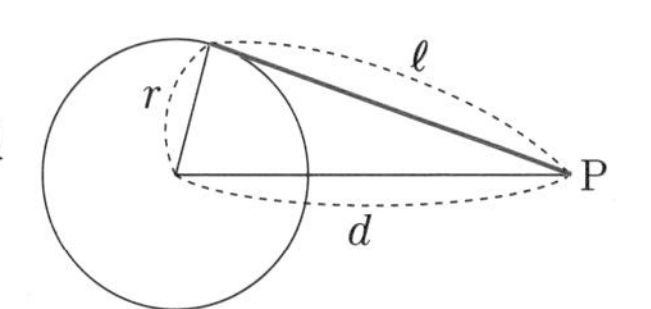

円外の１点Pから半径 r の円に引いた接線の長さ ℓ は，$\ell=\sqrt{d^2-r^2}$

■直方体の対角線の長さ

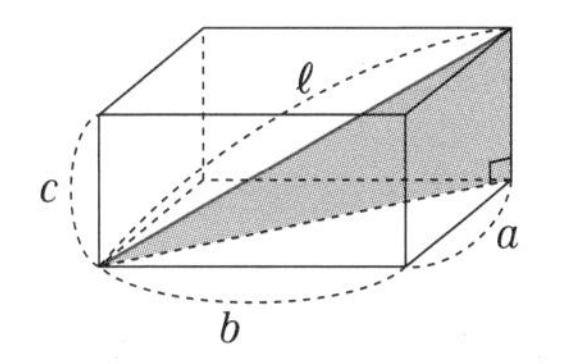

３辺の長さが a，b，c の直方体の対角線の長さを ℓ とすると，次式が成立する。

$$\ell=\sqrt{a^2+b^2+c^2}$$

□① １辺の長さが3cmの立方体の対角線の長さ ℓ は，(　　)cmである。　$3\sqrt{3}$（$\ell=\sqrt{3^2+3^2+3^2}$）

■円すいの高さ

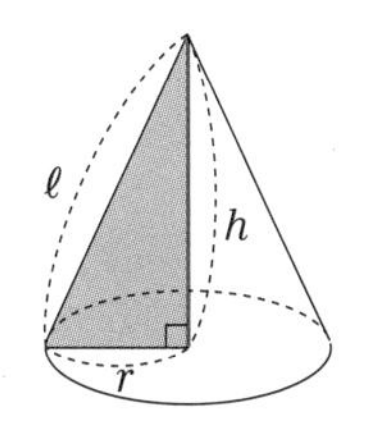

底面の円の半径が r，母線の長さが棲の円すいの高さを h とすると

$$h=\sqrt{\ell^2-\mathrm{r}^2}$$

□①底面の円の半径が5cm，母線の長さが13cmの円すいの体積を V とすると，

$V=($　　$)\mathrm{cm}^3$　　100π

コーチ　円すいの高さを h とすると，$h=\sqrt{13^2-5^2}$

$V=\frac{1}{3}\times\pi r^2\times h$

TEST-1 ■三平方の定理

1 右図の四角形ＡＢＣＤは，AD//BC，AD＝7cm，AB＝DC＝5cm，BC＝13cmの等脚台形である。このとき，高さAEはいくらか。

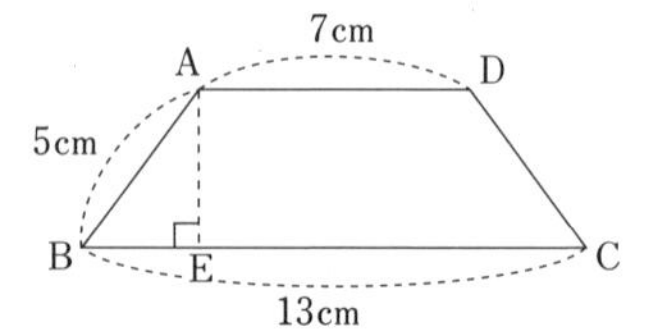

① $2\sqrt{2}$cm　② $2\sqrt{3}$cm　③ 3cm
④ $3\sqrt{2}$cm　⑤ 4cm

2 次のような座標で示されている２点A，B間の距離を求めなさい。

①
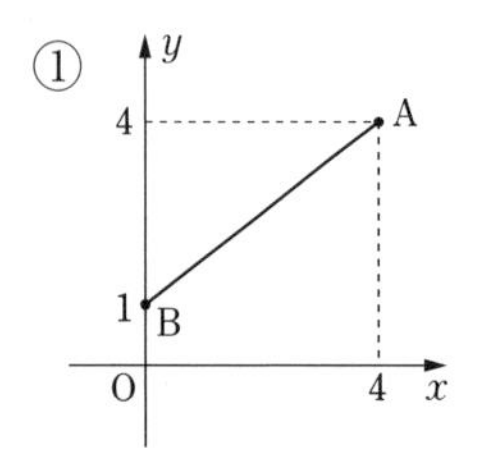

②
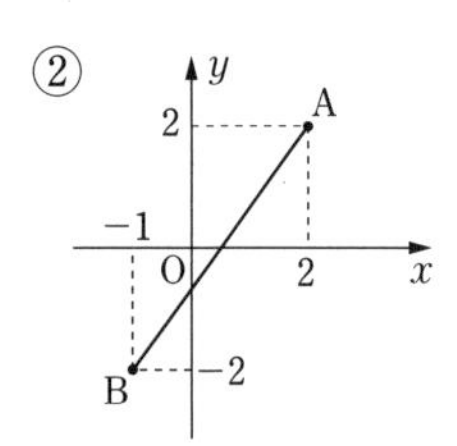

③
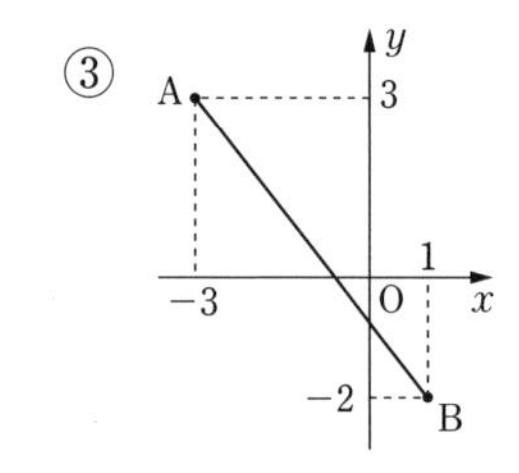

3 右図は，∠Bを直角とする直角三角形ABC，AB＝18cm，BC＝8cm，ACの中点をD，ABを３等分した点をAのほうから順に，E，Fとしたものである。このとき，DEの長さは次のうちどれか。

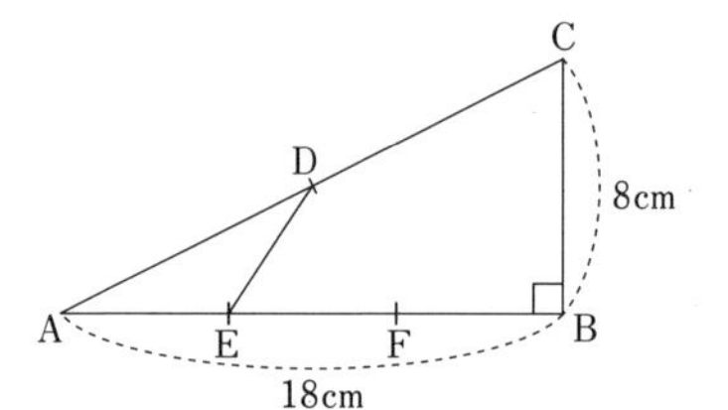

① 3.5cm　② 4cm　③ 4.5cm
④ 5cm　⑤ 5.5cm

4 頻出問題 右図で，２つの円の半径が6cm，2cmで，中心間の距離が10cmであるとき，この２つの円の共通接線AA′の長さは次のうちどれか。

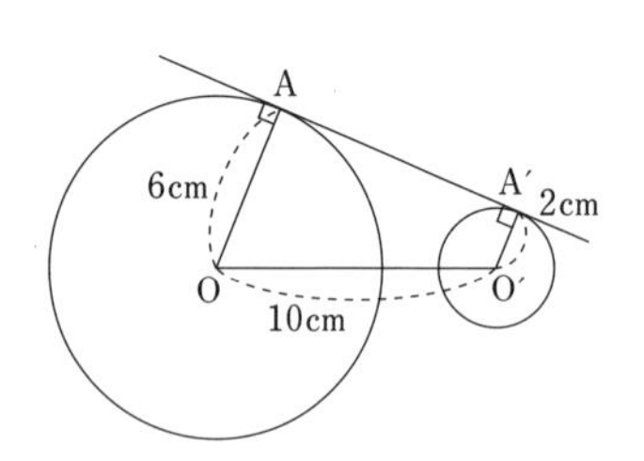

① $7\sqrt{2}$ cm　② 8 cm　③ 9 cm
④ $2\sqrt{21}$ cm　⑤ $3\sqrt{15}$ cm

ヒント! AA′に平行な線を引いてみる。

ANSWER-1 ■三平方の定理

1 ⑤

解説　右図のように，点Fをおく。AB＝DC であることから，BE＝FC

よって，BE＝$(13-7)\div 2=3$

三平方の定理より　$BE^2+AE^2=AB^2$

$3^2+AE^2=5^2$　$AE=\sqrt{25-9}=4$

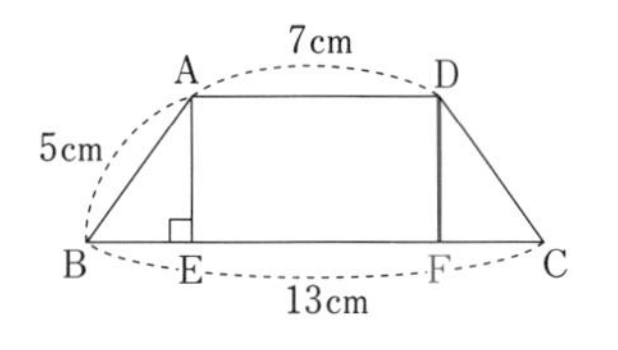

2 ① 5　② 5　③ $\sqrt{41}$

解説 ①$AB=\sqrt{(4-0)^2+(4-1)^2}=\sqrt{16+9}=\sqrt{25}=5$

②$AB=\sqrt{\{2-(-1)\}^2+\{2-(-2)\}^2}=\sqrt{9+16}=\sqrt{25}=5$

③$AB=\sqrt{\{(-3)-1\}^2+\{3-(-2)\}^2}=\sqrt{16+25}=\sqrt{41}$

3 ④

解説　右図に示したFCの長さを最初に求める。FB＝$18\div 3=6$ より，

$FC=\sqrt{6^2+8^2}=\sqrt{36+64}=10$

次に，△AFCに着目する。EはAFの中点，DはACの中点である。よって，中点連結定理より，$DE=\frac{1}{2}CF=\frac{1}{2}\times 10=5$

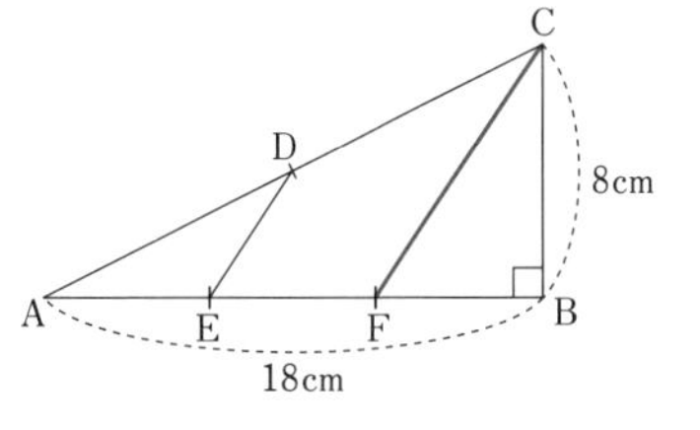

4 ④

解説　右図のように，点O′を起点にAA′に平行な線を引き，AOとの交点をBとする。A′O′＝2cm であるので，

AB＝2cm　よって，OB＝4cm　三平方の定理より，

$BO'=\sqrt{10^2-4^2}=\sqrt{100-16}$

$=\sqrt{84}=\sqrt{4\times 21}=2\sqrt{21}$

BO′＝AA′より，$AA'=2\sqrt{21}$

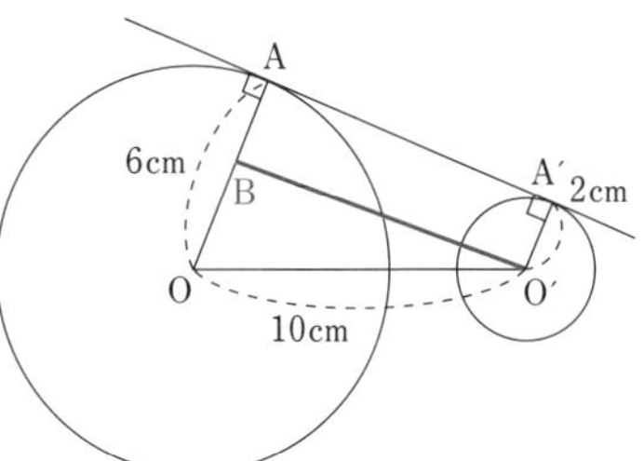

TEST-2 ■三平方の定理

1 右図は，AD＝5cm，∠D＝60°，面積が 15cm^2 の平行四辺形ABCDを，頂点Bが頂点Aに重なるように折り重ねたものである。このとき，AEの長さは次のうちどれか。

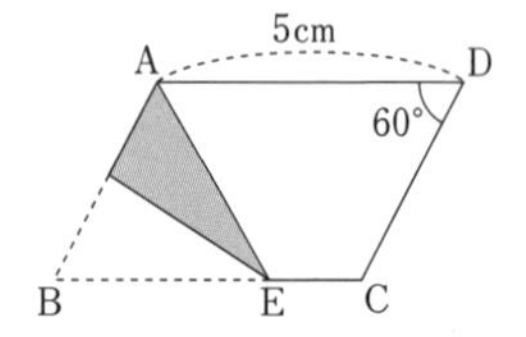

① $2\sqrt{2}$ cm　② $2\sqrt{3}$ cm　③ $3\sqrt{2}$ cm
④ $3\sqrt{3}$ cm　⑤ 4 cm

2 頻出問題 右図は，直方体ABCD－EFGHを3つの頂点B, G, Dを通る平面で切って，頂点Cを含む方の立体を取り去った残りの立体を示したものである。△BGDの面積は次のうちどれか。なお，AB＝BF＝4cm，AD＝3cm である。

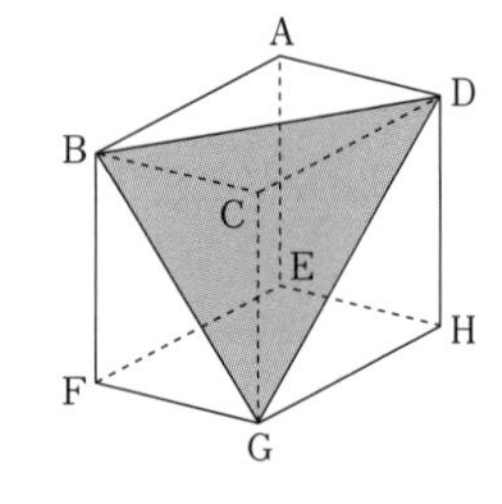

① $2\sqrt{17}\ \text{cm}^2$　② $2\sqrt{34}\ \text{cm}^2$　③ $3\sqrt{17}\ \text{cm}^2$
④ $3\sqrt{34}\ \text{cm}^2$　⑤ $4\sqrt{17}\ \text{cm}^2$

3 頻出問題 右図のように，1辺の長さが6cm の立方体を3つの頂点A，C，F を通る平面で切り取ってできる三角すいで，△ACFを底面としたときの高さは次のうちどれか。

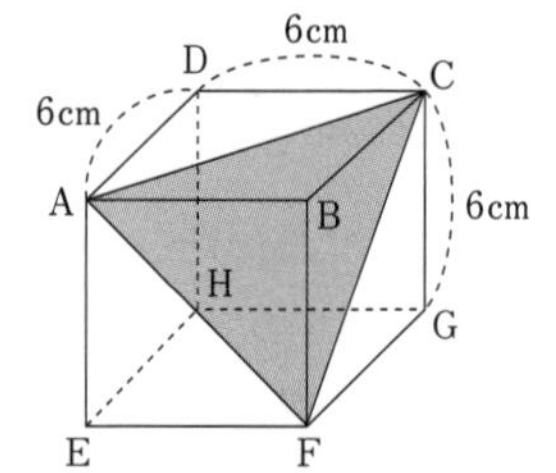

① $2\sqrt{3}$ cm　② 3 cm　③ $\sqrt{10}$ cm
④ $3\sqrt{2}$ cm　⑤ $3\sqrt{3}$ cm

4 頻出問題 右図のような底面が1辺2cm の正方形で，その他の辺の長さがすべて3cm である正四角すいの体積は次のうちどれか。

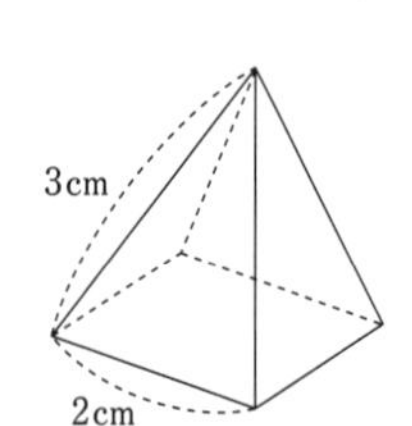

① $\dfrac{4\sqrt{6}}{3}\text{cm}^3$　② $\dfrac{4\sqrt{7}}{3}\text{cm}^3$
③ $\dfrac{8\sqrt{2}}{3}\text{cm}^3$　④ $2\sqrt{7}\ \text{cm}^3$
⑤ $4\sqrt{2}\ \text{cm}^3$

ANSWER-2 ■三平方の定理

1 ②

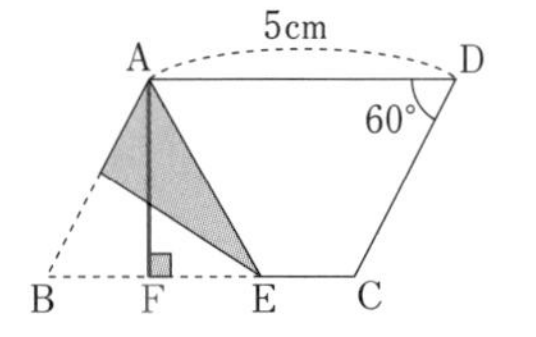

解説 平行四辺形の面積が$15cm^2$なので，右図のように点Fをとると，$15=5\times AF$　$AF=3$

$\angle ADC=\angle ABE=60°$

$\angle ABE=\angle BAE$より，$\angle BAE=60°$

つまり，△ABEは正三角形。よって，$AE:AF=2:\sqrt{3}$

$AF=3$より，$AE:3=2:\sqrt{3}$，$\sqrt{3}AE=6$　$AE=\dfrac{6}{\sqrt{3}}=2\sqrt{3}$

2 ②

解説 $AB=4$，$AD=3$であるので，三平方の定理より，$AB^2+AD^2=BD^2$

$BD=\sqrt{4^2+3^2}=5$　$BD=BG$より，$BD=BG=5$　また，$GH=4$，$DH=4$であるので，三平方の定理より，$GD=\sqrt{4^2+4^2}=\sqrt{32}=4\sqrt{2}$

△BGDは二等辺三角形であるので，GDの中点をMとすると，△BGMは直角三角形となる。$BG=5$，$GM=2\sqrt{2}$なので，三平方の定理より，

$BM=\sqrt{5^2-(2\sqrt{2})^2}=\sqrt{25-8}=\sqrt{17}$

したがって，$\triangle BGD=\dfrac{1}{2}\times 4\sqrt{2}\times\sqrt{17}=2\sqrt{34}$

3 ①

解説 △ACFは，1辺が$6\sqrt{2}$の正三角形である。よって，△ACFの高さをxとすると，$6\sqrt{2}:x=2:\sqrt{3}$より，$x=3\sqrt{6}$　△ACFの面積は，$\dfrac{1}{2}\times 6\sqrt{2}\times 3\sqrt{6}=\dfrac{18\sqrt{12}}{2}=18\sqrt{3}$

切り取ってできた三角すいで，△ABFを底面とした体積は$\dfrac{1}{3}\times\dfrac{1}{2}\times 6^3$

一方，切り取ってできた三角すいで，△ACFを底面としたときの高さをhとした体積は，$\dfrac{1}{3}\times 18\sqrt{3}\times h$

よって，$\dfrac{1}{3}\times\dfrac{1}{2}\times 6^3=\dfrac{1}{3}\times 18\sqrt{3}\times h$　$h=2\sqrt{3}$

4 ②

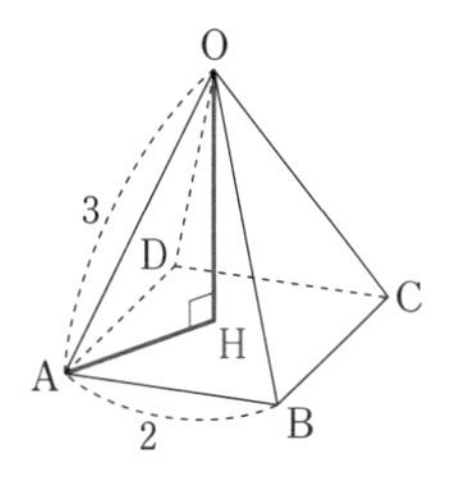

解説 右図のように，点Hを決めると，

$AH=\dfrac{1}{2}AC=\dfrac{1}{2}\times\sqrt{2^2+2^2}=\sqrt{2}$

$OH=\sqrt{OA^2-AH^2}=\sqrt{3^2-(\sqrt{2})^2}=\sqrt{7}$

求める体積Vは，$V=\dfrac{1}{3}\times 2^2\times\sqrt{7}=\dfrac{4\sqrt{7}}{3}$

数学

12. 面積・体積

ここがポイント KEY

■おうぎ形の弧の長さと面積

半径r，中心角$x°$のおうぎ形の弧の長さをℓ，面積をSとすると，次式が成立する。

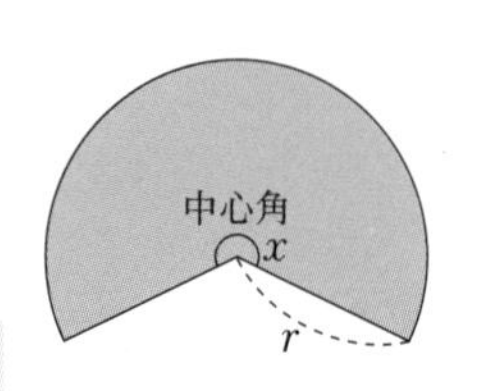

弧の長さ　$\ell = 2\pi r \times \dfrac{x}{360}$

面　積　$S = \pi r^2 \times \dfrac{x}{360}$

また，　$S = \pi r^2 \times \dfrac{x}{360} = \dfrac{1}{2} r \times \left(2\pi r \times \dfrac{x}{360}\right) = \dfrac{1}{2} r\ell = \dfrac{1}{2}\ell r$

□①半径24cm，中心角240°のおうぎ形の

弧の長さℓは(　　)cm　　32 π

面積Sは(　　)cm^2　　384 π

■球の表面積と体積

球の半径をrとすると，その表面積S，体積Vは次のように表される。

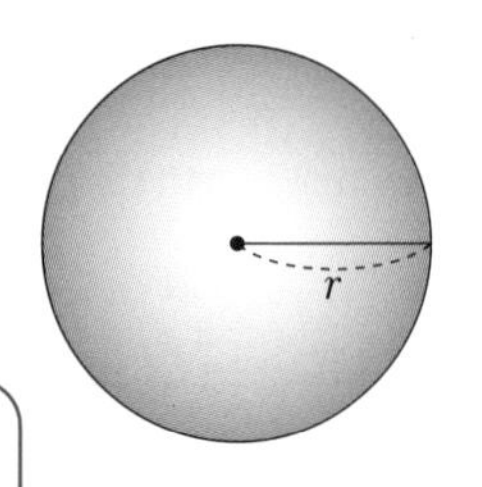

表面積　$S = 4\pi r^2$

体　積　$V = \dfrac{4}{3}\pi r^3$

□①半径3cmの球の表面積Sは(　　)cm^{2}である。　　36 π

□②半径6cmの球の体積Vは(　　)cm^{3}である。　　288 π

■円柱の表面積と体積

円柱の半径を r，高さを h とすると，その表面積 S，体積 V は次のように表される。

表面積　$S = 2\pi rh + 2\times\pi r^2$
（側面積）（底面積）
$= 2\pi rh + 2\pi r^2$

体　積　$V = \pi r^2 h$

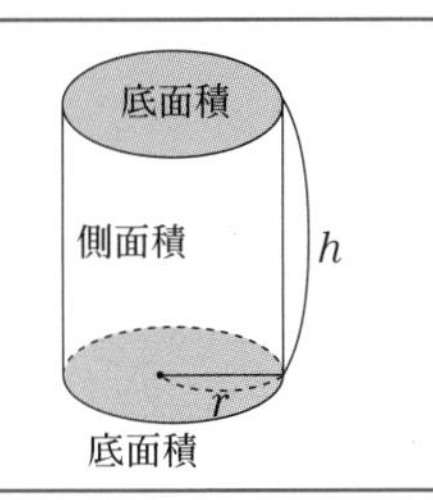

数学

□①半径が 5cm，高さが 10cm の円柱の表面積 S は
（　　）cm^2 である。　150 π

□②半径が 8cm，高さが 12cm の円柱の体積 V は
（　　）cm^3 である。　768 π

■円すいの表面積と体積

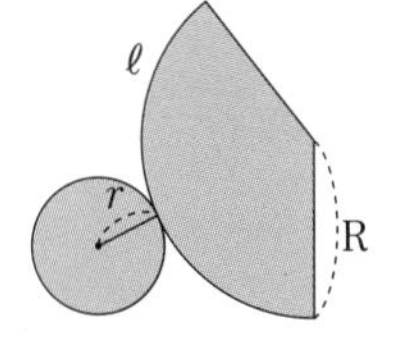

円すいのおうぎ形の弧の長さを ℓ，おうぎ形の半径を R，底面の半径を r とすると，その表面積 S は次のように表される。

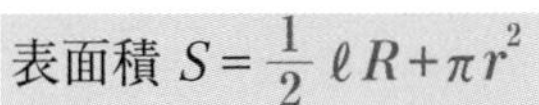

表面積 $S = \frac{1}{2}\ell R + \pi r^2$

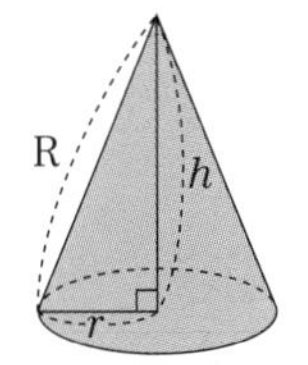

R を母線という。

円すいの高さを h，底面の半径を r とすると，その体積 V は次のように表される。

体　積 $V = \frac{1}{3}\pi r^2 h$

□①半径 4cm，中心角 60°のおうぎ形と，半径 $r$cm の円で円すいを作る。このとき，おうぎ形の弧の長さは（　　）cm，円の半径 r は（　　）cm　となる。　$\frac{4}{3}\pi$，$\frac{2}{3}$

コーチ　おうぎ形の弧の長さは，$2\times\pi\times4\times\frac{60}{360}$

TEST-1 ■面積・体積

1 右図のように，半球とそれに内接する半径3cmの球がある。このとき，半球から内接する球を除いた体積は次のうちどれか。

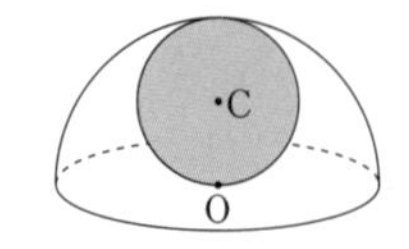

① $100\pi \text{cm}^3$　② $102\pi \text{cm}^3$　③ $104\pi \text{cm}^3$

④ $106\pi \text{cm}^3$　⑤ $108\pi \text{cm}^3$

2 頻出問題 右図の円すいの展開図は，おうぎ形の半径が12cm，円の半径が5cmである。この展開図を組み立てたとき，円すいの表面積は次のうちどれか。

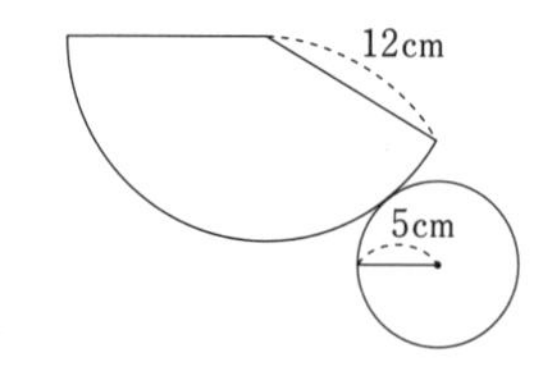

① $75\pi \text{cm}^2$　② $80\pi \text{cm}^2$　③ $85\pi \text{cm}^2$

④ $90\pi \text{cm}^2$　⑤ $95\pi \text{cm}^2$

3 頻出問題 右図は，正四角すいの展開図である。底面の１辺の長さは4cmで，側面の二等辺三角形の等しい辺の長さは6cmである。この展開図を組み立てたとき，正四角すいの体積は次のうちどれか。

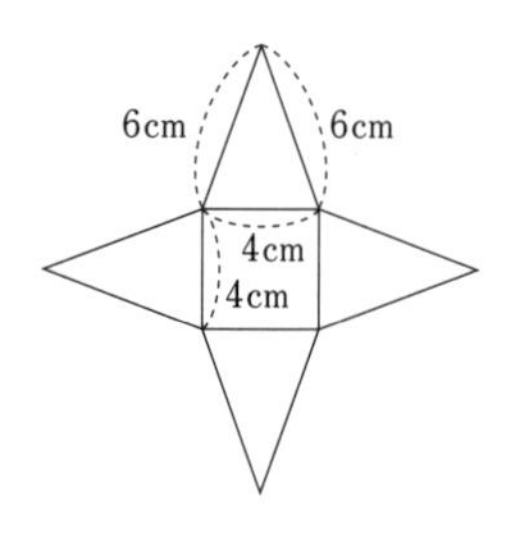

① $\dfrac{32\sqrt{7}}{3}\text{cm}^3$　② $\dfrac{34\sqrt{7}}{3}\text{cm}^3$　③ $\dfrac{35\sqrt{7}}{3}\text{cm}^3$

④ $11\sqrt{7}\text{cm}^3$　⑤ $12\sqrt{7}\text{cm}^3$

4 頻出問題 右図は，底面の１辺が9cmの正方形で，高さが16cmの正四角すいO－ABCDである。辺ABの中点をEとし，辺OAの三等分点のうち，Oに近いほうをFとする。この正四角すいを３点F，E，Dを通る平面で切ってできる三角すいF－AEDの体積は，正四角すいO－ABCDの体積の何倍になるか。

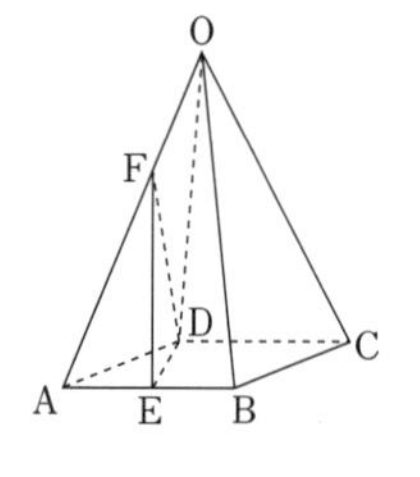

① $\dfrac{1}{4}$倍　② $\dfrac{1}{5}$倍　③ $\dfrac{1}{6}$倍　④ $\dfrac{1}{7}$倍　⑤ $\dfrac{1}{8}$倍

ANSWER-1 ■面積・体積

1 ⑤

解説 半球に内接している球の半径が 3cm であるので，半球の半径は 6cm となる。よって，半球の体積を V_1 とすると，$V_1=\dfrac{4}{3}\times\pi\times6^3\times\dfrac{1}{2}=144\pi$
一方，半球に内接している球の体積を V_2 とすると，$V_2=\dfrac{4}{3}\times\pi\times3^3=36\pi$
したがって，求めるものは，$144\pi-36\pi=108\pi$

2 ③

解説 おうぎ形の弧の長さ＝円周の長さ
おうぎ形の中心角を $x°$ とすると，次式が成立する。
$2\pi\times12\times\dfrac{x}{360}=2\pi\times5$　　$x=150$
よって，おうぎ形の面積は，$\pi\times12\times12\times\dfrac{150}{360}=60\pi$
円の面積は，$\pi\times5^2=25\pi$
以上より，表面積は，$60\pi+25\pi=85\pi$

3 ①

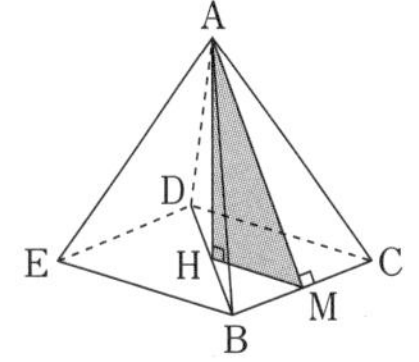

解説 右図に示したように，正四角すいをA−BCDEとし，辺BCの中点をM，Aから底面におろした垂線と底面との交点をHとする。
△AMCにおいて，$AM=\sqrt{36-4}=4\quad2$
また，△AMHにおいて，$AH=\sqrt{(4\sqrt{2})^2-2^2}=2\sqrt{7}$
求める体積を V とすると，$V=\dfrac{1}{3}\times4^2\times2\sqrt{7}=\dfrac{32\sqrt{7}}{3}$

4 ③

解説 辺OAの三等分点のうち，Oに近いほうをFとしたので，
OF：FA＝1：2となる。よって，三角すいF−AEDの高さは，正四角すいO−ABCDの高さの $\dfrac{2}{2+1}=\dfrac{2}{3}$ となる。
また，底面AEDの面積は，$\dfrac{1}{2}\times\dfrac{9}{2}\times9=\dfrac{81}{4}$　よって，底面AEDの面積は底面ABCDの面積の $\dfrac{1}{4}$ となる。
以上より，求めるものは，$\dfrac{2}{3}\times\dfrac{1}{4}=\dfrac{1}{6}$

TEST-2 ■面積・体積

1 右図のように，半径 15cm の球を，中心から 12cm の距離にある平面で切ったとき，その切り口の面積は次のうちどれか。

① 68πcm^2　② 76πcm^2　③ 81πcm^2
④ 88πcm^2　⑤ 91πcm^2

2 頻出問題 右図のように，半径 5cm の球に高さ 4cm の直円柱が入れてあり，直円柱の両底面の円周が球面に接している。このとき，直円柱の体積は次のうちどれか。

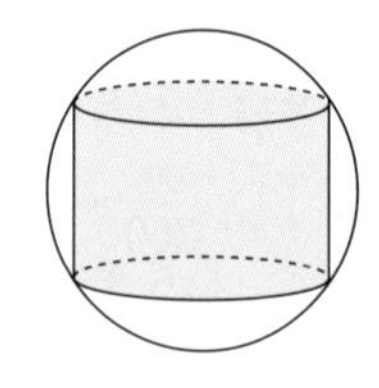

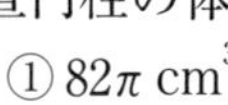
① 82π cm^3　② 84πcm^3　③ 86πcm^3
④ 88πcm^3　⑤ 90πcm^3

3 頻出問題 右図のように，底面の直径と高さが等しい円柱にちょうど入る球と円すいとがある。これら３つの立体（円柱，球，円すい）の体積比は次のうちどれか。

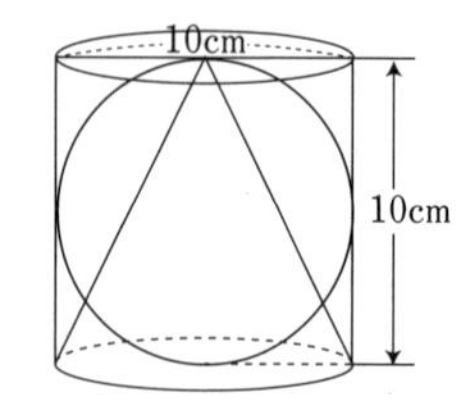

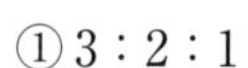
①3：2：1　②5：4：3　③5：3：2
④6：3：2　⑤6：5：2

4 頻出問題 図１の円柱形の容器は底面の半径が６cm で，水が入っている。次に，この円柱形の容器に半径３cm の鉄球を入れたところ，図２のように，水の高さは５cm になった。このとき，最初に入っていた水の高さはいくらか。

① 2.0cm
② 2.5cm
③ 3.0cm
④ 3.5cm
⑤ 4.0cm

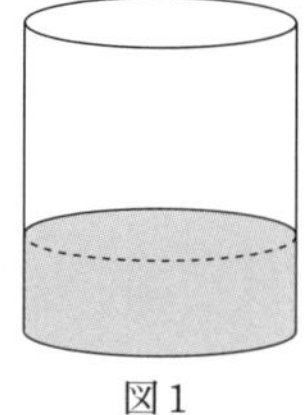
図１　図２

ANSWER-2 ■面積・体積

1 ③

解説　平面で切ったとき，その切り口は円となる。円の半径をrとすると，次式が成立する。$15^2 = r^2 + 12^2$　　$225 = r^2 + 144$　　$r^2 = 81$　　$r = \pm 9$

$r > 0$より，$r = 9$　　したがって，切り口の面積は，$\pi \times 9^2 = 81\pi$ (cm^2)

2 ②

解説　直円柱の高さは4cmであるので，直円柱の底面の半径がわかれば，その体積は計算できる。直円柱の底面の半径をrとすると，右図より，$5^2 = 2^2 + r^2$

$r^2 = 21$　$r = \sqrt{21}$　直円柱の体積をVとすると，

$V = \pi \times (\sqrt{21})^2 \times 4 = 84\pi$ (cm^3)

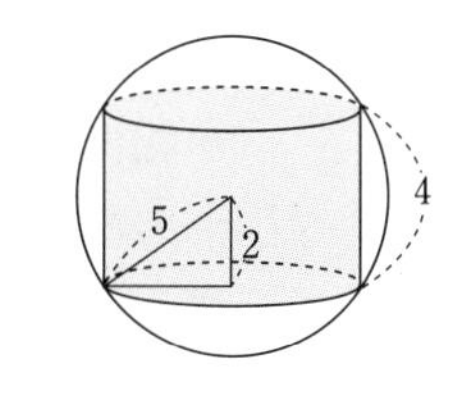

3 ①

解説　円柱の体積 $= \pi \times 5^2 \times 10 = 250\pi$ (cm^3)

球の体積 $= \dfrac{4}{3} \times \pi \times 5^3 = \dfrac{500}{3}\pi$ (cm^3)

円すいの体積 $= \dfrac{1}{3} \times \pi \times 5^2 \times 10 = \dfrac{250}{3}\pi$ (cm^3)

$250\pi : \dfrac{500}{3}\pi : \dfrac{250}{3}\pi = 750 : 500 : 250 = 3 : 2 : 1$

4 ⑤

解説　図1の円柱形の容器に入っている水の体積は次のように計算できる。円柱形の容器の底面の半径が6cmであるので，水の高さをhとすると，水の体積(V_1)は次式となる。

$V_1 = \pi \times 6^2 \times h = 36\pi h$ (cm^3)

次に，図2の円柱形の容器に入っている，水と鉄球の合計の体積(V_2)は，水の高さが5cmであることから，次式となる。

$V_2 = \pi \times 6^2 \times 5 = 180\pi$ (cm^3)

また，鉄球の体積は，$\dfrac{4}{3} \times \pi \times 3^3 = 36\pi$ (cm^3)

以上より，$36\pi h + 36\pi = 180\pi$，　$36\pi h = 144\pi$

$h = 4$ (cm)

数学

13. 相似な図形

ここがポイント KEY

■相似な図形

相　似……1つの図形を形を変えずに一定の割合で拡大または縮小したとき，その図形をもとの図形と**相似**であるという。なお，相似であることを表すのに，記号**∽**を使う。

相似な図形の性質

①対応する**線分の長さの比**はすべて等しい。

②対応する**角の大きさ**はそれぞれ等しい。

相似比……相似な図形で，対応する線分の長さの比，または比の値。

■相似な平面図形

三角形の相似条件

① **3組の辺の比**がすべて等しい。

右図で，$\dfrac{\mathrm{AB}}{\mathrm{DE}}=\dfrac{\mathrm{BC}}{\mathrm{EF}}=\dfrac{\mathrm{CA}}{\mathrm{FD}}=\dfrac{1}{k}$

② **2組の辺の比**が等しく，**その間の角**が等しい。

右図で，$\dfrac{\mathrm{AB}}{\mathrm{DE}}=\dfrac{\mathrm{BC}}{\mathrm{EF}}$，$\angle\mathrm{B}=\angle\mathrm{E}$

③ **2組の角**がそれぞれ等しい。

右図で，$\angle\mathrm{A}=\angle\mathrm{D}$，$\angle\mathrm{B}=\angle\mathrm{E}$

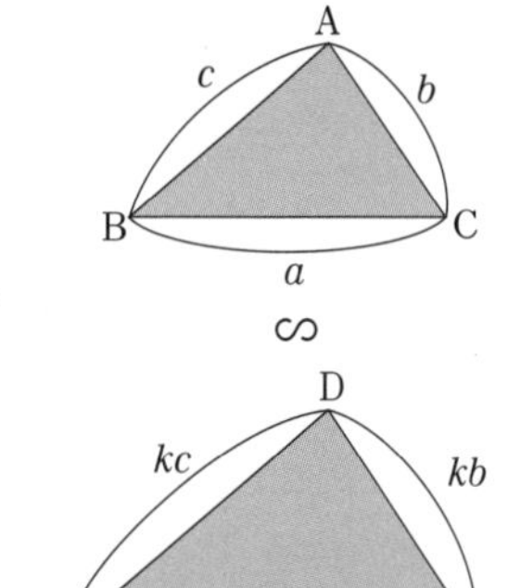

相似比と周の長さの比

周の長さの比は，**相似比**に等しい。

相似比 $m:n$	→	周の長さの比 $m:n$

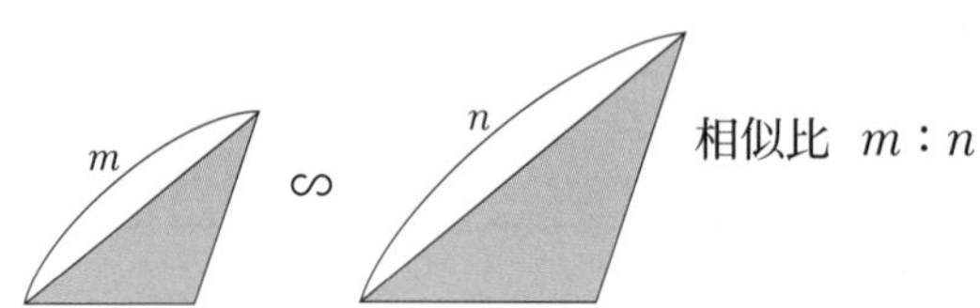

相似比と面積の比

面積の比は，相似比の２乗に等しい。

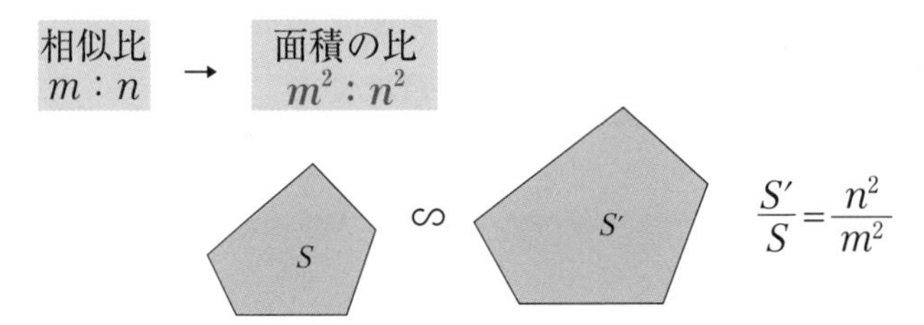

□①△ABC ∽ △A′B′C′で相似比 2：3 である。

このとき，△ABC と△A′B′C′の面積の比は，

(　　)：(　　)である。　　4，9

■相似な立体

相似比と表面積の比

表面積の比は，相似比の２乗に等しい。

相似比 $m : n$ → 表面積の比 $m^2 : n^2$

相似比と体積の比

体積の比は，相似比の３乗に等しい。

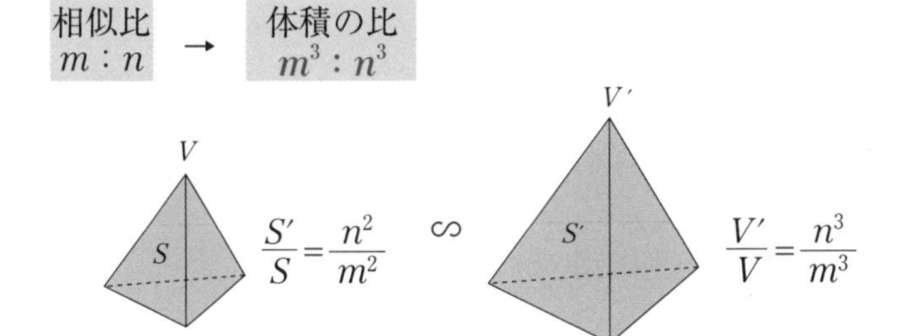

□① 2 つの円すいが相似で，相似比 2：5 である。このとき，

2 つの円すいの表面積の比は，(　　)：(　　)　　4，25

体積の比は，(　　)：(　　)　　8，125

数学

TEST ■相似な図形

1 右図のように，底面の半径10cm，深さ20cmの円すい形の容器に水が8cmの深さまではいっている。このとき，水の体積はこの容積の何分のいくらか。

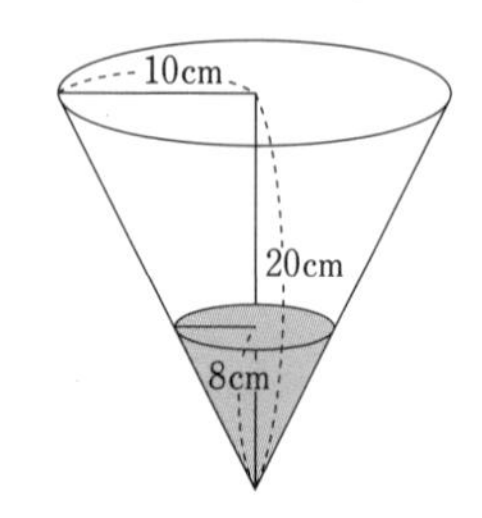

①$\frac{1}{25}$　②$\frac{2}{25}$　③$\frac{6}{125}$

④$\frac{8}{125}$　⑤$\frac{12}{125}$

2 右図で，点M，Nはそれぞれ辺BC，CAの中点である。また，点PはAM，BNの交点である。このとき，四角形PMCNの面積は△ABCの何倍か。

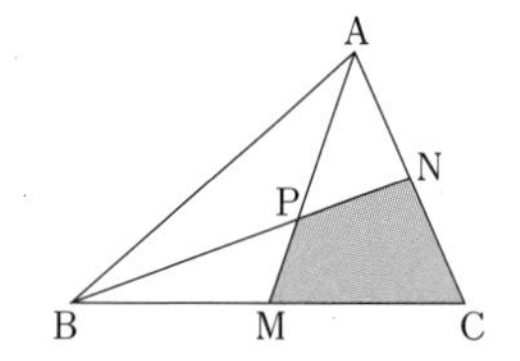

①$\frac{1}{3}$倍　②$\frac{1}{4}$倍　③$\frac{1}{5}$倍

④$\frac{2}{7}$倍　⑤$\frac{3}{8}$倍

ヒント! 点PはAM，BMの交点であるから，△ABCの重心である。

3 頻出問題 右図で，△ABCの辺ACの中点をD，BE：ED＝1:2となるような点をE，AEの延長とBCとの交点をFとする。このとき，BF：CFは次のうちどれか。

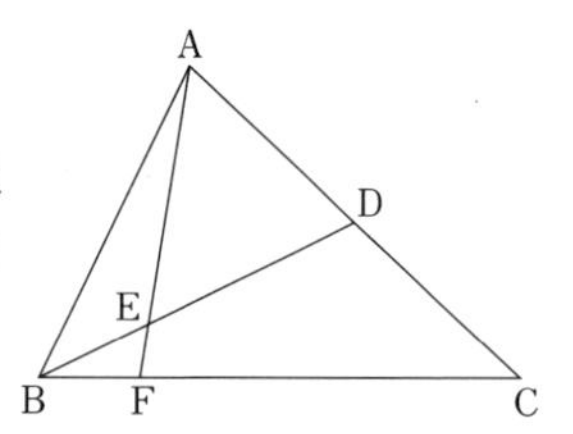

①1：3　②1：4　③2：5

④2：7　⑤3：5

4 頻出問題 右図で，正四面体A－BCDの辺AB，AC，ADの中点をそれぞれE，F，Gとする。正四面体A－BCDの体積が$120cm^3$であるとき，立体EFG－BCDの体積は次のうちどれか。

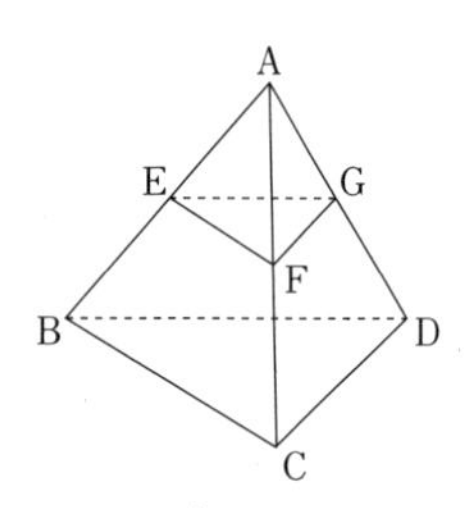

①$80cm^3$　②$90cm^3$　③$95cm^3$

④$100cm^3$　⑤$105cm^3$

ANSWER-2 ■相似な図形

1 ④

解説　水のはいっている部分と容器は相似である。水のはいっている部分と容器の相似比は，8：20 = 2：5であることから，体積比は$2^3:5^3 = 8:125$となる。したがって，求めるものは$\frac{8}{125}$

2 ①

解説　点Pは△ABCの重心であるので，AP：PM=2:1となる。

$\triangle BMP = \frac{1}{3}\triangle BMA = \frac{1}{3}\times\frac{1}{2}\triangle ABC = \frac{1}{6}\triangle ABC$

また，$\triangle BCN = \frac{1}{2}\triangle ABC$であることから，

四角形$PMCN = \frac{1}{2}\triangle ABC - \frac{1}{6}\triangle ABC = \frac{1}{3}\triangle ABC$

3 ②

解説　右図のように，Dを通りAFと平行な直線をひき，BCとの交点をGとする。EF∥DGであり，BE：ED=1:2であることから，BF：FG=1:2

また CD：DA=1:1であることから，GC：GF=1:1　よって，BF：FG：GC=1:2:2

以上より，BF：FC=1:4

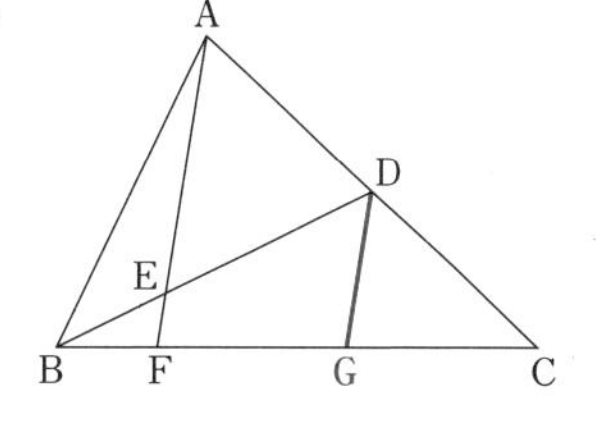

4 ⑤

解説　2つの相似な立体図形で，相似比が$m:n$のとき，体積比は$m^3:n^3$となる。AE：AB= 1：2であることから，正四面体A−EFGと正四面体A−BCDの体積比は$1^3:2^3=1:8$となる。

正四面体A−BCDの体積が$120cm^3$であるので，正四面体A−EFGの体積を$x cm^3$とすると次式が成立する。

$1:8=x:120$

$8x=120$　　　$x=15$（cm^3）

以上より，立体EFG−BCDの体積は，

$120-15=105$（cm^3）

14. 三角比

ここがポイント KEY

■鋭角の三角比

下図の直角三角形ABCにおいて，

暗記しよう!!

$$\sin\theta = \frac{BC}{AC} = \frac{a}{b}$$

$$\cos\theta = \frac{AB}{AC} = \frac{c}{b}$$

$$\tan\theta = \frac{BC}{AB} = \frac{a}{c}$$

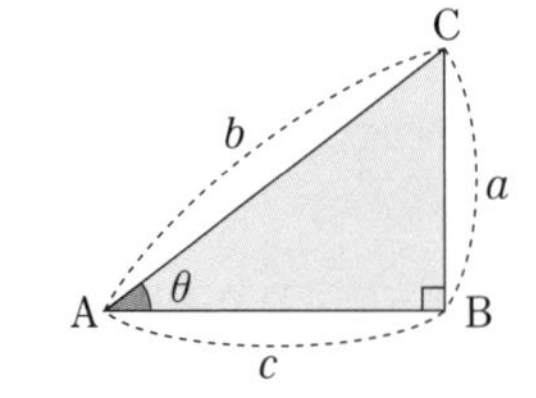

■ 30°，45°，60° の三角比

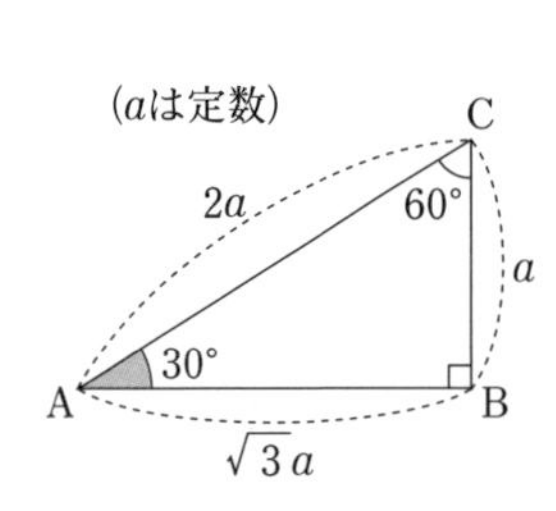

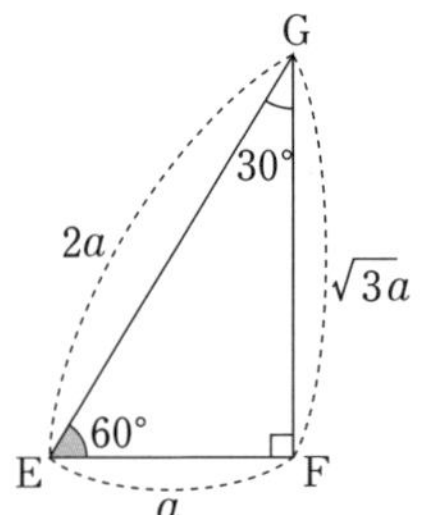

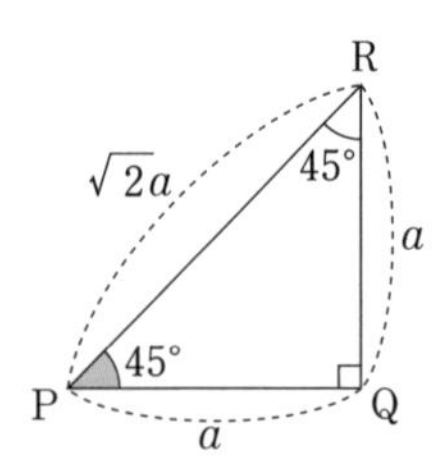

暗記しよう!!

θ	30°	45°	60°
$\sin\theta$	$\frac{1}{2}$	$\frac{1}{\sqrt{2}}$	$\frac{\sqrt{3}}{2}$
$\cos\theta$	$\frac{\sqrt{3}}{2}$	$\frac{1}{\sqrt{2}}$	$\frac{1}{2}$
$\tan\theta$	$\frac{1}{\sqrt{3}}$	1	$\sqrt{3}$

（補足）

θ	0°	90°
$\sin\theta$	0	1
$\cos\theta$	1	0

■三角比の性質

$0° \leqq \theta \leqq 90°$のとき

$\sin(90° - \theta) = \cos\theta$

$\cos(90° - \theta) = \sin\theta$

$\tan(90° - \theta) = \dfrac{1}{\tan\theta}$

$0° \leqq \theta < 180°$のとき

$\sin(180° - \theta) = \sin\theta$

$\cos(180° - \theta) = -\cos\theta$

$\tan(180° - \theta) = -\tan\theta$

■三角比の相互関係

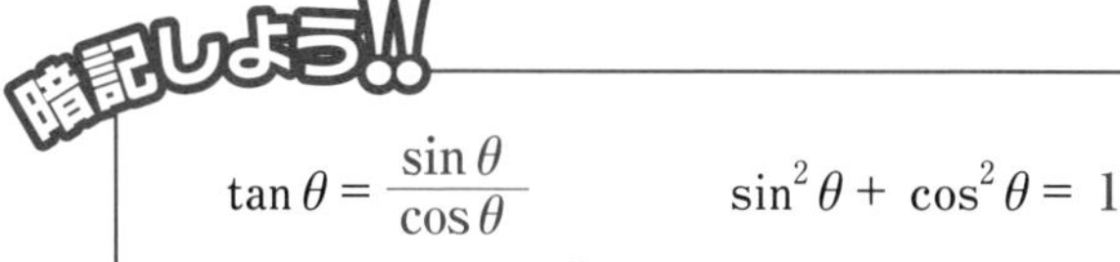

$\tan\theta = \dfrac{\sin\theta}{\cos\theta}$　　$\sin^2\theta + \cos^2\theta = 1$

$1 + \tan^2\theta = \dfrac{1}{\cos^2\theta}$

■正弦定理と余弦定理

正弦定理

△ABCの外接円の半径をRとするとき,

$$\frac{a}{\sin A} = \frac{b}{\sin B} = \frac{c}{\sin C} = 2R$$

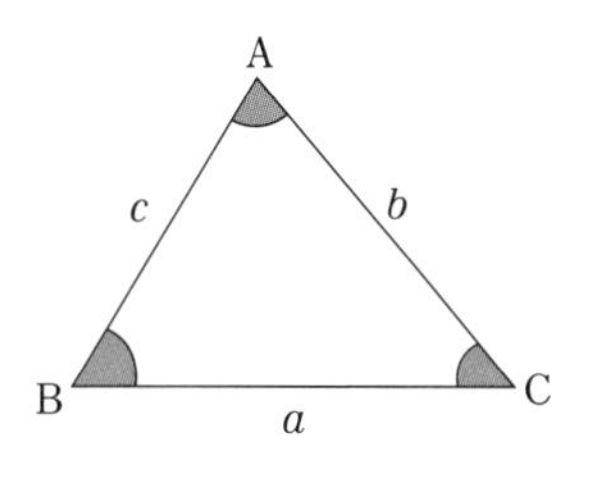

余弦定理

$$a^2 = b^2 + c^2 - 2bc\cos A$$
$$b^2 = c^2 + a^2 - 2ca\cos B$$
$$c^2 = a^2 + b^2 - 2ab\cos C$$

□①△ABCにおいて，$b = 6$，$c = 5$，$A = 60°$のとき，aの長さは次のように求める。

余弦定理より

$a^2 = b^2 + c^2 - 2bc\cos A$

$a^2 = 6^2 + 5^2 - 2\times6\times5\times\cos 60°$

$= 36 + 25 - 60\times\dfrac{1}{2} = (\quad)$　　31

$a = (\quad)$　　$\sqrt{31}$

TEST-1 ■三角比

1 次の式の値を求めなさい。

① $\sin 60° + \cos 30°$

② $\sin 45° \cos 60°$

③ $\cos 30° \sin 60° + \sin 30° \cos 60°$

④ $(\cos 60° - \sin 45°)(\sin 30° + \cos 45°)$

2 **頻出問題** 平地に立っている高層ビルディングの高さDCを知るために，ビルディングの前方の地点AでDを見上げた角を測ると30°で，Aから高層ビルディングに向かって100m進んだ地点Bで測ると45°であった。高層ビルディングの高さは次のうちどれか。ただし，目の高さは無視するものとする。

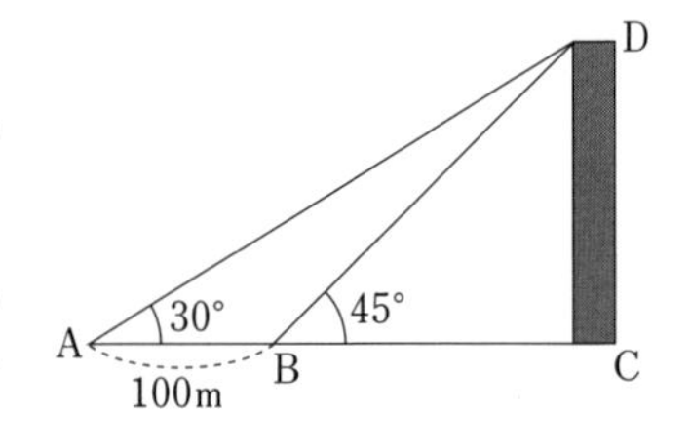

① $40(\sqrt{2}+1)$m　② $40(\sqrt{3}+1)$m

③ $50(\sqrt{2}+1)$m　④ $50(\sqrt{3}+1)$m

⑤ $60(\sqrt{2}+1)$m

3 **頻出問題** 右図において，辺ACの長さを15cm，$\sin\theta = 0.6$ とするときの辺ABの長さとして正しいものはどれか。

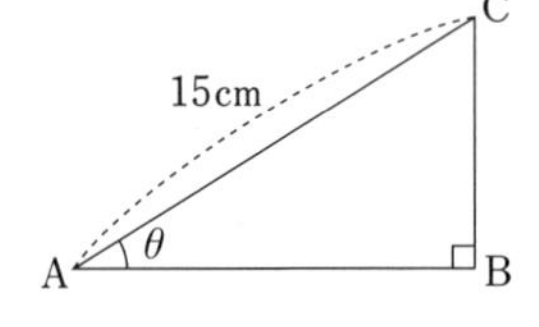

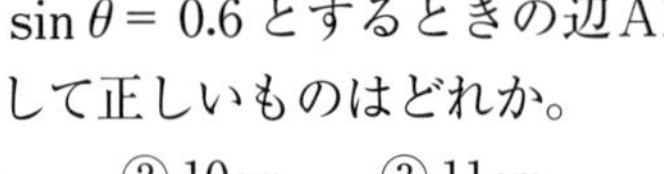

① 9cm　② 10cm　③ 11cm

④ 12cm　⑤ 13cm

4 次の式の値を求めなさい。

① $\sin 150° + \cos 120° + \tan 135°$

② $\sin 120° \cos 150° \tan 150°$

③ **頻出問題** $\cos^2 35° + \cos^2 55°$

ANSWER-1 ■三角比

1 ① $\sqrt{3}$　② $\frac{\sqrt{2}}{4}$　③ 1　④ $-\frac{1}{4}$

解説 ① $\sin 60^\circ + \cos 30^\circ = \frac{\sqrt{3}}{2} + \frac{\sqrt{3}}{2} = \frac{2\sqrt{3}}{2} = \sqrt{3}$　② $\sin 45^\circ \cos 60^\circ = \frac{1}{\sqrt{2}} \times \frac{1}{2} = \frac{1}{2\sqrt{2}} = \frac{1 \times \sqrt{2}}{2\sqrt{2} \times \sqrt{2}} = \frac{\sqrt{2}}{4}$　③ $\cos 30^\circ \sin 60^\circ + \sin 30^\circ \cos 60^\circ = \frac{\sqrt{3}}{2} \times \frac{\sqrt{3}}{2} + \frac{1}{2} \times \frac{1}{2} = \frac{3}{4} + \frac{1}{4} = 1$　④ $(\cos 60^\circ - \sin 45^\circ)(\sin 30^\circ + \cos 45^\circ) = \left(\frac{1}{2} - \frac{1}{\sqrt{2}}\right)\left(\frac{1}{2} + \frac{1}{\sqrt{2}}\right) = \left(\frac{1}{2}\right)^2 - \left(\frac{1}{\sqrt{2}}\right)^2 = \frac{1}{4} - \frac{1}{2} = \frac{1}{4} - \frac{2}{4} = -\frac{1}{4}$

2 ❹

解説 BCをx（m）とすると，$\tan 30^\circ = \frac{\mathrm{CD}}{100+x}$ ……(1)　$\tan 45^\circ = \frac{\mathrm{CD}}{x}$ ……(2)

$\tan 45^\circ = 1$ を(2)に代入すると，$1 = \frac{\mathrm{CD}}{x}$　　$\mathrm{CD} = x$ ……(3)

また，$\tan 30^\circ = \frac{1}{\sqrt{3}}$ ……(4)　(3)と(4)を(1)に代入すると，$\frac{1}{\sqrt{3}} = \frac{x}{100+x}$

$100 + x = \sqrt{3}\,x$　　$x = \frac{100}{\sqrt{3}-1} = \frac{100(\sqrt{3}+1)}{(\sqrt{3}-1)(\sqrt{3}+1)} = \frac{100(\sqrt{3}+1)}{2} = 50\,(\sqrt{3}+1)$

3 ❹

解説 $\sin\theta = \frac{\mathrm{BC}}{\mathrm{AC}}$（右図）

$\sin\theta = 0.6 = \frac{6}{10} = \frac{\mathrm{BC}}{\mathrm{AC}}$

ゆえに　AC：BC = 10：6

また，AC = 15 より，15：BC = 10：6

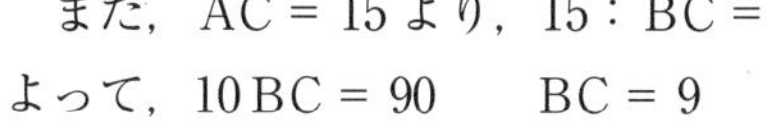

よって，10 BC = 90　　BC = 9

三平方の定理より，$\mathrm{AB}^2 + \mathrm{BC}^2 = \mathrm{AC}^2$

$\mathrm{AB}^2 + 9^2 = 15^2$

$\mathrm{AB}^2 = 225 - 81 = 144$　　$\mathrm{AB} = 12$

4 ① -1　② $\frac{\sqrt{3}}{4}$　③ 1

解説 ① $\sin(180^\circ - 30^\circ) + \cos(180^\circ - 60^\circ) + \tan(180^\circ - 45^\circ) = \sin 30^\circ - \cos 60^\circ - \tan 45^\circ = \frac{1}{2} - \frac{1}{2} - 1 = -1$　② $\sin(180^\circ - 60^\circ) \cdot \cos(180^\circ - 30^\circ) \cdot \tan(180^\circ - 30^\circ) = \sin 60^\circ \times (-\cos 30^\circ) \times (-\tan 30^\circ) = \frac{\sqrt{3}}{2} \times \left(-\frac{\sqrt{3}}{2}\right) \times \left(-\frac{1}{\sqrt{3}}\right) = \frac{\sqrt{3}}{4}$

③ $\cos\theta = \sin(90^\circ - \theta)$ より，$\cos 55^\circ = \sin(90^\circ - 55^\circ) = \sin 35^\circ$　$\therefore \cos^2 35^\circ + \cos^2 55^\circ = \cos^2 35^\circ + \sin^2 35^\circ$　また，$\sin^2\theta + \cos^2\theta = 1$ より，$\cos^2 35^\circ + \sin^2 35^\circ = 1$

TEST-2 ■三角比

1 次の各問いに答えなさい。

① $\sin\theta=\frac{1}{3}$，$90°<\theta<180°$のとき，$\cos\theta$，$\tan\theta$を求めなさい。

② $0°<\theta<90°$で，$\cos\theta=\frac{1}{2}$ のとき，$\frac{3}{\sin\theta+1}-\frac{2}{\sin\theta-1}$ の値を求めなさい。

③ **頻出問題** $\frac{\sin\theta+\cos\theta}{\sin\theta-\cos\theta}=\frac{1}{4}$のとき，$\tan\theta$を求めなさい。

2 **頻出問題** $\sin\theta+\cos\theta=1$のとき，$\sin^3\theta+\cos^3\theta$ の値として正しいものは次のうちどれか。

① 1　② $\frac{1}{2}$　③ 2　④ $\frac{1}{4}$　⑤ $\frac{1}{8}$

3 次の各問いに答えなさい。

①三角形ABCにおいて，$\angle C=30°$，$AB=2$，$CA=2\sqrt{3}$のとき，$\angle B$は何度か。ただし，$0°<B<90°$。

②三角形ABCにおいて，$\angle A=75°$，$\angle B=60°$，$AB=4$のとき，CAの長さはいくらか。

ヒント! 正弦定理を使う。

4 **頻出問題** $\triangle ABC$において，$\angle C=30°$，$BC=2\sqrt{3}$，$CA=2$のとき，$\triangle ABC$の面積はいくらか。

① $\sqrt{2}$　② $\sqrt{3}$　③ 2　④ $\sqrt{5}$　⑤ $\sqrt{6}$

ANSWER-2 ■三角比

1 ① $\cos\theta=-\frac{2\sqrt{2}}{3}$，$\tan\theta=-\frac{\sqrt{2}}{4}$　② $20-2\sqrt{3}$

③ $\tan\theta=-\frac{5}{3}$

解説 ① $90° < \theta < 180°$のとき，$\cos\theta < 0$となる。$\sin^2\theta + \cos^2\theta = 1$より，

$\left(\frac{1}{3}\right)^2 + \cos^2\theta = 1$　$\cos^2\theta = \frac{8}{9}$　$\cos\theta = \pm\frac{2\sqrt{2}}{3}$　$\cos\theta = -\frac{2\sqrt{2}}{3}$

$\tan\theta = \frac{\sin\theta}{\cos\theta}$より，$\tan\theta = \frac{\frac{1}{3}}{-\frac{2\sqrt{2}}{3}} = -\frac{\sqrt{2}}{4}$　②与えられた条件より，$\sin\theta = \frac{\sqrt{3}}{2}$

$$\frac{3}{\sin\theta+1} - \frac{2}{\sin\theta-1} = \frac{3(\sin\theta-1)-2(\sin\theta+1)}{(\sin\theta+1)(\sin\theta-1)} = \frac{\sin\theta-5}{\sin^2\theta-1}$$

$$= \frac{\frac{\sqrt{3}}{2}-5}{\left(\frac{\sqrt{3}}{2}\right)^2-1} = \frac{\frac{\sqrt{3}}{2}-5}{-\frac{1}{4}} = -\left(\frac{\sqrt{3}}{2}-5\right)\times 4 = 20-2\sqrt{3}$$

③ $\frac{\sin\theta+\cos\theta}{\sin\theta-\cos\theta} = \frac{1}{4}$　　左辺の分母と分子を$\cos\theta$で割ると，

$\frac{\tan\theta+1}{\tan\theta-1} = \frac{1}{4}$　　$4\tan\theta + 4 = \tan\theta - 1$　　$3\tan\theta = -5$

ゆえに，$\tan\theta = -\frac{5}{3}$

2 ❶

解説 $\sin\theta + \cos\theta = 1$より，$(\sin\theta+\cos\theta)^2 = 1$となる。$(\sin\theta+\cos\theta)^2 = \sin^2\theta + 2\sin\theta\cos\theta + \cos^2\theta = 1$　$\sin^2\theta + \cos^2\theta = 1$であるので，$\sin^2\theta + 2\sin\theta\cos\theta + \cos^2\theta = 1$より，　$1 + 2\sin\theta\cos\theta = 1$　ゆえに，$\sin\theta\cos\theta = 0$

$\sin^3\theta + \cos^3\theta = (\sin\theta+\cos\theta)(\sin^2\theta - \sin\theta\cos\theta + \cos^2\theta)$

$= (\sin\theta+\cos\theta)(\sin^2\theta + \cos^2\theta - \sin\theta\cos\theta) = 1\times(1-0) = 1$

3 ① $60°$ ② $2\sqrt{6}$

解説 ①問題文を図示すると図1となる。よって，正弦定理より，$\frac{2\sqrt{3}}{\sin B} = \frac{2}{\sin 30°}$　$4\sin B = 2\sqrt{3}$

$\sin B = \frac{\sqrt{3}}{2}$　よって，$\angle B = 60°$　②問題文を図示すると図2となる。よって，$\angle C = 180° - 75° - 60° = 45°$

次に，正弦定理より，$\frac{CA}{\sin 60°} = \frac{4}{\sin 45°}$

$CA = 4\sqrt{2}\times\frac{\sqrt{3}}{2} = 2\sqrt{6}$

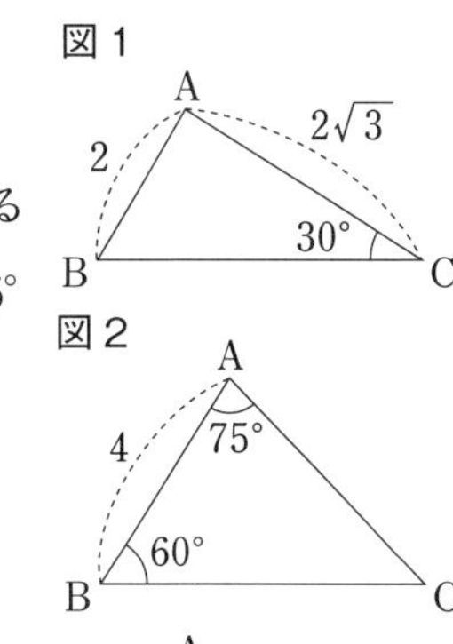

4 ❷

解説 $S = \frac{1}{2}\times BC\times CA\times\sin C$

$= \frac{1}{2}\times 2\sqrt{3}\times 2\times\frac{1}{2} = \sqrt{3}$

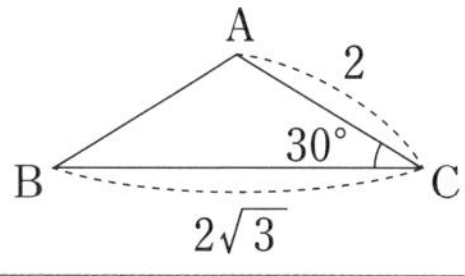

数学

TEST-3　■三角比

1 頻出問題 △ABCにおいて，BC = 4，∠C = 30°である。また，△ABCの面積が6のとき，CAの長さはいくらか。

①3　②4　③5　④6　⑤8

2 頻出問題 △ABCにおいて，a = 12，B = 30°，C = 105°のとき，外接円の半径として正しいものは次のうちどれか。

①$4\sqrt{3}$　②$5\sqrt{2}$　③$5\sqrt{3}$　④$6\sqrt{2}$　⑤$6\sqrt{3}$

3 頻出問題 △ABCにおいて，b = 5，c = 3，A = 120°のとき，aの長さとして正しいものは次のうちどれか。

①$5\sqrt{2}$　②6　③$6\sqrt{2}$　④7　⑤$7\sqrt{2}$

ヒント！ 余弦定理を使う。

4 △ABCにおいて，AB＝5，BC＝3，CA＝4のとき，△ABCの面積はいくらか。

①4　②5　③6　④8　⑤10

ヒント！ ヘロンの公式を使う。

5 頻出問題 下図のような四角形ABCDがある。AB＝10cm，∠ABD＝45°，△ABDの面積が$30\sqrt{2}$ cm^2，CD = 8cm，∠BDC＝60°であるとき，辺BCの長さはいくらか。

①$4\sqrt{7}$
②$5\sqrt{6}$
③$5\sqrt{7}$
④$6\sqrt{3}$
⑤$7\sqrt{3}$

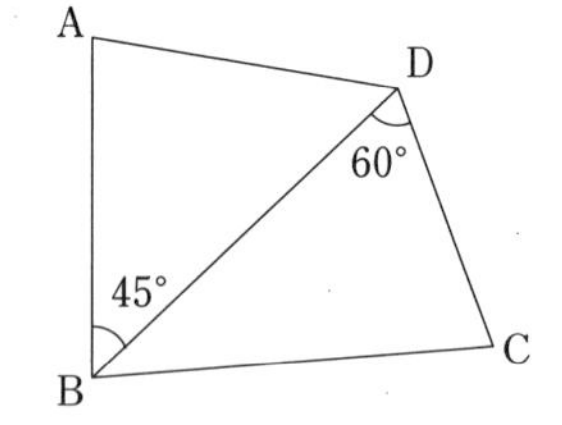

ANSWER-3 ■三角比

1 ❹

解説　$S=\dfrac{1}{2}\times\mathrm{BC}\times\mathrm{CA}\times\sin C$ より，$6=\dfrac{1}{2}\times4\times\mathrm{CA}\times\sin30^\circ$

$6=\dfrac{1}{2}\times4\times\mathrm{CA}\times\dfrac{1}{2}$　　$\mathrm{CA}=6$

2 ❹

解説　三角形の内角の和は 180°であることから，$\angle\mathrm{A}+\angle\mathrm{B}+\angle\mathrm{C}=180^\circ$

$\angle\mathrm{A}+30^\circ+105^\circ=180^\circ$　$\angle\mathrm{A}=45^\circ$

△ABCの外接円の半径を R とすると，

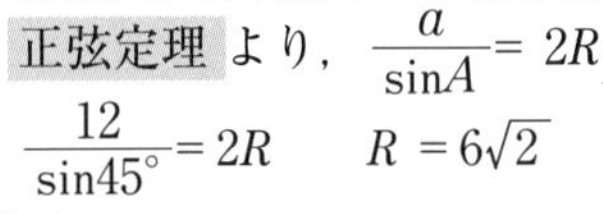

正弦定理 より，$\dfrac{a}{\sin A}=2R$

$\dfrac{12}{\sin45^\circ}=2R$　　$R=6\sqrt{2}$

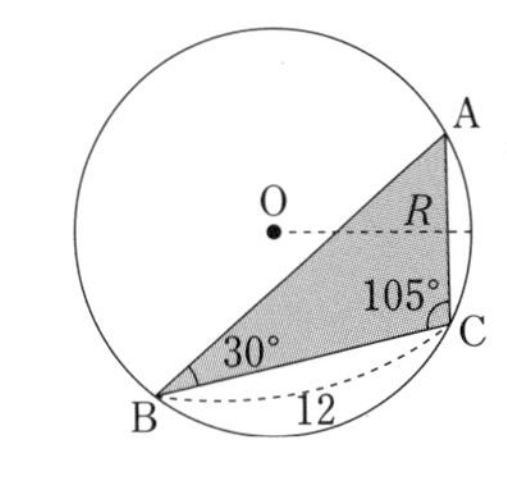

3 ❹

解説　余弦定理 より，$a^2=b^2+c^2-2bc\cos\mathrm{A}$

$a^2=5^2+3^2-2\times5\times3\times\cos120^\circ$　$a^2=25+9-30\times\cos(180^\circ-60^\circ)$

$a^2=34+30\times\cos60^\circ=34+30\times\dfrac{1}{2}=34+15=49$

$a=\pm7$　　$a>0$ より，$a=7$

4 ❸

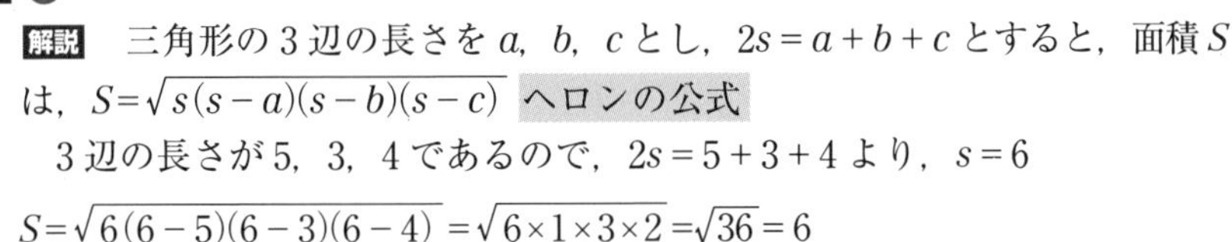

解説　三角形の 3 辺の長さを a，b，c とし，$2s=a+b+c$ とすると，面積 S は，$S=\sqrt{s(s-a)(s-b)(s-c)}$ ヘロンの公式

3 辺の長さが 5，3，4 であるので，$2s=5+3+4$ より，$s=6$

$S=\sqrt{6(6-5)(6-3)(6-4)}=\sqrt{6\times1\times3\times2}=\sqrt{36}=6$

5 ❶

解説　AB＝10，∠ABD＝45°，△ABDの面積が $30\sqrt{2}$ であることから，次式が成立する。

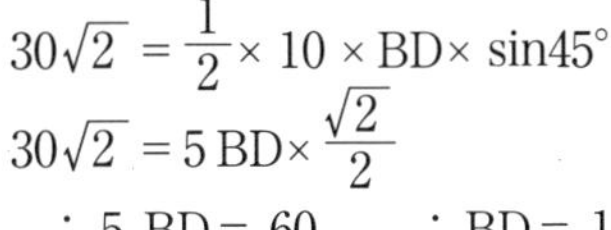

$30\sqrt{2}=\dfrac{1}{2}\times10\times\mathrm{BD}\times\sin45^\circ$

$30\sqrt{2}=5\,\mathrm{BD}\times\dfrac{\sqrt{2}}{2}$

$\therefore 5\,\mathrm{BD}=60$　　$\therefore \mathrm{BD}=12$

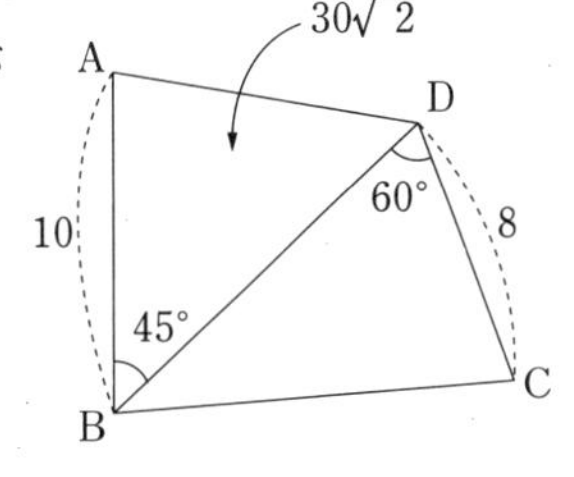

次に，BD＝12，CD＝8，∠BDC＝60°より，次式が成立する。

$\mathrm{BC}^2=12^2+8^2-2\times12\times8\times\cos60^\circ$

$\mathrm{BC}^2=144+64-96$

$\mathrm{BC}^2=112$　　$\therefore \mathrm{BC}=\sqrt{112}$　　$\therefore \mathrm{BC}=4\sqrt{7}$

数学

15. 集合，命題と条件

ここがポイント KEY

■集合の要素，包含関係

$a \in A$…aが集合Aの要素であることを示す。また，集合とは，ある条件を満たす集まりをいう。

$A \subset B$…2つの集合A，Bにおいて，AがBの部分集合であることを示す。

$A = B$…2つの集合A，Bのすべての要素が一致していることを示す。「$A \subset B$かつ$A \supset B$」のこと。

■共通部分，和集合

共通部分　$A \cap B$…AとBの両方に属している要素の集合

和 集 合　$A \cup B$…A，Bの少なくとも一方に属している要素の集合

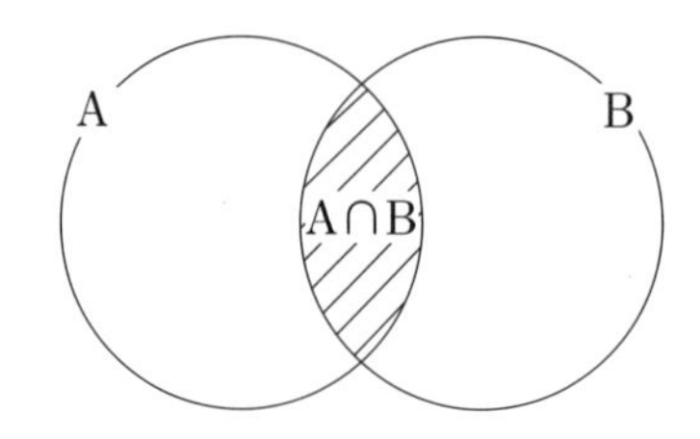

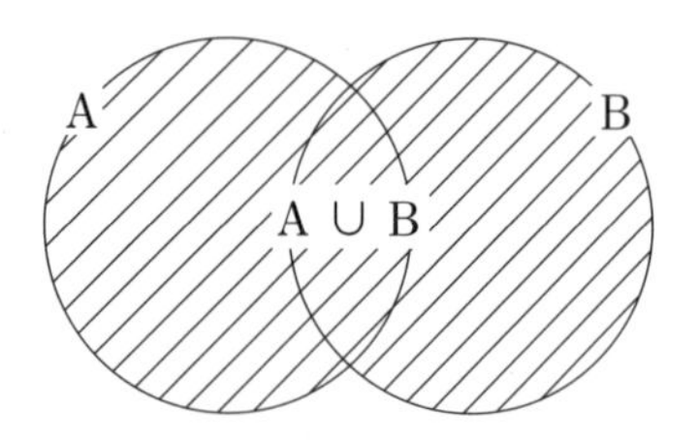

■全体集合，補集合

全体集合…考えているものの全体の集合のことで，Uで表す。

補 集 合…全体集合Uの部分集合Aに対して，Aに属さないものの集合を，Aの補集合といい，$\overline{A}$で表す。

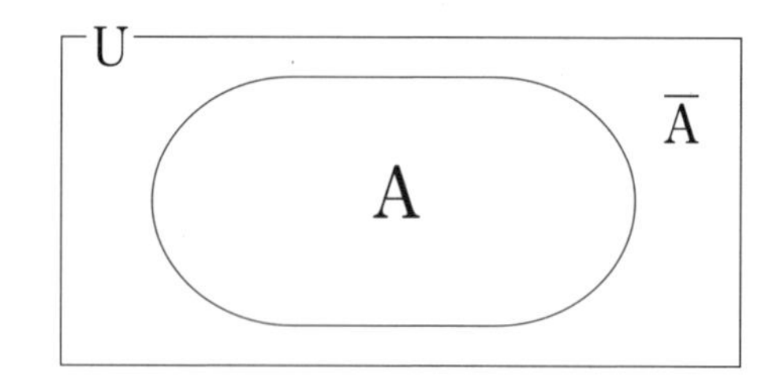

■命題，条件

命題…式や文で書かれた事柄で，それが正しいか，正しくないかが明確に決まるもの。
命題は一般に２つの条件p，qについて，「pならばqである」の形を述べられる。「pならばqである」を記号では「$p \Rightarrow q$」で表す。

条件…文字を含んだ式や文で，文字の値を決めるとその真偽が定まるもの。

■命題の真偽

２つの条件p，qを満たすものの全体の集合をP，Qとする。

(1) 命題$p \Rightarrow q$が真であるとき，条件pを満たすもののすべてが条件qを満たすので，P⊂Qが成立する（右図）。

(2) 命題$p \Rightarrow q$が偽であることを示すには，「pを満たすがqを満たさない」ような例を１つだけあげればよい。このような例を反例という。

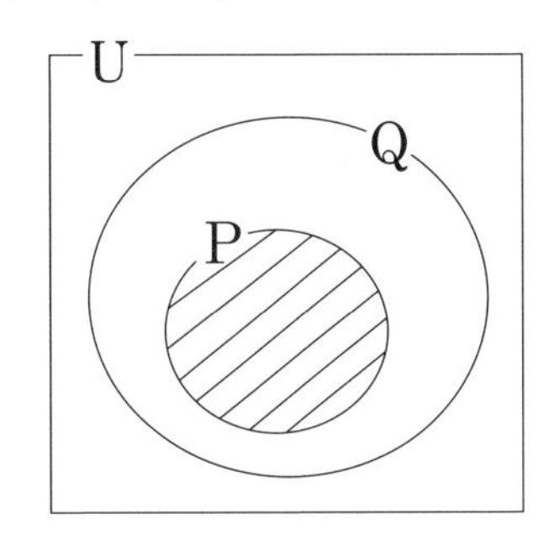

■必要条件，十分条件，必要十分条件

●２つの条件p，qについて

$p \Rightarrow q$が真，$q \Rightarrow p$が偽

このとき，pはqであるための十分条件である。
qはpであるための必要条件である。

●２つの条件p，qについて

$p \Rightarrow q$が偽，$q \Rightarrow p$が真

このとき，pはqであるための必要条件である。
qはpであるための十分条件である。

●２つの条件p，qについて

$p \Rightarrow q$が真，$q \Rightarrow p$が真

このとき，pはqであるための必要十分条件である。
qはpであるための必要十分条件である。

TEST ■集合，命題と条件

1 頻出問題 全体集合 $U = \{1, 2, 3, 4, 5, 6, 7, 8\}$ の部分集合 A と B について，$A \cap \overline{B} = \{1, 3, 4\}$，$A \cap B = \{5\}$，$\overline{A} \cap \overline{B} = \{8\}$ のとき，$\overline{B} \cup A$ の要素として，次のうち正しいものはどれか。

①$\{1, 3, 4\}$　②$\{1, 3, 4, 8\}$
③$\{1, 3, 4, 5, 8\}$　④$\{2, 6, 7, 8\}$
⑤$\{2, 5, 6, 7, 8\}$

2 頻出問題 次の □ に該当するものの組合せとして，正しいものはどれか。

・$a=0$ は，$ab=0$ であるための [I]。
・$x > y$ は，$x^2 > y^2$ であるための [II]。
・m，n が実数のとき，$m+n>0$，$mn>0$ は，$m>0$ かつ $n>0$ であるための [III]。

ア　十分条件である　　イ　必要十分条件である
ウ　必要条件である　　エ　必要条件でも十分条件でもない

	I	II	III
①	ア	ウ	イ
②	ア	イ	ウ
③	ウ	ア	エ
④	ア	エ	イ
⑤	ウ	エ	イ

3 頻出問題 次の □ に該当するものの組合せとして，正しいものはどれか。

・四角形においてすべての角が直角で，すべての辺の長さが等しいことは，正方形であるための [I]。
・△PQR において，∠P < 90° であることは，△PQR が鋭角三角形であるための [II]。

ア　十分条件である　　イ　必要十分条件である
ウ　必要条件である　　エ　必要条件でも十分条件でもない

	I	II
①	ア	イ
②	ア	ウ
③	イ	ウ
④	イ	エ
⑤	ウ	エ

ANSWER ■集合，命題と条件

1 ❸

解説　$A\cap\overline{B}=\{1,\ 3,\ 4\}$，$A\cap B=\{5\}$，$\overline{A}\cap\overline{B}=\{8\}$などをベン図で表すと下図になる。

作成の手順は，まず$A\cap B=\{5\}$をかくこと。すると，$A\cap\overline{B}=\{1,\ 3,\ 4\}$，$\overline{A}\cap B=\{2,\ 6,\ 7\}$ の位置が決まる。

$\overline{B}=\{1,\ 3,\ 4,\ 8\}$ であり，$\overline{B}\cup A=\{1,\ 3,\ 4,\ 5,\ 8\}$となる。

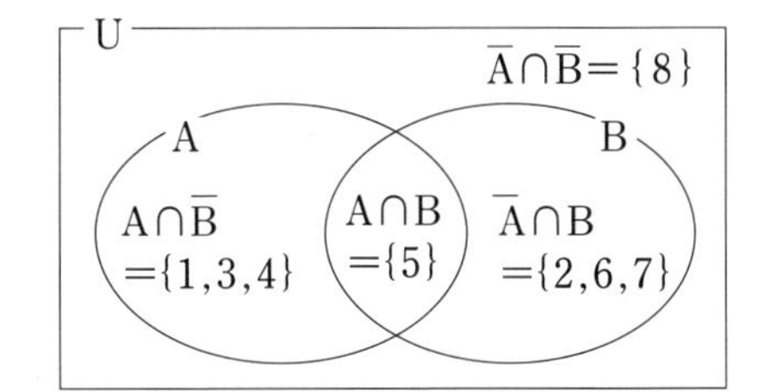

2 ❹

解説　Ⅰ：$a=0\Rightarrow ab=0$ は真である。

$ab=0\Rightarrow a=0$ は偽である。（反例：$a=2,\ b=0$）

したがって，Ⅰには「十分条件である」が入る。

Ⅱ：$x>y\Rightarrow x^2>y^2$ は偽である。（反例：$x=0,\ y=-1$）

$x^2>y^2\Rightarrow x>y$ は偽である。（反例：$x=-1,\ y=0$）

したがって，Ⅱには「必要条件でも十分条件でもない」が入る。

Ⅲ：$m+n>0,\ mn>0\Rightarrow m>0$ かつ $n>0$ は真である。

$m>0$ かつ $n>0\Rightarrow m+n>0,\ mn>0$ は真である。

したがって，Ⅲには「必要十分条件である」が入る。

3 ❸

解説　Ⅰ：「すべての角が直角で，すべての辺の長さが等しい四角形」は正方形である。よって，正方形⇒ 正方形は真である。

また，正方形 ⇒ 正方形は真である。

したがって，Ⅰには「必要十分条件である」が入る。

Ⅱ：$\angle P<90^\circ\Rightarrow\triangle PQR$ は鋭角三角形は偽である。

（反例：$\angle P=50^\circ,\ \angle Q=110^\circ,\ \angle R=20^\circ$）

$\triangle PQR$ は鋭角三角形 $\Rightarrow\angle P<90^\circ$は真である。

したがって，Ⅱには「必要条件である」が入る。

16. データの分析

ここがポイント KEY

■度数分布表とヒストグラム

度数分布表とは，表1のようにデータの数値を階級（55～60，60～65など）に分け，各階級に含まれるデータの個数を度数（5，10など）として示した表である。

ヒストグラムとは，図1のように度数分布表に整理されたものを柱状のグラフで表したものである。各階級の長方形の高さは各階級の度数を表す。

表1

階 級（kg）	度 数
55～60	5
60～65	10
65～70	25
70～75	20
75～80	10
80～85	5

図1

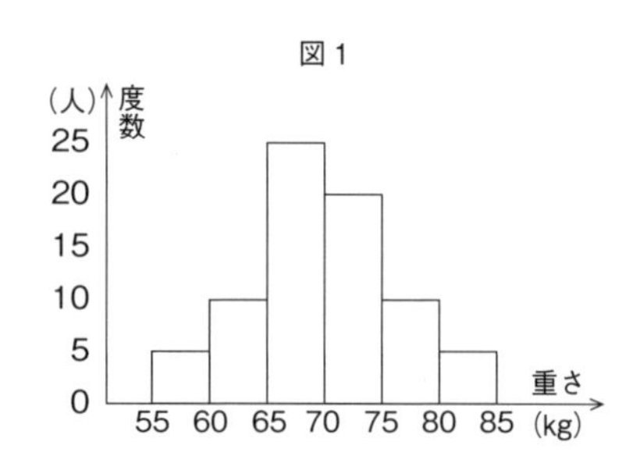

■平均値，中央値，最頻値

データの代表値としては，平均値，中央値，最頻値がある。

例えば，次のようなデータがあるとする。Aグループ５人のテスト(100点満点)の結果が，55，80，60，55，70。このとき，Aグループの平均値は，$\frac{55+80+60+55+70}{5}=\frac{320}{5}=64$（点）

中央値（メジアン）とは，データを値の大きさの順（小→大）に並べたとき，中央の位置にくる値のことである。よって，データを小さい方から順に並べると，55，55，60，70，80。したがって，3番目にある「60」が中央値となる。

最頻値（モード）とは，データにおいて最も個数の多い値のことなので，「55」が最頻値となる。

■四分位数の求め方

四分位数とは，データを値の大きさの順（小→大）に並べたとき，4等分する位置にある値のことをいう。

●データの個数が奇数のとき

例えば，7人のボールペンの保有数を5，7，3，2，10，6，8とすると，まず，これらのデータを小さい順に左から並べる。

2，3，5，6，7，8，10

次に，これらのデータを下位のデータと上位のデータに分ける。

[2　3　5]　6　[7　8　9]

「6」が中央値となるので「6」が第2四分位数となる。

「3」が下位データの中央値となるので，「3」が第1四分位数となる。

「8」が上位データの中央値となるので，「8」が第3四分位数となる。

●データの個数が偶数のとき

例えば，8人のボールペンの保有数を5，7，3，2，10，6，8，4とする。これらのデータを小さい順に左から並べと，

[2　3　4　5]　[6　7　8　10]

この場合，中央値は，$\frac{5+6}{2}=5.5$となる。よって「5.5」が第2四分位数。

下位データの中央値は，$\frac{3+4}{2}=3.5$となる。よって「3.5」が第1四分位数。

上位データの中央値は，$\frac{7+8}{2}=7.5$となる。よって「7.5」が第3四分位数。

■分散の求め方

分散とは，データの散らばりの程度を表す量である。

例えば，A市の5人の住人に1年間何回旅行するかを尋ねたところ，次のような結果が出たとする。

8回，2回，6回，3回，11回

このとき，平均値は，$\frac{8+2+6+3+11}{5}=\frac{30}{5}=6$（回）

分散s^2は平均値をもとに求めるもので，

$$s^2=\frac{1}{5}\{(8-6)^2+(2-6)^2+(6-6)^2+(3-6)^2+(11-6)^2\}$$

$$=\frac{1}{5}(4+16+0+9+25)=\frac{1}{5}\times 54=10.8$$　つまり，分散は10.8

TEST ■データの分析

1 頻出問題 次のデータは，あるバスケットチームの選手15人の体重である。第1四分位数として正しいものはどれか。

82　81　78　76　74
70　68　66　65　64
62　61　60　60　58

① 60　② 61　③ 66
④ 74　⑤ 76

2 頻出問題 次のデータは20人の数学のテスト（100点満点）の結果である。第2四分位数，第3四分位数として正しいものはどれか。

90　84　81　81　78　77　76　75　72　68
67　66　65　61　60　58　56　54　50　46

	第2四分位数，	第3四分位数
①	66.5	76.5
②	67.5	76.5
③	68.5	77.5
④	67.5	77.5
⑤	68.5	78.5

3 頻出問題 下表は，あるデパートのA商品とB商品の5日間の販売個数を示したものである。A商品とB商品の分散として正しいものはどれか。

	1日目	2日目	3日目	4日目	5日目
A商品	11個	9個	5個	6個	9個
B商品	12個	14個	8個	6個	10個

	A商品	B商品
①	3.5	6.4
②	3.5	8.0
③	4.8	8.0
④	4.8	12.5
⑤	5.4	12.5

ANSWER ■データの分析

1 ❷

解説 四分位数を求める問題の場合，まず，データを小さい順に左から並べてみることである。

58 60 60 61 62 64 65	66	68 70 74 76 78 81 82

したがって，中央値は「66」となり，これが第２四分位数となる。

第１四分位数は下位データの中央値である。

58 60 60	61	62 64 65

上記より，下位データの中央値は「61」。よって，第１四分位数は「61」。

2 ❹

解説 データを小さい順に左から並べるのが通常の解き方であるが，時間を節約するために問題に掲載されている数字をそのまま使ってもよい。

○	○	○	○	○	●	●	●	●	●
90	84	81	81	78	77	76	75	72	68
67	66	65	61	60	58	56	54	50	46

上位データと下位データがはっきり２つに分かれるので，

中位数は $\frac{67+68}{2}=67.5$　よって，「67.5」が第２四分位数

また，第３四分数位は，$\frac{77+78}{2}=77.5$

3 ❸

解説 A 商品の平均値は，$\frac{11+9+5+6+9}{5}=\frac{40}{5}=8$

したがって，分散 $s^2=\frac{1}{5}\{(11-8)^2+(9-8)^2+(5-8)^2+(6-8)^2+(9-8)^2\}=\frac{24}{5}=4.8$

B 商品の平均値は，$\frac{12+14+8+6+10}{5}=\frac{50}{5}=10$

したがって，

分散 $s^2=\frac{1}{5}\{(12-10)^2+(14-10)^2+(8-10)^2+(6-10)^2+(10-10)^2\}=\frac{40}{5}=8.0$

数学

これも解いてみよう!! データの分析

問 次のデータは，2020年1月～12月における月別の新車(普通車)の販売台数をまとめたものである。

1月	2月	3月	4月	5月	6月	7月	8月	9月	10月	11月	12月
11	12	15	7	6	10	11	9	14	12	12	13

（単位：万台）

(1) このデータの平均値はいくらか。

① 9　② 9.5　③ 10　④ 10.5　⑤ 11

(2) このデータの中央値はいくらか。

① 10.5　② 11　③ 11.5　④ 12　⑤ 12.5

(3) このデータ分散を求めよ。

① 6　② 6.5　③ 7　④ 7.5　⑤ 8

(4) このデータの標準偏差に最も近い値はどれか。

① 2.5　② 3　③ 3.5　④ 4　⑤ 4.5

解答・解説

(1) ❺

解説 $\dfrac{11+12+15+7+6+10+11+9+14+12+12+13}{12}=\dfrac{132}{12}=11$

(2) ❸

解説 データの小さい方から順に並べると，

[6，7，9，10，11，11，] [12，12，12，13，14，15]　$\therefore \dfrac{11+12}{2}=11.5$

(3) ❷

解説 $\dfrac{(11-11)^2+(12-11)^2+(15-11)^2+(7-11)^2+(6-11)^2+(10-11)^2+(11-11)^2+(9-11)^2+(14-11)^2+(12-11)^2+(12-11)^2+(13-11)^2}{12}$

$=\dfrac{78}{12}=6.5$

(4) ❶

解説 標準偏差は分散の正の平方根であるので，標準偏差 $s=\sqrt{6.5}\fallingdotseq 2.55$

英語

1. 発　音

ここがポイント　KEY

■発音記号

慣れてしまおう!!

それぞれの英単語の発音を示している記号で，これを覚えると，知らない単語でも発音することができる。つまり，日本語のふりがなのようなものである。最初は難しいかもしれないが，慣れてくると，易しく感じられるようになる。

■母　音

音には，母音と子音がある。母音とは，発音するとき，舌，歯，唇などにさまたげられずに口から出る音である。母音は次の３種類に分けられる。

母音
- 短母音………〔æ〕〔ɑ〕〔ə〕〔ʌ〕〔i〕〔u〕〔e〕〔ɔ〕
- 長母音………〔ɑː〕〔iː〕〔uː〕〔ɔː〕〔ɑːr〕〔əːr〕〔ɔːr〕
- 二重母音……〔ɑi〕〔ei〕〔ɔi〕〔ɑu〕〔ou〕〔iər〕〔ɛər〕〔uər〕

■子　音

子音とは，音が口からでるとき，唇，歯，舌などにじゃまされて出る音のこと。子音は，無声音と有声音の２種類に分けられる。無声音とは息だけの音で，声帯は振動しない。有声音とは声の音で，声帯を振動させて出す音である。

子音
- 無声音……〔p〕〔t〕〔k〕〔f〕〔θ〕〔s〕〔ʃ〕〔tʃ〕
- 有声音……〔b〕〔d〕〔g〕〔v〕〔ð〕〔z〕〔ʒ〕〔dʒ〕〔h〕〔ŋ〕〔j〕〔m〕〔n〕〔l〕〔r〕〔w〕

■母音とその例

①短母音

発音記号	例	発音記号	例
æ	cat, ant, bag	i	sit, build, pretty
ɑ	hobby, watch	u	cook, book
ə	about, famous	e	bed, bread, said
ʌ	month, summer	ɔ	soft, office

〔注〕soft [sɔ(:)ft]　office [ɔ(:)fis]

②長母音

発音記号	例	発音記号	例
ɑ:	father, car	ɑ:r	car, dark
i:	meter, field	ə:r	bird, heard
u:	moon, who, blue	ɔ:r	sport, morning
ɔ:	ball, story, saw		

③二重母音

発音記号	例	発音記号	例
ɑi	idea, sky, buy	ou	home, cold
ei	rain, take, play	iər	near, hear, here
ɔi	boy, voice	ɛər	hair, pair, care
ɑu	now, house, cow	uər	poor, your

■子音とその例

発音記号	例	発音記号	例
p	pen, picnic	b	bat, back, before
t	touch, eat, tall	d	date, dark, dear
k	king, kill, keep	g	give, go, big
f	farm, fly, feel	v	five, vacation
θ	thing, think, month	ð	this, brother
s	bus, sad, sentence	z	zoo, music, prize
ʃ	shoot, shall, ship	ʒ	pleasure, television
tʃ	catch, watch	dʒ	Japanese, just

英語

TEST ■発 音

1 次の単語のうち，下線部の発音が他の４つと異なるものはどれか。

① peace　② easy
③ leave　④ already
⑤ please　（　　）

2 次の単語のうち，発音記号〔uː〕を含まないものはどれか。

① lose　② fruit
③ caught　④ flew
⑤ soup　（　　）

3 頻出問題 次の単語の組合せのうち，下線部の発音が異なるものはどれか。

① bus　come
② world　heard
③ build　children
④ tale　break
⑤ often　both　（　　）

4 次の単語の下線部の発音が他と異なるものはどれか。

① summer　② young
③ stamp　④ southern
⑤ enough　（　　）

5 頻出問題 次のうち，２語の発音が異なる組合せはどれか。

① { sail / sale }　② { cost / coast }　③ { wood / would }

④ { weight / wait }　⑤ { right / write }　（　　）

6 次の単語のうち，発音記号〔eər〕を含まないものはどれか。

① their　② engineer
③ wear　④ chair
⑤ there　(　　)

7 次のうち，下線部の発音と同じ発音を含む語はどれか。

Don't be so l<u>ou</u>d.

① trouble　② shoulder
③ country　④ through
⑤ shout　(　　)

ANSWER ■発 音

1 ❹ 解説 ④のalreadyは〔e〕

2 ❸ 解説 caughtは〔ɔː〕。なお，caughtのghは，through，fight，mightと同様に，発音されない子音である。

3 ❺ 解説 ①〔ʌ〕②〔əː〕③〔i〕④〔ei〕⑤ oftenは〔ɔː〕または〔ɔ〕，bothは〔ou〕

4 ❸ 解説 stampは〔æ〕，他は〔ʌ〕

5 ❷ 解説 costは〔kɔːst / kɔst〕，coastは〔koust〕。また，他の4つの組合せはいずれも同音異綴(いてい)語である。基本的な同音異綴語には次のようなものがある。

ate（eatの過去）↔eight（8）／ ant（アリ）↔aunt（おば）
weakly（弱い）↔weekly（毎週の）／ son（息子）↔sun（太陽）
sight（光景）↔site（敷地）／made（makeの過去（分詞））↔maid（手伝い）
flour（小麦粉）↔flower（花）／ break（壊す）↔brake（ブレーキ）
eye（目）↔ I ／ bare（むきだしの）↔bear（クマ）
court（法廷）↔caught（catchの過去（分詞））／ tail（尾）↔tale（物語）

6 ❷ 解説 engineerは〔iə〕。一方，their，wear，chair，thereはいずれも〔eər〕

7 ❺ 解説 loudは〔ɑu〕①troubleは〔ʌ〕　②shoulderは〔ou〕③countryは〔ʌ〕　④throughは〔uː〕　⑤shoutは〔ɑu〕

英語

2. アクセント

ここがポイント KEY

■アクセント（音の強弱）

最も強く発音される部分のこと。２つ以上の母音をふくむ単語は，そのどれかひとつを強く発音する。

（例）fám・i・ly，mu・sé・um，un・der・stánd

■音節（シラブル）

母音を１つ含む発音上のまとまりをいう。母音が１つなら１音節，母音が２つなら２音節，母音が３つなら３音節という。

■アクセントの位置の目安

① every −，some −，any −，no −の部分にはアクセントがある。

（例）év・ery・thing，sóme・thing，án・y・thing，nó・bod・y

② − self，− neer，− nese，− oo，− ique の部分にもアクセントがある。

（例）my・sélf，en・gi・néer，Jap・a・nése，bam・bóo，tech・níque

③ − tion，− cian，− cial，− sion，− man，− ty のつく語は，すぐ前にアクセントがある。

（例）stá・tion，mu・sí・cian，of・fí・cial，con・clú・sion，po・líce・man，émp・ty

④次の部分にはアクセントはない。

re −，be −，− er，for −，mis −，− ful，− ly

（例）re・mém・ber，be・cóme，pláy・er，for-gét，mis・táke，beáu・ti・ful，súd・den・ly

■アクセントの位置

●2音節の語

①第1音節にアクセントのあるもの

ál·ways, ór·ange, cláss·room, vís·it, fá·mous, lán·guage, mú·sic, wín·ter, háp·py, bréak·fast, mág·ic, prác·tice, cón·quer, súp·per

②第2音節にアクセントのあるもの

en·jóy, sur·príse, be·twéen, ar·ríve, e·nóugh, per·háps, be·cáuse, for·gét, a·gáin, with·óut, ho·tél, a·fráid, be·líeve, un·tíl, mis·táke, be·gín, de-scríbe

●3音節の語

①第1音節にアクセントのあるもの

fám·i·ly, lí·brar·y, gén·tle·man, bí·cy·cle, néws·pa·per, rá·di·o, pós·si·bly, cál·en·dar, tél·e·phone, án·i·mal, Áf·ri·ca, mág·a·zine, rés·tau·rant, díf·fer·ent, mód·er·ate, hós·pi·tal

②第2音節にアクセントのあるもの

to·mór·row, im·pór·tant, um·brél·la, po·tá·to, De·cém·ber, mu·sé·um, al·réad·y, re·mém·ber, ex·pén·sive, un·cér·tain, an·óth·er, con·cép·tion

③第3音節にアクセントのあるもの

un·der·stánd, vi·o·lín, in·tro·dúce

●4音節の語

①第1音節にアクセントのあるもの

ín·ter·est·ing, tél·e·vi·sion, díc·tio·nar·y

②第2音節にアクセントのあるもの

im·pós·si·ble, A·mér·i·ca, de·móc·ra·cy, re·lí·a·ble

③第3音節にアクセントのあるもの

math·e·mát·ics, sci·en·tíf·ic, in·for·má·tion

英語

TEST ■アクセント

1 次の単語のうち，アクセントの位置が誤っているものはどれか。

① prepáre　② béside
③ Chinése　④ refléction
⑤ Gérmany　(　　)

2 次の単語のうち，アクセントの位置が正しいものはどれか。

① satísfy　② tómorrow
③ suffícient　④ admissíon
⑤ éssential　(　　)

3 頻出問題 アクセントが第2音節にある単語として正しいものはどれか。

① movement　② comfort
③ relative　④ together
⑤ suddenly　(　　)

4 頻出問題 アクセントが第3音節にある単語として正しいものはどれか。

① appointment　② impossible
③ majority　④ furniture
⑤ manufacturer　(　　)

5 最も強いアクセントの位置が他の4つと異なるものはどれか。

① concentrate　② celebrate
③ primary　④ appreciate
⑤ cultivate　(　　)

6 次の単語のうち，アクセントの位置が正しいものはどれか。

① éxpensive　② intéllectual
③ courágeous　④ puníshment
⑤ pércentage　(　　)

7 最も強いアクセントの位置が他の４つと異なるものはどれか。

① out・stand・ing　② dif・fi・cul・ty
③ in・dus・tri・al　④ ex・am・ple
⑤ un・u・su・al　(　　)

ANSWER ■アクセント

1 ❷ 解説 ②be−，re−，などの接頭辞部分にはアクセントはない。正しくはbe・síde ③−nese，−neer，−self，の部分にはアクセントがあるので，Chi-nése は容易に正しいとわかるはず。

2 ❸ 解説 正しいアクセントの位置は次の通りである。① sát・is・fy ② to・mór・row ③ suf・fí・cient ④ ad・mís・sion ⑤ es・sén・tial なお，admission の場合，語尾が−sion なので，アクセントはその前にある。

3 ❹ 解説 正しいアクセントの位置は次の通り。① móve・ment ② cóm・fort ③ rél・a・tive ④ to・géth・er ⑤ súd・den・ly

4 ❺ 解説 正しいアクセントの位置は次の通り。① ap・póint・ment ② im・pós・sible ③ ma・jór・i・ty ④ fúr・ni・ture ⑤ man・u・fác・tur・er

5 ❹ 解説 ap・pré・ci・àte の場合，第１アクセント（最も強いアクセント）は第２音節にある。そして，第２アクセントは第４音節にある。
① cón・cen・tràte ② cél・e・bràte ③ prí・ma・ry ⑤ cúl・ti・vàte

6 ❸ 解説 正しいアクセントの位置は次の通り。① ex・pén・sive ② in・tel・léc・tu・al ただし，intelligence は，in・tél・li・gence となる。③ cou・rá・geous ④ pún・ish・ment ⑤ per・cént・age

7 ❷ 解説 正しいアクセントの位置は次の通り。① òut・stánd・ing ② díf・fi・cùl・ty ③ in・dús・tri・al ④ ex・ám・ple ⑤ ùn・ú・su・al

英語

3. 英単語

ここがポイント KEY

■名詞の複数形

名詞の複数形をつくる場合，単数が規則的に変化して複数形になるものと，単数が不規則に変化して複数形になるものとがある。

名詞の複数形

規則変化の複数形（語尾に -s, -es をつけるもの）

①語尾にそのまま－s をつける。

book → books, pencil → pencils, dog → dogs

② -s, -sh, -ch, -x, -o で終わる語には -es をつける。

bus → buses, dish → dishes, church → churches

③〈子音字＋y〉で終わる語は，y を i にかえて -es をつける。

baby → babies, city → cities

④ -f, -fe で終わる語は，-f(e) を v にかえて -es をつける。

leaf → leaves, knife → knives, life → lives

不規則変化の複数形（語尾に -s, -es をつけないもの）

①母音が変化するもの

man → men, woman → women, tooth → teeth

②語尾が変化するもの　child → children

③単数と複数が同形のもの

fish → fish, sheep → sheep, Japanese → Japanese

■不規則動詞の活用

動詞には「規則動詞」と「不規則動詞」がある。規則動詞は原形に（e) d をつけて過去形，過去分詞形をつくるもので，過去形と過去分詞とは同形である。一方，不規則動詞は規則動詞以外のすべての動詞をいい，過去形，過去分詞形をつくるのに一定の規則がない。

原　形	過　去	過去分詞	原　形	過　去	過去分詞
cut	cut	cut	make	made	made
put	put	put	drink	drank	drunk
read	read	read	fall	fell	fallen
set	set	set	grow	grew	grown
become	became	become	know	knew	known
come	came	come	throw	threw	thrown
run	ran	run	give	gave	given
keep	kept	kept	see	saw	seen
sleep	slept	slept	eat	ate	eaten
bring	brought	brought	forget	forgot	forgotten
catch	caught	caught	speak	spoke	spoken
feel	felt	felt	lie	lay	lain
lend	lent	lent	take	took	taken
sell	sold	sold	forgive	forgave	forgiven
understand	understood	understood	choose	chose	chosen

■基数と序数

基数とは，１つ，２つというようにふつうの「数」を表す。一方，序数は，１番目，２番目というように「順序」を表す。

基　数	序　数	基　数	序　数
1 one	first	11 eleven	eleventh
2 two	second	12 twelve	twelfth
3 three	third	13 thirteen	thirteenth
4 four	fourth	14 fourteen	fourteenth
5 five	fifth	15 fifteen	fifteenth
6 six	sixth	16 sixteen	sixteenth
7 seven	seventh	17 seventeen	seventeenth
8 eight	eighth	18 eighteen	eighteenth
9 nine	ninth	19 nineteen	nineteenth
10 ten	tenth	20 twenty	twentieth

■同意語

ある場合に限り，ほぼ同じ意味になる語のこと。

①動　詞

visit ——	call at（場所） call on（人）	～を訪ねる
like ——	be fond of	～を好き
end ——	finish	終わる
find ——	look for	～をさがす
wish ——	hope	望む
reach ——	arrive at get to	～に着く
start ——	begin	始める

②助動詞

can ——	be able to	～できる
must ——	have to	～しなければならない
will ——	be going to	～するつもりだ

③形容詞・副詞

beautiful ——	pretty	美しい
cold ——	cool	冷たい
difficult ——	hard	むずかしい
hot ——	warm	暑い
fast ——	quick	速い
ill ——	sick	病気の
suddenly ——	all at once	突然に
actually ——	really	実際に
over ——	above	上に
down ——	below	下へ

④名　詞

gift ——	present	贈り物
fall ——	autumn	秋

覚えておこう!!

□ meet — see（会う）
□ shut — close（閉じる）
□ enter — go into / get in（～の中へはいる）
□ buy — purchase（買う）
□ dare — venture（思い切って～する）
□ join — combine（結合する）
□ proceed — advance（進む）
□ resist — oppose（抵抗する）

□ big — large（大きい）
□ good — well, nice（よい）
□ high — tall（高い）
□ several — some（いくつかの）
□ many（much）— a lot of / lots of（多くの）
□ quiet — silent（静かな）
□ also — too（～もまた）

■反意語

2語が互いに反対の意味をもつ語のこと。

覚えておこう!!

①動　詞

begin, start ——	end, finish	始める—終える
go ——	come	行く—来る
open ——	close, shut	開く—閉じる
move ——	stop	動く—止まる
give ——	take	与える—取る
remember ——	forget	思い出す—忘れる
like ——	hate	好む—嫌う
lend ——	borrow	貸す—借りる
ask ——	answer	たずねる—答える

□ stand(up)— sit(down)
(立つ—すわる)
□ work — play
(働く—遊ぶ)
□ pull — push
(引く—押す)
□ arrive — depart
(到着する—出発する)
□ satisfy — disappoint
(満足させる—失望させる)

②形容詞・副詞

absent ——	present	欠席の—出席の
bad ——	good, nice	悪い—よい
dry ——	wet	乾いた—ぬれた
true ——	false	真実の—誤った
strong ——	weak	強い—弱い
bright, light ——	dark	明るい—暗い
high ——	low	高い—低い
same ——	different	同じ—違った
clever ——	stupid	賢い—ばかな
rich ——	poor	富んだ—貧しい

□ far — near
(遠い—近い)
□ first — last
(最初の—最後の)
□ glad — sorry
(うれしい—気の毒な)
□ simple — complex
(単純な—複雑な)
□ safe — dangerous
(安全な—危険な)
□ rainy — fine
(雨の—晴れた)
□ useful — useless
(役に立つ—役に立たない)

③名　詞

day ——	night	昼—夜
east ——	west	東—西
question ——	answer	問い—答え
right ——	left	右—左
doctor ——	patient	医者—患者
gentleman ——	lady	紳士—淑女
husband ——	wife	夫—妻

□ son — daughter
(むすこ—娘)
□ prince — princess
(王子—王女)
□ king — queen
(王—女王)
□ uncle — aunt
(おじ—おば)

TEST-1 ■英単語

1 名詞の単数形と複数形の組合せとして，誤っているものはどれか。

① box — boxes　② monkey — monkeies
③ radio — radios　④ ox — oxen
⑤ mouse — mice　（　　）

2 次の動詞の活用形の組合せで，誤っているものはどれか。

	原　形	過　去	過去分詞
①	fly	flew	flown
②	arise	arose	arisen
③	mean	meant	meant
④	overcome	overcame	overcome
⑤	lie	laid	laid

（　　）

3 頻出問題 AとBの関係が，CとDの関係と同じものはどれか。

	A	B	C	D
①	begin	begun	rise	rose
②	dangerous	danger	able	ability
③	know	knowledge	moral	immoral
④	three	third	sixteen	sixty
⑤	tomato	tomatoes	photo	photoes

（　　）

4 次の同意語の組合せとして，誤っているものはどれか。

① freedom —— liberty
② courage —— bravery
③ spirit —— mind
④ body —— soul
⑤ work —— task　（　　）

5 次の反意語の組合せとして，誤っているものはどれか。

① clean —— dirty
② increase —— decrease
③ natural —— artificial
④ demand —— consumption
⑤ abstract —— concrete　（　）

ANSWER-1 ■英単語

1 ❷ 解説 ①語尾が－ x で終わる語には－ es をつけるので，boxes で正しい。②〈子音＋ y〉で終わる語は, y を i にして－ es をつけなければならない。しかし，〈母音＋ y〉で終わるものは－ s をつけるだけでよい。（例）boy → boys, monkey → monkeys　③〈母音＋ o〉で終わる語は－ s だけをつける。（例）radio → radios，bamboo（竹）→ bamboos　④ ox（雄牛）は不規則変化なので，oxen と覚えておこう。⑤不規則変化

2 ❺ 解説 ①飛ぶ　②起こる　③意味する　④打ち勝つ　⑤ lie（横たわる）の過去形は lay，過去分詞形は lain。また，lay（横たえる）の過去形は laid，過去分詞形は laid。

3 ❷ 解説 ① A － begin（動詞･原形），B － begun（動詞･過去分詞）C － rise（動詞・原形），D － rose（動詞・過去形）② A － dangerous（形容詞）, B － danger（名詞）, C － able（形容詞）, D － ability（名詞）③ A － know（動詞），B － knowledge（名詞），C と D は否定の関係　④ A － three（基数・3），B － third（序数・３番目の）C － sixteen（基数・16），D － sixty（基数・60）　⑤ A と B － tomatoes は tomato の複数形，C と D － photo の複数形は photos

4 ❹ 解説 ①自由　②勇気　③精神　④ body 身体，soul 魂　⑤仕事

5 ❹ 解説 ① clean きれいな，dirty 汚い　② increase 増加，decrease 減少　③ natural 自然の，artificial 人工の　④ demand 需要，consumption 消費，demand の反意語は supply 供給　⑤ abstract 抽象的な，concrete 具体的な

TEST-2 ■英単語

1 次の同意語の組合せとして，誤っているものはどれか。

① acute —— sharp
② complete —— perfect
③ occur —— happen
④ material —— physical
⑤ employ —— labor　　　　　　　　　　　　　　(　　)

2 次の反意語の組合せとして，誤っているものはどれか。

① actual —— ideal
② birth —— death
③ major —— minor
④ generous —— slight
⑤ voluntarily —— reluctantly　　　　　　　　　(　　)

3 頻出問題 A と B の関係が，C と D の関係と同じものはどれか。

	A	B	C	D
①	woman	women	tooth	toothes
②	difficult	hard	depart	arrive
③	loud	loudly	worthy	worth
④	noble	ignoble	special	specialist
⑤	explain	explanation	collect	collection

(　　)

4 次の同意語の組合せとして，誤っているものはどれか。

① polite —— proper
② medicine —— drug
③ crowd —— multitude
④ region —— district
⑤ opportunity —— chance　　　　　　　　　　　(　　)

5 頻出問題 次の反意語の組合せとして，正しいものはどれか。

① effect —— means
② enormous —— huge
③ complex —— steep
④ hostile —— friendly
⑤ permission —— advantage　　　　（　　）

CHECK

〈反意語〉

□ poverty（貧乏）———— wealth（富）
□ succeed（成功する）—— fail（失敗する）
□ wise（賢い）———— foolish（愚かな）
□ income（収入）———— expenditure（支出）

ANSWER-2 ■英単語

1 ❺ 解説 ①鋭い ②完全な ③起こる ④物質の ⑤ employ 雇う，使用する，labor 労働する

2 ❹ 解説 ① actual 現実の，ideal 理想の ② birth 誕生，death 死 ③ major 主要な，minor 二流の ④ generous 気前のよい，slight ささいな，なお，generous の反意語は mean けちな，slight の反意語は grave 重大な ⑤ voluntarily 自発的に，reluctantly いやいやながら

3 ❺ 解説 ① A と B − women は woman の複数形　C と D − tooth の複数形は teeth ② A と B −同意語の関係　C と D −反意語の関係 ③ A と B −形容詞と副詞の関係　C と D −形容詞と名詞の関係（なお，worth は形容詞としても使われる） ④ A と B −否定の関係　C と D −形容詞と名詞の関係 ⑤ A と B −動詞と名詞の関係　C と D −動詞と名詞の関係

4 ❶ 解説 ① polite 礼儀正しい，proper 適当な ②薬 ③群衆 ④地方 ⑤機会

5 ❹ 解説 ① effect 結果，means 手段 ②同意語で「巨大な」という意味 ③ complex 複雑な，steep 険しい ④ hostile 敵意のある，friendly 友好的な ⑤ permission 許可，advantage 有利な点，利益

英語

4. 疑問文・否定文

ここがポイント！　KEY

■普通の疑問文

疑問詞（When，Where など）を用いない普通の疑問文は，次の３つに分けられる。

be 動詞の疑問文（be 動詞＋主語～？）

Are you brothers？（あなたたちは兄弟ですか）

一般動詞の疑問文（Do〔Does，Did〕＋主語＋動詞の原形～？）

Does he live in this town？（彼はこの町に住んでいますか）

助動詞の疑問文（助動詞＋主語＋動詞の原形～？）

Can you finish the work today？
（あなたはその仕事を今日終えることができますか）

■疑問詞で始まる疑問文

疑問詞（When，Where，Who，What など）を文頭におき，〈疑問詞＋ be 動詞（do，does，can などの助動詞）＋主語＋動詞の原形～？〉の形にする。なお，答えるときは，Yes，No は使わない。

When do you usually play soccer？
── Every Sunday.
（いつもはいつサッカーをしますか）（毎週日曜日です）

Where does she live？
── She lives in New York.
（彼女はどこに住んでいますか）（ニューヨークに住んでいます）

Who teaches you Japanense？
── Miss Keiko does.
（だれがあなたに日本語を教えていますか）（ケイコさんです）

この場合，Who が主語なので，〈Who ＋動詞～？〉となる。なお，疑問詞が主語になると３人称・単数扱いとなるので，teaches となる。

What are in it ?
—— There are apples in it.
(その中に何が入っていますか)(りんごが入っています)

通常，疑問詞が主語になると３人称・単数扱いとなるが，ときには複数としても扱う。

■普通の否定文

be 動詞，一般動詞，助動詞のどの文も，否定文は not を使って，～ないの形をつくる。

be 動詞の否定文

He is not a sailor.（彼は船乗りではない）

一般動詞の否定文

They don't study English hard.
（彼らは一生懸命英語の勉強をしない）

助動詞の否定文

I can't believe you.
（あなたのことが信じられません）

■注意すべき否定表現

not を使う部分否定

not の文で，always，very，every が使われると，部分否定になる。

Masao is not always busy.
（マサオはいつも忙しいとは限りません）

He doesn't work everyday.
（彼は毎日働くわけではない）

not 以外の否定語を使う否定表現

〈no ＋名詞～〉何も～ない

There is no wind.
（風がまったくない）

〈nothing ～〉何も～ない

I know nothing about it.
（私はそれについて何も知りません）

TEST ■疑問文・否定文

1 次の文の下線部が答えの中心となるような問いの文をつくりなさい。

①I want <u>a bicycle.</u>

②I bought a drink <u>at the supermarket.</u>

③It is <u>Harumi's</u> book.

④I like <u>blue</u> best.

⑤I go to school <u>by bus.</u>

2 次の問いに対する返答文として適するものを下のア～キから選び，記号で答えなさい。

①How old is he?

②Which month has twenty-eight days ?

③Why is Hiroshi liked by everyone ?

④Didn't you call me ?

⑤Whose computer is that ?

⑥What day is today ?

⑦How often does Hiromi go to the movies ?

ア　Because he is kind to everyone.
イ　It is Tuesday.
ウ　It's my brother's.
エ　He is twenty years old.
オ　February has.
カ　She gose to the movies once a month.
キ　No, never.

3 次の日本文に合う英文になるように，＿＿に適する語を書きなさい。

①彼女は友人が少しはいる。

She has ＿＿＿ ＿＿＿ friends.

②少年はほとんどお金を持っていない。

The boy has ＿＿＿ money.

③決してあの場所に行ってはいけません。
______ go to that place.

④すべての本が私のだというわけではありません。
______ ______ the books are mine.

⑤我が目をほとんど信じられないくらいだった。
I could ______ believe my eyes.

⑥彼女もまた歯医者ではありません。
She is ______ a dentist, ______ .

⑦私は少しも疲れてはいません。
I am______ ______ ______ tired.

ANSWER ■疑問文・否定文

1 ① What do you want ? ② Where did you buy a drink ? ③ Whose book is it ? ④ What color do you like best ? ⑤ How do you go to school ? **解説** ③ whose の意味には，「だれの」「だれのもの」の２通りがある。Whose is this book ?（この本はだれのものですか）

2 ①エ ②オ ③ア ④キ ⑤ウ ⑥イ ⑦カ **解説** ④ Didn't you call me ? − No, never.（電話しませんでしたね）（ええ，一度も）

3 ① a few ② little ③ Never ④ Not all ⑤ hardly ⑥ not, either ⑦ not at all **解説** ①と② few, little は，前に a がつくと「少しはある」という意味になり，前に a がつかないと「ほとんど～ない」という否定的な意味になる。また，few は数えられる名詞に使い，little は数えられない名詞に使う。③ never は一般動詞の前，助動詞・be 動詞の後におき，「決して～ない」という意味。（例）I Will never tell a lie.（私は決してうそをつきません）④ all, every の前に not がつくと，「すべてが～というわけではない」という意味の部分否定になる。⑤ hardly の意味は「ほとんど～ない」⑥〈not ～ either…〉…もまた，～ない ⑦〈not at all〉少しも～ない

5. 命令文・感嘆文・基本５文型

ここがポイント　KEY

■英文の種類

英文は，平叙文，疑問文，命令文，感嘆文の４つに分けられる。

平叙文

事実をありのままに述べる文のことで，肯定文（～です，～する）と否定文（～ではない，～しない）がある。

My father speaks English well.（肯定文）

Mr.Brown doesn't speak English.（否定文）

疑問文

相手に質問する文で，Yes，No で答えられる普通の疑問文，Yes，No で答えられない疑問詞で始まる疑問文などがある。

Do you help your mother in the kitchen？

What is your name？

■命令文

相手に命令する文で，「肯定の命令文」「否定の命令文」「Let's ～の文」「Please のある文」の４つがある。

肯定の命令文

〈一般動詞の原形～〉か〈Be＋形容詞（名詞）～〉の形となり，～しなさいという意味を表す。

Clean your room.（部屋を掃除しなさい）

Be careful.（気をつけなさい）

否定の命令文

〈Don't＋動詞の原形～〉の形で，～してはいけないという意味を表す。

Don't use this car.（この車を使ってはいけない）

Let's ～　.の文

〈Let's＋動詞の原形～〉の形で，～しましょうという意味を表す。

Let's sing the song.（その歌を歌いましょう）

please のある文

文頭か文尾に please をつけるもので，～してください（～しないでください）という意味を表す。

Please come in.　Come in, please.（どうぞ，お入りください）

■感嘆文

“嘆き，喜びなど”を表す文で，What で始まる文と How で始まる文の２つがある。

What で始まる文

〈What ＋ a (an) ＋形容詞＋名詞＋主語＋動詞！〉

What a beautiful flower this is ！（これはなんと美しい花でしょう）

How で始まる文

〈How ＋形容詞（副詞）＋主語＋動詞！〉

How beautiful this flower is ！（この花はなんと美しいのでしょう）

■基本５文型

英文は，S（主語），V（動詞），C（補語），O（目的語）の組合せにより，次の５つの基本文型に分けることができる。

第１文型〈S＋V〉

He runs very fast.（彼はとても速く走ります）
S　V　修飾語

第２文型〈S＋V＋C〉

My mother is a teacher.（私の母は先生です）
S　V　C

第３文型〈S＋V＋O〉

She likes tennis.（彼女はテニスが好きです）
S　V　O

第４文型〈S＋V＋O＋O〉

I gave her a book.（私は彼女に本をあげました）
S　V　O　O

第５文型〈S＋V＋O＋C〉

I found the book interesting.
S　V　O　C

（私はその本がおもしろいとわかりました）

英語

TEST ■命令文・感嘆文・基本５文型

1 次の英文を和訳しなさい。

① Be kind to old people.

② Please use this pen.

③ Let's speak in English.

④ What an old house that is !

⑤ How fast he runs !

⑥ What a pretty girl !

⑦ How beautiful !

2 ２つの文が同じ内容になるように，____に適する語を書きなさい。

① { You must study English harder.
  ______ English harder.

② { You must not be afraid of the dogs.
  ______ ______ afraid of the dogs.

③ { Will you open the windows ?
  _______ the windows,_______ ?

④ { If you go at once, you will catch the bus.
  ______ at once,___ you will catch the bus.

⑤ { If you don't hurry up, you will be late for school.
  _____ _____ , _____ you will be late for school.

⑥ { How well she plays the piano !
  What a _____ _____ she is !

⑦ { What an interesting book this is !
  How _____ _____ book is !

3 次の①～⑤の文型と同じ文型を下のア～オから１つずつ選び，記号で答えなさい。

① We call him Kazu.

② Would you show me the dress made by your mother ?

③ My brother is cooking now.
④ Masaaki likes to read books.
⑤ She looks happy.

ア	I feel that life in Japan is too busy.
イ	He got tired.
ウ	The birthday present made my friend happy.
エ	I told him what to do.
オ	She studied hard to be a teacher.

ANSWER ■命令文・感嘆文・基本５文型

1 ①老人に親切にしなさい。②どうぞこのペンを使ってください。③英語で話しましょう。④あれはなんと古い家なのでしょう。⑤彼はなんて速く走るのでしょう。⑥なんてかわいい少女でしょう。⑦なんてきれいなんでしょう。

解説 ⑥⑦感嘆文は，〈主語＋動詞〉を省略することが多い。

2 ① Study ② Don't be ③ Open, please ④ Go, and ⑤ Hurry up, or ⑥ good pianist ⑦ interesting this

解説 ④〈命令文，and…〉「～しなさい，そうすれば」(すぐに行きなさい，そうすればバスに間に合うでしょう) ⑤〈命令文～, or…〉「～しなさい，さもないと…」(急ぎなさい，さもないと学校に遅れることになります)

3 ①ウ ②エ ③オ ④ア ⑤イ

解説 ① We call him Kazu. (私たちは彼をカズと呼んでいます)
(We = S, call = V, him = O, Kazu = C)

The birthday present made my friend happy.
(present = S, made = V, friend = O, happy = C)
(誕生日のプレゼントをもらい，私の友人は幸せになった)

② Would you show me the dress made by your mother ?
(you = S, show = V, me = O, dress = O)
(あなたの母親がつくったドレスを私に見せてもらえませんか)

I told him what to do. (私は彼に何をなすべきかを言った)
(I = S, told = V, him = O, what to do = O)

6. 未来形・助動詞

ここがポイント　KEY

■〈be going to 〜〉の意味

〈be going to ＋動詞の原形〉で，意味は「〜だろう（単純未来）」「〜するつもりだ（意志未来）」「〜しようとしている（近い未来）」の３通りがある。

〜だろう（単純未来）

He is going to come soon.
（彼はまもなく来るでしょう）

〜するつもりだ（意志未来）

I am going to play the piano tomorrow.
（私は明日ピアノをひくつもりです）

〜しようとしている（近い未来）

Is she going to have breakfast ?
（彼女は朝食を食べようとしていますか）

■〈be going to 〜〉の否定文と疑問文

否定文…be 動詞のすぐ後に not をつける。

I am not going to visit Nara.
（私は奈良を訪れるつもりはありません）

疑問文…be 動詞を主語の前に置く。

Is he going to wash the car tomorrow ?
（彼は明日，車を洗うでしょうか）

■ Will you 〜？と Shall I (We) 〜？

Will you 〜？

〜してくれませんかと相手に依頼するときや，〜しませんかと相手を誘うときに用いられる。

Will you close the window ?（依頼）
（窓を閉めてくれませんか）
── Yes, I will. / All right.（はい，いいですよ）
── No, I won't.（いいえ，お断りします）

Shall I ～ ?
～しましょうかと相手の意向をたずねる。

Shall I open the window ?
（窓を開けましょうか）
── Yes, please.（はい，お願いします）

Shall we ～ ?
～しましょうかと仲間の意向をたずねる。

Shall we start ?
（出発しましょうか）
── Yes, let's.（ええ，そうしましょう）

■ can と be able to ～

can には未来形がないので，〈will be able to ～〉の形を使う。

She will be able to swim.
（彼女は泳げるようになるでしょう）

■ Could you ～ ?

形は過去であるが　～していただけませんかという，現在のていねいな依頼を表す。

Could you tell me the way to the station ?
（駅へ行く道を教えていただけませんか）

■ may の意味

～してもよい，～かもしれないという意味を表す。

May I go swimming ?（泳ぎに行ってもいいですか）
She may be sick.（彼女は病気かもしれない）

英語

TEST ■未来形・助動詞

1 次の英文を和訳しなさい。

① It is going to rain.
② I won't tell it to her.
③ Hiroshi will be at home tomorrow.
④ Shall we help this poor dog ?
⑤ Will you have a cup of coffee ?

2 次の２つの文が同じ内容になるように, ____に適する語を書きなさい。

① I could not sleep well last night.
I ____ ____ ____ ____ sleep well last night.

② You must get up early tomorrow morning.
You ____ ____ get up early tomorrow morning.

③ Please clean my room, Nancy.
____ ____ clean my room, Nancy ?

④ I'll be 18 years old next year.
I ____ ____ ____be 18 years old next year.

⑤ Don't wash your car in the river.
You ____ ____ wash your car in the river.

⑥ Do you want me to open the window ?
____ I open the window ?

⑦ You don't have to write a paper.
You ____ ____ write a paper.

⑧ I advise you to go at once.
You ____ ____ go at once.

⑨ Perhaps she will come tomorrow.
She ____ come tomorrow.

⑩ { He was in the habit of taking a walk before breakfast every morning.
He ______ usually take a walk before breakfast every morning.

3 次の文を英訳しなさい。
①ここに駐車してはいけません。
②もう少し待つべきである。

ANSWER ■未来形・助動詞

1 ①雨が降りそうです。②私はそれを彼女に話すつもりはありません。③ヒロシは明日，家にいるでしょう。④このかわいそうな犬を助けてあげましょうか。⑤コーヒーを一杯いかがですか。

解説 ③ will は〈will ＋動詞の原形〉で，「〜するだろう（単純未来）」や「〜するつもりである（意志未来）」を表す。この場合，単純未来である。④〈Shall we 〜？〉は「〜しましょうか」の意味。⑤〈Will you 〜 ?〉は依頼と勧誘の２つの意味があるが，この場合，勧誘（〜しませんか）である。

2 ① was not able to ② have to ③ Will you ④ am going to ⑤ must not ⑥ Shall ⑦ need not ⑧ had better ⑨ may ⑩ would

解説 ① can ＝ be able to ② must ＝ have(has) to ③〈Will you 〜 ?〉の依頼の場合は，〈Please 〜 .〉とほぼ同じ意味を表す。 ④私は来年18歳になります。 ⑤〈must not 〜〉〜してはならない〔禁止を表す〕 ⑥〈shall I 〜 ?〉〜しましょうか ⑦ don't have to 〜＝ need not 〜 〜する必要がない ⑧〈advise 〜 to ＋動詞の原形…〉〜に…するよう忠告する，〈had better 〜〉〜したほうがよい ⑨この場合の may は〜かもしれない ⑩彼は毎朝朝食前によく散歩したものだった。would は過去の習慣を表すときに使用する。

3 ① You must not park here. ② You should wait a little more.

解説 ②助動詞 should は〜すべきであるの意味。〈a little more〉もう少し

英語

7. 比　較

ここがポイント　KEY

■比較変化

「～より背が高い」「～の中で最も美しい」などのように，２つ以上のものを比べるとき，比較の文を使う。

比較の文において，「～より背が高い」というような形を**比較級**，「～の中で最も美しい」というような形を**最上級**という。また，最上級に対して，変化しない形を**原級**という。

比較変化とは，原級→比較級→最上級と語形が変化することをいう。なお，比較変化には，規則変化と不規則変化の２通りがある。

規則変化

これには次のように５パターンがある。

①語尾にそのまま **－er**，**－est** をつける。

tall（原級）－taller（比較級）→ tallest（最上級）

②－e で終わる語は **－r**，**－st** だけをつける。

large → larger → largest

③〈子音字＋y〉で終わる語は **y を i にして** －er，－est をつける。

easy → easier → easiest

④〈短母音＋子音字〉は **子音字を重ねて**，－er，－est をつける。

big → bigger → biggest

⑤原級の前に **more**，**most** をつけて，比較級，最上級をつくる。

beautiful → more beautiful → most beautiful

不規則変化

上の５つのパターンにあてはまらないものである。

原　級	比較級	最上級
good，well	better	best
many，much	more	most
bad，ill	worse	worst

■原級の用法

①as ～ as ……　……と同じくらい～

This book is as interesting as that book.
（この本はあの本と同じくらいおもしろい）

② not as ～ as ……　……ほど～でない

Tokyo isn't as old as Kyoto.
（東京は京都ほど古くはない。）

③ as ～ as …… can　……ができるだけ～

She ran as fast as she could.
（彼女はできるだけ速く走った）

■比較級の用法

①比較級＋ than……　……よりも～

This box is smaller than that one.
（この箱はあの箱よりも小さい）

② Which（Who）is ＋比較級，A or B ?　AとBではどちらが～か

Which is easier, this book or that book ?
（この本とあの本では，どちらがやさしいですか）

③ like A better than B　BよりAが好きだ

I like summer better than winter.
（私は冬より夏のほうが好きである）

■最上級の用法

① the ＋最上級＋ of（in）……　……の中で最も～

This story is the most interesting of all.
（この物語はすべての中で最もおもしろい）

② like A the best ＋ of（in）……　……の中で最も好き

She likes tennis the best of all sports.
（彼女はすべてのスポーツの中でテニスが最も好きである）

③ one of the ＋最上級　最も～のうちの１つ

He is one of the richest men in the city.
（彼は町で最も金持ちの１人である）

TEST-1 ■比　較

1 次の比較変化のうち，誤っているものはどれか。

	〈原級〉	〈比較級〉	〈最上級〉
①	famous	more famous	most famous
②	good	better	best
③	pretty	prettier	prettiest
④	useful	usefuler	usefulest
⑤	much	more	most

2 次の（　　）内の語を適当な形にして，文中の空欄に入れなさい。

①You are the（　　　）of the three.（young）

②Jack drives a car（　　　）than Jim.（carefully）

③Your camera is（　　　）than mine.（good）

④Which is（　　　）, Tokyo or Osaka ?（large）

⑤He sings（　　　）in his class.（well）

3 次の英文を和訳しなさい。

①Knowledge is as important as freedom.

②Which is stronger in earthquakes, wooden houses or stone ones ?

③Does he work harder than you ?

④What is the shortest month of the year ?

⑤Iron is more useful than gold.

4 次の各組の英文がほぼ同じ意味になるように，＿＿に適する語を書きなさい。

① She can ski better than I.
I can't ski ＿＿ ＿＿ as she.

② I am weaker than you.
I am ＿＿ ＿＿ strong ＿＿ you.

③ { Keiko is as pretty as Mari, but they are not as pretty as Mayumi.
Mayumi is _____ _____ of the _____ .

④ { My tennis racket isn't as expensive as his.
His tennis racket is _____ _____ _____ mine.

⑤ { They don't have as much money as I have.
I haves _____ moneys _____ they have.

ANSWER-1 ■比　較

1 ❹ **解説** 2音節以上の語の一部（-ful, -less, -ous, -ly など）は，その前に more，most をつけて比較級，最上級をつくる。useful の比較級は more useful，最上級は most useful となる。

2 ① youngest　② more carefully　③ better　④ larger　⑤ best
解説 ①あなたは３人の中で最も若い。　②ジャックはジムよりも慎重に運転する。③あなたのカメラは私のものよりもよい。　④東京と大阪ではどちらが大きいですか。⑤彼はクラスの中で最も歌がうまい。

3 ①知識は自由と同じくらい重要である。
②木の家と石の家では，どちらが地震のとき強いですか。
③彼はあなたより熱心に働きますか。
④１年のうちで最も短い月は何ですか。
⑤鉄は金よりも有用である。

4 ① as well　② not as, as　③ the prettiest, three　④ more expensive than　⑤ more, than　**解説** ① better は比較級。better の原級は well。better の原級は good と well の２つがあるので，使い分けに注意すること。②同じ意味にするには，ここでは not as ～ as を使う。③「マユミは３人の中で最もかわいい」ことになるので，最上級を使う。④ expensive の比較級は more expensive　⑤ much の比較級は more である。

英語

TEST-2 ■比　較

1 次の日本文に合う英文になるように，_____に適する語を入れなさい。

①あなたはコーヒーと紅茶では，どちらが好きですか。

_____ do you like _____ , coffee _____ tea ?

②私はすべてのスポーツの中でサッカーが一番好きです。

I like soccer _____ _____ _____ all sports.

③本州はグレート・ブリテン島より少し大きい。

Honshu is _____ _____ larger than Great Britain.

④日ごとにだんだん暖かくなってきている。

It is getting _____ and _____ day by day.

⑤観客の大部分は若い女性であった。

_____ _____ the spectators were young girls.

2 次の各組の文がほぼ同じ内容を表すように，_____に適する語を入れなさい。

① I am fifteen years old. My sister is seventeen years old.
I am _____ _____ _____ than my sister.

② Hiroshi is clever than any other boy in his class.
Hiroshi is _____ _____ boy in his class.

③ Summer is the hottest season.
_____ _____ season is as hot as summer.

④ I threw the ball back to him as fast as I could.
I threw the ball back to him _____ fast _____ _____ .

⑤ She has twice as many books as I.
I have _____ as many books as she.

試験情報 本試験では，「次のうち，2つの英文の意味が同じものはどれか」という問題がよく出題される。上問のように，_____ に適する語を入れる問題は出題されない。しかし，ここで _____ に適する語を覚えることにより，2つの英文の意味を同じにするテクニックをマスターしてもらいたい。

3　次の文を英訳しなさい。
①富士山は日本で一番高い山である。
②わが家よりよいところはない。
③彼女は実際より若く見える。

ANSWER-2 ■比　較

1　① Which, better, or　② the best of　③ a little　④ warmer, warmer　⑤ Most of　**解説**　① Which ～ like better, A or B ? の構文である。　② of ＋複数形，in ＋単数形。この場合，sports と複数形になっているので，of を使う。③比較級の前に a little をおくと，「……よりも少し～」となる。④比較級を重ねると，ますます，だんだんといった意味を表す。たとえば，「月はますます明るく輝いた」の場合，The moon shone more and more brightly.　⑤ most of たいてい（の），大部分（の）

2　① two years younger　② the cleverest　③ No other　④ as, as possible　⑤ half　**解説**　①私が 15 歳で，姉が 17 歳なので，私は姉より 2 歳若いことになる。②これは試験に特によく出るので完全マスターしておくこと。〈比較級＋ than any other ＋単数名詞〉⟷〈 the ＋最上級＋単数名詞＋ in (of) ……〉③この場合，No other ～を使う。④「できるだけ～」の意味を表すのに，〈 as ＋形容詞・副詞＋ as one can〉と〈 as ＋形容詞・副詞＋ as possible〉の 2 つの表現がある。⑤ —倍の～の場合，—〈times as ～ as……〉を使う。（例）That box is three times as big as this one. ただし，「2 倍の～」については通常，two times ではなく twice，「半分の～」は half を使う。

3　① Mt.Fuji is the highest mountain in Japan.
② There is no place like home.
あるいは，No place is better than home.
③ She looks younger than she really is.
あるいは，She is not as young as she looks.

英語

8. 現在完了

ここがポイント KEY

■現在完了の形

肯定文

〈主語＋ have（has）＋過去分詞〉の形で表す。なお，主語が 3 人称・単数の場合には has を使う。

否定文

〈主語＋ have（has）＋ not ＋過去分詞〉の形で表す。haven't，hasn't の短縮形がよく使われる。

疑問文

〈Have（has）＋主語＋過去分詞～？〉が一般的な形である。なお，答え方は〈Yes，～ have（has）〉，または〈No，～ haven't（hasn't）〉。

■現在完了の用法

「継続」「完了」「結果」「経験」の 4 つの用法がある。

継続

ずっと～しているの意味で，過去のある時点に始まった動作や状態が現在もまだ続いていることを表す。

It has been cold for a week.（1 週間前からずっと寒い）

I have known her since 2000.

（私は 2000 年以来，彼女を知っている）

ポイント

「継続」を表す副詞句として，for ～（～の間），since ～（～以来）などがある。

完了

～したところだ，～してしまったの意味で，過去に始まった動作が終わったばかりであることを表す。

I have just eaten breakfast.

（私はちょうど朝食を食べたところです）

She has already made a dress.
（彼女はもうドレスを作ってしまいました）

ポイント
動作が完了していることをはっきり示すため，just, already などの副詞がよく使われる。

結果
～してしまった（その結果，今……）の意味で，過去の出来事の影響が現在にまで及んでいることを表す。

I have lost my key.（私は鍵をなくしてしまった）
She has gone to Canada.
（彼女はカナダに行ってしまった）〈今もカナダに行ったまま〉

経験
～したことがあるの意味で，過去から現在までの経験を表す。

I have visited London once.
（私は一度ロンドンを訪れたことがあります）
I have seen him before.
（私は彼に以前会ったことがあります）

ポイント
「経験」を表す文では，once, before, often などがよく使われる。

■現在完了形の注意点

現在完了形では使われない副詞や副詞句

現在完了はなんらかの点で現在とかかわりをもっている表し方なので過去の1点だけを示す副詞（yesterday, ago, last week）などと一緒に使うことはできない。

○ She left yesterday.　× She has left yesterday.

have been to ～の2つの意味

「完了」と「経験」では意味が異なる。

I have just been to Canada.
（私はカナダへ行ってきたところです）〔完了〕
I have been to Canada before.
（私は以前，カナダに行ったことがあります）〔経験〕

TEST ■現在完了

1 次の英文を和訳しなさい。

① My mother has been sick for a week.
② I have just written to him.
③ I have never visited Fukuoka.
④ Has she lived in Kyoto long ?
⑤ He has been playing tennis for two hours.

2 次の文を（　　）内の指示にしたがって書きかえなさい。

① I have seen the picture before.　（否定文に）
② He has already finished his homework.　（疑問文に）
③ The weather is fine.（since last Saturday をつけ加えて）
④ Takumi has lived in England for ten years.
　（下線部が答えの中心となる疑問文に）
⑤ Hiroshi has been in the hotel.
　（下線部が答えの中心となる疑問文に）

3 次の日本文の意味を表すように，＿＿＿に適当な語を入れなさい。

①シゲルはアフリカに行ってしまった。
Shigeru has ＿＿＿ ＿＿＿ Africa.

②彼は医者になった。
He ＿＿＿ ＿＿＿ a doctor.

③いつから暖かいのですか。
＿＿＿ ＿＿＿ has it been warm ?

④私は以前，イギリスにいたことがある。
I have ＿＿＿ ＿＿＿ England before.

⑤ケンゴはまだ窓を掃除していない。
Kengo ＿＿＿ cleaned the window ＿＿＿ .

ANSWER ■現在完了

1 ①母は１週間ずっと病気です。
②私はちょうど彼に手紙を書いたところです。
③私は福岡を訪れたことがありません。
④彼女は京都に長く住んでいますか。
⑤彼は２時間ずっとテニスをしています。

解説 ①継続の用法 ②完了の用法。なお，I have written to him once. の場合，経験を示す once があるので，「私は一度，彼に手紙を書いたことがある」と訳す。③経験の否定 ④現在完了形の疑問文 ⑤〈have (has) been +～ ing〉の形を現在完了進行形という。

2 ① I have not seen the picture before.
② Has he finished his homework yet ?
③ The weather has been fine since last Saturday.
④ How long has Takumi lived in England ?
⑤ Who has been in the hotel ?

解説 ①現在完了の否定文は have (has) の後に not をおく。②（彼はもう宿題を終えましたか）完了の用法では，肯定文では already（すでに），just（ちょうど），疑問文では yet（もう），否定文では yet（まだ）などの副詞を使う。⑤ who, where などの疑問詞を使う場合，疑問詞を文頭におく。

3 ① gone to ② has become ③ How long ④ been in ⑤ hasn't, yet

解説 ① Shigeru has been to Africa. の場合，（シゲルはアフリカに行ったことがある）となる。つまり，アフリカに行ったことはあるが，今はここにいる。② has become の場合 , 現在も“医者である”ということを表している。③ How long の後には , 通常，現在完了形の疑問文が続く。④経験の用法。これに対して，次のような継続の用法もある。I have been in England for a year.（私はイギリスに１年間います）⑤否定文で「まだ～していない」というときは，yet を文尾に置いて「まだ」という意味を表す。

英語

9. 受動態

ここがポイント

KEY

■受動態の形と意味

〈be動詞＋過去分詞〉で表し，（～によって）……される（されている）という意味を表す。

She is loved by everybody.
（彼女はみんなに愛されている）

＊byをつけて～によってをあらわすのが基本である。

■現在・過去の受動態

受動態の時制はbe動詞によって表す。

現在の受動態……is (am, are) ＋過去分詞

This song is liked by young people.
（この歌は若い人々に好まれています）

過去の受動態……was (were) ＋過去分詞

The book was written by Mr.Brown.
（その本はブラウンさんによって書かれた）

■能動態から受動態への書きかえ

～は（……を）――するという言い方を能動態という。受動態とは，能動態の目的語を主語にするものである。

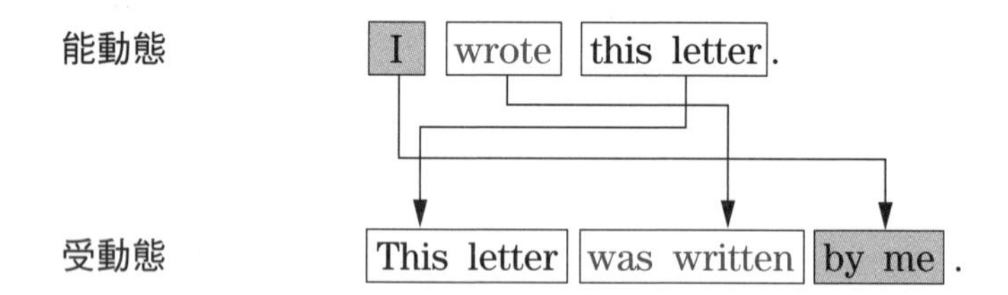

■受動態の疑問文

受動態はbe動詞のある文なので，be動詞の文と同じように疑問文をつくればよい。

be動詞を主語の前に出す

This car was made in Japan.

↓

Was this car made in Japan ?

（この車は日本で作られましたか）

■受動態の否定文

be動詞の後に，notを置く。

I was invited by her.

↓

I was not invited by her.

（私は彼女から招待されなかった）

■〈by ～〉の省略

～によってというように行為者を示さなくてもわかる場合，あるいは特に示す必要のない場合には，byが省略される。

They speak English in Australia.

↓

English is spoken in Australia (by them).

（オーストラリアでは英語が話されています）

■by以外の前置詞を使う受動態

行為者とは考えにくい場合には，それぞれの状況に応じた前置詞が使われる。

I was surprised at the news.（私はその知らせに驚きました）

She is known to everyone.（彼女はみんなに知られています）

The sky is covered with clouds.（空は雲でおおわれています）

Cheese is made from milk.（チーズは牛乳でつくられています）

TEST ■受動態

1 各組の２文がほぼ同じ意味を表すように，＿＿＿ に適当な語を入れなさい。

① { People didn't speak English in that coutry.
English ＿＿＿ ＿＿＿ in that country.

② { Many children will read this book.
This book ＿＿＿ ＿＿＿ ＿＿＿ by many children.

③ { He gave his sister the dictionary.
The dictionary ＿＿＿ ＿＿＿ ＿＿＿ his sister by him.

④ { The news about the war was a big surprise to me.
I ＿＿＿ very ＿＿＿ ＿＿＿ the news about the war.

⑤ { When did Masaru write the letter ?
＿＿＿ ＿＿＿ the letter ＿＿＿ by Masaru ?

重要 P230の **試験情報** で述べたように，上記の ＿＿ に適する語を覚えることにより，2つの英文の意味を同じにするテクニックをマスターしてもらいたい。

2 次の文中の（　　）に適当な前置詞を入れなさい。

① Japanese houses are made（　　）wood.
② The mountain is covered（　　）snow.
③ He is interested（　　）computers.
④ I am pleased（　　）it.
⑤ I am ashamed（　　）you.

3 次の文を英訳しなさい。

①日本では何語が話されていますか。
②このコンピュータは50年前に使われました。
③その犬は一郎によって世話をされた。
④あなたはなぜ笑われたかを知っていますか。
⑤ローマは１日にして成らず。

ANSWER ■受動態

1 ① wasn't spoken ② will be read ③ was given to ④ was, surprised at ⑤ When was, written

解説 ①受動態にすればよいので，was spoken。そして，否定文なので，wasn't spoken となる。②助動詞がある場合，〈助動詞 + be + 過去分詞〉の形となる。③これは，目的語が２つある場合の受動態である。

He gave his sister the dictionary. the dictionary を主語にした場合，目的語の his sister の前に to がつくことになるが，これは動詞によって異なるので，そのつど覚えておこう。また，his sister を主語にすると，His sister was given the dictionary by him. となる。④〈be surprised at ～〉～に驚く〈be filled with ～〉～で満たされている，などは連語なので，覚えておくこと。⑤〈疑問詞 + be 動詞 + 主語 + 過去分詞〉の語順となる。

(He: S, gave: V, his sister: O, the dictionary: O)

2 ① of ② with ③ in ④ with ⑤ of

解説 これらは〈be surprised at〉などと同様に連語なので覚えておこう。①be made of～と，be made from～の違いは，前者は見て形のわかる材料に使い，後者は見て形のわからない材料に使う。③〈be interested in～〉～に興味がある ④〈be pleased with～〉～に満足している ⑤〈be ashamed of〉～が恥ずかしい

3 ① What language is spoken in Japan ?

② This computer was used fifty years ago.

③ The dog was taken care of by Ichiro.

④ Do you know why you were laughed at ?

⑤ Rome was not built in a day.

解説 ①疑問詞が主語の場合は，肯定文と同じ語順となる。③〈take care of～〉～の世話をする ⑤これは「ことわざ」なので，暗記しておこう。

英語

10. 不定詞

ここがポイント KEY

■不定詞とは

〈to +動詞の原形〉を不定詞という。この不定詞には，名詞，形容詞，副詞のように使われる3つの用法がある。

■名詞的用法

～することという意味を表し，文中で目的語，主語，補語のはたらきをする。

目的語	I like to play baseball . （私は野球をすることが好きです）
主　語	To speak English is not easy for me . （英語を話すことは私にはやさしいことではない）
補　語	My hobby is to collect stamps . （私の趣味は切手を集めることです）

■形容詞的用法

～するための，～すべきという意味を表し，すぐ前の名詞や代名詞を修飾する。

Do you have anything to eat ?

（あなたは何か食べるものを持っていますか）

Here is a picture to show you.

（ここにあなたに見せるための写真がある）

She has no house to live in.

（彼女には住む家がない）

■副詞的用法

〈to ＋動詞の原形〉が副詞と同じ働きをして，動詞や形容詞，副詞，文全体を修飾する用法であり，目的，原因・理由，条件，結果などを表す。

目的を表すもの

～するために，～してという意味で，動作の目的を表す。

He went there to swim.

（彼は泳ぐためにそこへ行った）

原因・理由を表すもの

～しての意味で，原因・理由を表す。

I'm glad to see you.

（あなたに会えてうれしい）

■疑問詞＋不定詞

「疑問詞の意味＋～すればよいのか」を表す。通常，ask，know，learn などの動詞の目的語となる。

I know how to ski.

（私はスキーの仕方を知っています）

Do you know when to start ?

（いつ出発したらよいか知っていますか）

■ ask（tell など）＋目的語＋不定詞

〈ask ＋人＋ to ～〉人に～するように頼む

I asked her to open the door.

（私は彼女にドアを開けるよう頼んだ）

〈tell ＋人＋ to ～〉人に～するように言う

My mother told me to study hard.

（母は私に一生懸命に勉強するように言った）

〈want ＋人＋ to ～〉人に～してもらいたい

I want you to go there.

（私はあなたにそこへ行ってもらいたい）

TEST-1 ■不定詞

1 次の英文を和訳しなさい。

①I want something to eat.

②Lots of people rushed to California to find gold.

③Do you know how to use this camera ?

④To read books is fun.

⑤We are sorry to hear the news.

2 次の日本文に合う英文になるように, _____ に適する語を書きなさい。

① 兄は今日の午後はするべき仕事がたくさんあります。
My brother has a lot of _____ _____ _____ this afternoon.

② 私は一人で外出しないと約束した。
I promised _____ _____ _____ out alone.

③ あなたはどこでパスポートを受け取るか知っていますか。
Do you know _____ _____ _____ a passport ?

④ 彼には遊ぶ友だちがほとんどいなかった。
He had _____ friends _____ _____ with.

⑤ 最も重要なことは次に何をするかである。
The most important thing is _____ _____ _____ next.

3 次の日本文の内容を表すように,（　　）内の語句を並べかえなさい。

①星を見るのはおもしろい。
(the, interesting, to, at, stars, look, it, is)

②彼は金持ちなのでその車を買うことができる。
(buy, car, is, he, the, enough, rich, to)

③私たちがそれを学ぶことは重要です。
(is, us, for, that, learn, it, important, to)

④この問題を解決することは簡単ではない。
(solve, easy, to, problem, it, this, is, not)

⑤彼はたいへん年を取っているので，一人で旅行はできない。
（alone，he，travel，too，to，old，is）

ANSWER-1 ■不定詞

1 ①何か食べ物がほしい。
②多くの人々が金を見つけるためにカリフォルニアに殺到した。
③あなたはこのカメラの使い方がわかりますか。
④本を読むことはおもしろい。
⑤私たちはその知らせを聞いて残念です。

解説 ① to eat が something を修飾している。形容詞的用法 ②「～するために」と訳し，副詞的用法。 ③ how to ～ ～の仕方 ④ To read は名詞的用法で，この場合，主語の働きをしている。⑤ to hear は副詞的用法で，原因・理由を表している。

2 ① work to do ② not to go ③ where to get ④ few，to play ⑤ what to do **解説** ① a lot of ～ たくさんの～ ② **ポイント** 不定詞を否定する場合，不定詞の前に not をつける。③と⑤「疑問詞＋不定詞」には，how，where，when，which，what のような疑問詞が使われる。④ few に a をつけない場合，ほとんど～ないという意味。

3 ① It is interesting to look at the stars.
② He is rich enough to buy the car.
③ It is important for us to learn that.
④ It is not easy to solve this problem.
⑤ He is too old to travel alone.

解説 **ポイント** ①〈It is ～ to……〉……するのは～である，この場合，It は形式主語で，to ～以下が本当の主語。②〈～ enough to……〉……するには十分～だ，enough の前には通常，形容詞や副詞がくる。③〈It is ～ for ― to……〉――にとって……するのは～だ，不定詞の意味上の主語には通常，for ――を使うが，It is の後ろに kind，nice，foolish などの形容詞がくると，of ――を使う。⑤〈too ～ to……〉あまりに～なので……できない

英語

TEST-2 ■不定詞

1 次の ____ に適当な語を入れて，ほぼ同じ内容の文にしなさい。

① He can't drive a car.
He doesn't know ____ ____ drive a car.

② As she is rich, she can buy a house.
She is rich ____ ____ buy a house.

③ I'm so excited that I can't eat anything.
I'm ____ excited ____ eat anything.

④ She didn't know what she should do at the moment.
She didn't know ____ ____ ____ at the moment.

⑤ My father asked me to stop the car.
My father ____ ____ me, " ____ ____ the car."

重要 P230の **試験情報** で述べたように，上記の ____ に適する語を覚えることにより，2つの英文の意味を同じにするテクニックをマスターしてもらいたい。

2 日本文の意味を表すように，（　　）に適当な語を入れなさい。

①あなたはそれを直ちにやめた方がよい。
You had (　　　) give it up at once.

②あなたに電話するように彼女に言っておきましょう。
I'll tell (　　　) (　　　) (　　　) you.

③このお茶はあまりに熱すぎて私には飲めません。
This tea is too hot (　　　) (　　　) to drink.

④私は彼に歌を一曲歌ってもらいたい。
I (　　　) (　　　) to sing a song.

⑤私たちはあなたに携帯電話を使わないようにお願いしたい。
We would like to ask (　　　) (　　　) (　　　) (　　　) portable telephones.

3 次の文を英訳しなさい。
①うそをつくことはよくない。
②私にとって英語を征服することは難しい。
③彼は正直だから，そんなことは言えない。
④彼女は親切にも私を手伝ってくれた。
⑤私に何か熱い飲みものをください。

ANSWER-2 ■不定詞

1 ① how to ② enough to ③ too, to ④ what to do ⑤ said to, Please stop **解説** ①（彼は車を運転できない）（彼は運転の仕方を知らない）②（彼女は金持ちなので，家を買うことができる）（彼女は家を買うのに十分金持ちである）③（私はとても興奮しているので，何も食べられない）so ～ that ____ can't…… ⟷ too ～ to…… ④（彼女はその時何をすべきかわからなかった）⑤（私の父は私に車を止めるように頼んだ）（私の父は"どうか車を止めてください"と言った）ask の文の場合，命令文に書きかえるとき，Please ～の命令文になることを忘れないこと。

2 ① better ② her to call ③ for me ④ want him ⑤ you not to use **解説** ①〈had better + to のない不定詞（原形不定詞）〉～するほうがよい，～すべきだ（例）she had better lose some weight quickly.（彼女は早く体重を減らしたほうがよい）②〈tell（ask など）+ 目的語 + to……〉の文では，目的語と不定詞は〈主語 + 動詞〉の関係になっている。③この場合，目的語は省略されるので，to drink の後に it（this tea）をつけない。④〈want + 人 + to ～〉人に～してほしい ⑤〈not + 不定詞〉～しないように 〈would like to ～〉（できれば）～したい

3 ① It is wrong to tell a lie.
② It is hard for me to master English.
③ He is too honest to say such a thing.
④ She was kind enough to help me.
⑤ Give me something hot to drink.
解説 ⑤〈something + 形容詞 + 不定詞〉の語順となる。

英語

11. 動名詞

ここがポイント KEY

■動名詞とは？

〈動詞＋ing〉の形で，「～すること」という意味を表す。なお，動詞でありながら，名詞と同じ働きをすることから「動名詞」といわれる。

■動名詞の用法

動名詞は単独または語句を伴って，主語，補語，目的語となる。

主　語

Reading books is interesting.
（本を読むことはおもしろい）

Taking pictures is his hobby.
（写真を撮るのが彼の趣味です）

Reading，Taking とも，「～すること」と訳し，名詞としての働きをしている。一方，動詞としての働きもするので，books，pictures という目的語をとる。

補　語

My work is selling cars.
（私の仕事は車を売ることです）

My hobby is playing tennis.
（私の趣味はテニスをすることです）

selling，playing とも，「～すること」と訳し，名詞としての働きをしている。一方，両方とも be 動詞に続いて，補語の働きもしている。

目的語

I like watching TV.
（私はテレビを見ることが好きです）

Hiroshi started running.
（ヒロシは走り始めた）

watching, running とも,「～すること」と訳し, like, started という動詞の目的語となっている。

■前置詞の目的語

in, at, of, for などの前置詞のあとに動詞が続くときは, 動名詞の形〈～ ing〉にしなければならない。また, その意味は「～すること」。

She is interested in collecting stamps.
（彼女は切手を集めることに興味があります）

Taro is good at swimming.
（タローは水泳が得意です）

■動名詞と不定詞

動名詞も不定詞も名詞の働きをするので, ともに動詞の目的語になることができる。しかし, 動詞により, 次のような違いがある。

目的語として動名詞と不定詞の両方が使える動詞

like, begin, start, love, continue など

○ It began raining.（雨が降り始めた）

○ It began to rain.

目的語として動名詞だけが使える動詞

enjoy, finish, stop, mind, help, give up など

○ Keiko enjoyed making a pie.
（ケイコはパイ作りを楽しんだ）

× Keiko enjoyed to make a pie.

目的語として不定詞だけが使える動詞

want, wish, hope, decide, expect など

× I want seeing her.

○ I want to see her.
（私は彼女に会いたい）

TEST ■動名詞

1 次の２つの文が同じ内容になるように，____に適する語を書きなさい。

① He likes to watch TV very much.
He is very fond of _____ TV.

② Nancy plays the violin well.
Nancy is _____ at _____ the violin.

③ Learning foreign languages is necessary.
It is necessary _____ _____ foreign languages.

④ We played tennis in the park. We enjoyed it very much.
We _____ _____ tennis in the park very much.

⑤ She went out of the room. She did not say good-by.
She went out of the room _____ _____ good-by.

重要 P 230の **試験情報** で述べたように，上記の____に適する語を覚えることにより，2つの英文の意味を同じにするテクニックをマスターしてもらいたい。

2 次の語句を並べかえて，日本文に合う英文にしなさい。

① book，a，I，reading，learned，lot，the，by
（私はその本を読むことでたくさんのことを学んだ）

② looking，you，I，again，forward，am，to，seeing
（またお会いすることを楽しみにしています）

③ indeed，difficult，chef，is，a，becoming
（コック長になることは本当に難しい）

④ busy，my，dinner，cooking，mother，was
（母は夕食をつくるのに忙しかった）

⑤ Saturday，Kyoto，about，visiting，next，how
（今度の土曜日に京都を訪れるというのはどうですか）

ANSWER ■動名詞

1 ① watching　② good, playing　③ to learn　④ enjoyed playing　⑤ without saying

解説 ①前置詞 of のあとには名詞がくる。また,「テレビをみる」の「みる」を表す動詞を入れなければならないので,名詞と動詞の働きを組み合わせた動名詞 watching がよい。② at の後には playing が入る。~するのが上手を表すものとしては〈be good at ~〉がある。③ Learning foreign languages の Learning は動名詞。これと同じ働きをするのは不定詞の名詞的用法。したがって,to learn が入ることになる。試験でねらわれるところは決まっているので,そこを確実に覚えておくとよい。④動詞が２つ,played, enjoyed が使われているので,１つを動詞として使い,もう一方を動名詞として使う。したがって,enjoyed playing となる。⑤こういう場合,without ~ ing を使うことを覚えておくとよい。

2 ① I learned a lot by reading the book.
② I am looking forward to seeing you again.
③ Becoming a chef is difficult indeed.
④ My mother was busy cooking dinner.
⑤ How about visiting Kyoto next Saturday ?

解説 ②〈look forward to ~ ing〉~することを楽しみにして待つ　④〈be busy ~ ing〉~するのに忙しい　このほかに,〈~ ing〉を含む慣用表現は次のようなものがある。〈go ~ ing〉~しに行く（例）go shopping　買物に行く,go fishing　つりに行く〈go on ~ ing〉および〈keep on ~ ing〉~し続ける（例）go on singing　歌い続ける　⑤〈How about ~ ing〉~するのはどうですか　動名詞を使う慣用表現としてはこのほかに,〈Thank you for ~ ing〉~してくれてありがとう　Thank you for joining us. 参加してくれてありがとう。

英語

12. 関係代名詞・関係副詞

ここがポイント KEY

■関係代名詞とは？

代名詞であるとともに，2つの文を結ぶ接続詞の働きもするものである。つまり，〈接続詞＋代名詞〉の働きをする。なお，関係代名詞に導かれる文（節）は直前の名詞（先行詞）を修飾し，形容詞と同じ働きをする。

＊先行詞とは，関係代名詞の節が修飾する名詞・代名詞のことである。

■関係代名詞の種類

先行詞の種類によりどんな関係代名詞を使うかが決まり，また，導く節の中での働きにより主格，所有格，目的格の形が決まる。

先行詞＼格	主　格	所有格	目的格
人	who	whose	whom
物・動物	which	(whose, of which)	which
人・物・動物	that	—	that
事物（先行詞を含む）	what	—	what

■主格の関係代名詞

主格の関係代名詞は，その導く節の中で主語の働きをする。

I have an uncle. He lives in Fukuoka.

↓

I have an uncle who lives in Fukuoka.

先行詞　関係代名詞〈主格〉

（私には，福岡に住んでいるおじがいます）

■所有格の関係代名詞

所有格の関係代名詞は，その導く節の中で所有格の働きをする。

I know a girl. Her hair is black.

↓

I know a girl whose hair is black.

先行詞　関係代名詞〈所有格〉

（私は髪が黒い少女を知っています。）

■目的格の関係代名詞

目的格の関係代名詞は，その導く節の中で目的格の働きをする。

This is a book. I bought this book yesterday.

This is a book which I bought yesterday.

先行詞　関係代名詞〈目的格〉

（これは私が昨日買った本です）

■ that の用法

that の一般的用法

関係代名詞の that は，who，whom，which の代わりに使うことができる。

This is the town that she visited last year.

（これが彼女が昨年訪れた町です）

that の特別用法

先行詞に最上級がつく場合，先行詞に first，last，only，very，all，any，every などがつく場合などは，that を使う。

I gave him all the money that I have.

（私は持っているお金を全部彼にやりました）

I' ve got everything that I wanted.

（私はほしいものをすべて手に入れました）

■ what の用法

what は先行詞を含む関係代名詞で，～であるもの（こと），～するもの（こと）という意味になる。名詞節を導き，主語，補語，目的語の働きをする。

What he says is not true. 〈主語〉
(彼が言うことは真実ではない)

I am not what I was ten years ago. 〈補語〉
(私は10年前の私ではない)

She did what she could to save him. 〈目的語〉
(彼女は彼を救うためにできるだけのことをした)

■関係代名詞の省略

下の例文のように，目的格の関係代名詞は省略できる。しかし，主格および所有格の関係代名詞は省略できない。

I know a boy whom you like.
= I know a boy you like.
(私はあなたが好きな少年を知っている)

This is the picture which I painted yesterday.
= This is the picture I painted yesterday.
(これは私が昨日描いた絵です)

■前置詞と関係代名詞

下の例文のように，目的格の関係代名詞はその節の中で前置詞の目的語の働きをすることがある。そして，この場合，2通りの語順になるが，意味は変わらない。

This is the office.　He works in the office.

This is the office which he works in.
This is the office in which he works.
(これは彼が働いている事務所です)

* 前置詞を関係代名詞の直前に置いた場合，この関係代名詞は省略できない。
* that を使う場合は，前置詞を関係代名詞の前に置くことはできない。

■関係代名詞の前にコンマがある場合

関係代名詞の中には，who や which の前にコンマがある場合がある。コンマがある場合には，次のように訳さなくてはならない。

I found this book at the store, and I bought it at once.
= I found this book at the store, which I bought at once.
（私はこの本を本屋で見つけた，そして私はそれをすぐに買った）
（参考）２つの文の意味の違いに注意
She had two sons who became doctors.
（彼女には医者になった息子が２人いた）
She had two sons, who became doctors.
（彼女には２人の息子がいて，その２人が医者になった）

■関係副詞とは

関係副詞とは関係代名詞と同様に，１つの形容詞節をもって，名詞を修飾するときに使用するものである。しかし，関係代名詞が形容詞節の中で主語あるいは目的語になっているのに対し，関係副詞は形容詞節の中で副詞の働きをしている。

■関係副詞の種類

関係副詞は先行詞の種類によって，次の４つに分けられる。

関係副詞	先　行　詞
when	時を表す語 ……… day, year, time など
where	場所を表す語 …… house, place, city など
why	理由を表す語 …… reason
how	方法を表す語 …… way

Today is the day when I was born.
（今日は私が生まれた日です）
There are some countries where the supply of fuel is very limited.
（燃料の供給が非常に制限されている国々がある）
This is the reason why I love him.
（これが私が彼を愛する理由です）
Do you know how it happened ?
（それがどのようにして起こったのか，君は知っているか）
＊先行詞（the way）が省略されている。

英語

TEST-1 ■関係代名詞・関係副詞

1 次の２文を関係代名詞を使って１文にしなさい。

① Jane is a girl. Everyone likes her.

② The picture is beautiful. I took the picture yesterday.

③ Do you know the star ?　It is shining above us.

④ Mr. Smith had a little son. His name was Bob.

⑤ She is an artist. Many people know her name.

2 次の（　　）内の語を並べかえて，日本文に合う英文を書きなさい。

①彼女はバイオリンが弾けるただ１人の少女です。

She is（the, can, only, play, violin, girl, the, that）

②あれはいままで見たうちで最も高い建物です。

That is（tallest, seen, the, have, building, I, ever）

③これはピカソによって描かれた絵です。

This is（which, Picasso, a, was, painted, picture, by）

④都会に家のある人々はいなかに住みたがる。

（want, homes, in, are, people, live, to, whose, the, town）in the country.

⑤野球はよいチームワークが大切なスポーツです。

Baseball is（teamwork, important, a, good, is, in which, sport）

3 次の英文を和訳しなさい。

① What is that building whose roof is painted blue ?

② Those who have forgotten to bring the tickets cannot get in.

③ Don't say things people won't like.

④ He could not read that book, which was very easy for me.

⑤ My daughter buys only what interests her.

ANSWER-1 ■関係代名詞・関係副詞

1 ①Jane is a girl whom everyone likes.
②The picture which I took yesterday is beautuful.
③Do you know the star which is shining above us ?
④Mr. Smith had a little son whose name was Bob.
⑤She is an artist whose name is known to many people.

解説 ①ジェーンはだれもが好む少女です。②私が昨日撮った写真は美しい。③私たちの上で輝いている星をあなたは知っていますか。④スミスさんにはその名がボブという小さな息子がいます。⑤彼女はその名が多くの人々に知られている芸術家です。

2 ①the only girl that can play the violin.
②the tallest building I have ever seen.
③a picture which was painted by Picasso.
④People whose homes are in the town want to live
⑤a sport in which good teamwork is important.

解説 ①先行詞に the only がついているので，関係代名詞 that を用いる。②building と I との間に，that が省略されている。③which 以下は受動態。④whose homes がポイント。⑤in と which が別々に示されている場合，次のようにも書ける。Baseball is a sport which good teamwork is important in.

3 ①屋根が青く塗られているあの建物は何ですか。
②切符を持ってくるのを忘れた人は入れません。
③人がいやがることを言ってはいけません。
④彼はあの本が読めなかった。しかし，私には大変やさしかった。
⑤私の娘は自分の興味のあるものしか買わない。

解説 ②〈those who ～〉～する人々　③things と people の間に that が省略されている。④which = but it

英語

TEST-2 ■関係代名詞・関係副詞

1 次の２文を関係副詞を使って１文にしなさい。

① Sunday is the day.
People in America go to church on the day.

② I know the place.
He is living in the place.

③ Please tell me the reason.
You were absent for the reason.

④ That is the way.
I came to know the secret in the way.

2 次の（　）内に適当な関係代名詞，関係副詞を入れなさい。

① Look at the boy and his dog（　　）are running over there.
② This is the last train（　　）arrived here.
③ Tell me the exact time（　　）the next train will arrive.
④ This is the key for（　　）I have been looking.
⑤ A man（　　）we think is mad sometimes hits on a great invention.

3 次の２文が同じ意味になるように，（　　）に適当な語を入れなさい。

① Today is the day when I was born.
Today is my（　　）.

② A tall man just came in. What's the name of the man ?
What's the name of the tall man（　　）just（　　）（　　）?

③ The poor boy has no room where he can study.
The poor boy has no room to study（　　）.

④ It's the railway running under the ground.
It's the railway（　　）（　　）under the ground.

⑤ { There are cars made in Japan.
There are cars (　　)(　　)(　　) in Japan.

⑥ { This is the dictionary given to me by him.
This is the dictionary (　　)(　　) me.

⑦ { She didn't come because she was ill.
She was ill. That's the (　　) she didn't come.

⑧ { I escaped from the enemy camp in this way.
This is (　　) I escaped from the enemy camp.

重要 P230の **試験情報** で述べたように，上記の ＿＿ に適する語を覚えることにより，2つの英文の意味を同じにするテクニックをマスターしてもらいたい。

ANSWER-2 ■関係代名詞・関係副詞

1 ① Sunday is the day when people in America go to church.
② I know the place where he is living.
③ Please tell me the reason why you were absent.
④ That is (the way) how I came to know the secret.

2 ① that ② that ③ when ④ which ⑤ who

解説 ①先行詞が〈人＋物〉あるいは〈人＋動物〉の場合，that を用いる。②先行詞に the first や the last がつくときには，that を用いる。③先行詞が time で，時を表す語なので，when を用いる。④ This is the key which I have been looing for. でも同じ意味になる。⑤ we think は挿入語句なので，そこの箇所をカッコに入れてみる（気が狂っていると思えるような人は偉大な発明をすることがある）。

3 ① birthday ② who (that), came in ③ in ④ which (that) runs
⑤ which (that) were made ⑥ he gave ⑦ reason ⑧ how

解説 ③ The poor boy has no room. He can't study in the room.
⑥ dictionary と he との間に which が省略されている。⑦ That's (　　) she didn't come. の場合は，(　　) には why が入る。なお，関係副詞の限定的用法の場合，関係副詞あるいは先行詞のどちらかを省略できる。

13. 分　詞

ここがポイント　KEY

■現在分詞の形

〈動詞の原形＋～ ing〉

（例）run の現在分詞は running，talk の現在分詞は talking

■現在分詞の用法

進行形

be 動詞と結びついて，進行形をつくる。

The boy is watching TV.
（少年はテレビを見ています）

I was sleeping at that time.
（私はその時眠っていました）

現在分詞の形容詞的用法

ポイント

この場合，～しているの意味で，名詞を修飾する。

Do you know the girl playing the piano ?

↕

Do you know the girl who plays the piano ?

（あなたはピアノを弾いている少女を知っていますか）

つまり，名詞を修飾する方法として，関係代名詞のほかに現在分詞がある。

The girl reading a book is Mayumi.

= The girl who reads a book is Mayumi.

（本を読んでいる少女はマユミです）

■過去分詞の形

動詞の活用形である，〈現在〉—〈過去〉—〈過去分詞〉のうちの〈過去分詞〉のこと。

■過去分詞の用法

受動態

〈be 動詞＋過去分詞〉の形で，受動態（～された）をつくる。

That house was built last year.
（あの家は昨年建てられました。）

現在完了

〈have（has）＋過去分詞〉の形で，現在完了形（～した）をつくる。

I have lived in Nagoya for five years.
（私は5年間名古屋に住んでいた）

過去完了の形容詞的用法

ポイント

この場合，～される（～された）という受動的な意味で名詞を修飾する。

We stayed at a house built 100 years ago.

We stayed at a house which was built 100 years ago.

（私たちは100年前に建てられた家に泊まった）

つまり，名詞を修飾する方法として，関係代名詞，現在分詞のほかに過去分詞がある。

This is a car made in Japan.
＝ This is a car which was made in Japan.
（これは日本で作られた車です）

TEST ■分　詞

1 次の英文を訳しなさい。

① Look at the wall painted blue.

② Have you ever seen a running lion ?

③ The man reading a newspaper is my cousin.

④ A cold rain mixed with snow was falling.

⑤ Put the burning paper into the bottle.

2 次の文の（　　）の語を適する形に書きかえなさい。

① There is a（break）box on the desk.

② The people（live）here are happy.

③ Do you know the name of the girl（look）at us ?

④ Have you found your（lose）watch ?

⑤ Do you know the place（call）Shinjuku ?

3 次の各組の英文がほぼ同じ意味になるように，＿＿ に適当な語を書きなさい。

① Look at the dancing girl.
　Look at the girl ＿＿ ＿＿ ＿＿ .

② I have a few pictures. They were painted in London.
　I have a few pictures ＿＿ in London.

③ I bought a desk made of wood.
　I bought a desk ＿＿ ＿＿ made of wood.

④ There was once a strong man called Musashi.
　There was once a strong man ＿＿ name ＿＿ Musashi.

⑤ He took a picture and it was very beautiful.
　The picture ＿＿ ＿＿ him was very beautiful.

重要 P 230 の **試験情報** で述べたように，上記の ＿＿ に適する語を覚えることにより，2つの英文の意味を同じにするテクニックをマスターしてもらいたい。

4 次の文を英訳しなさい。
①私たちはこの大切な地球に住んでいるひとつの大きな家族です。
②雪でおおわれている家はとても美しかった。

ANSWER ■分 詞

1 ①青く塗られた壁を見なさい。
②あなたは今までに走っているライオンを見たことがありますか。
③新聞を読んでいる男性は私のいとこです。
④雪まじりの冷たい雨が降っていた。
⑤燃えている紙をびんの中に入れなさい。

解説 ②「走っているライオン」ではなく，「草原を走っているライオン」の場合には，a lion running in a savanna となる。つまり，「走っているライオン」のように，現在分詞が単独で名詞を修飾する場合には，修飾する名詞のすぐ前にくる。

2 ① broken ② living ③ looking ④ lost ⑤ called

解説 ①机の上にこわれた箱があります。
②ここに住んでいる人々は幸福である。
③私たちを見ている少女の名前を知っていますか。
④なくした時計は見つかりましたか。
⑤新宿と呼ばれる場所を知っていますか。

3 ① who (that) is dancing ② painted ③ which was ④ whose, was ⑤ taken by

解説 ①ダンスをしている少女を見なさい。②ロンドンで描かれた2，3枚の絵を私は持っている。③私は木で作られた机を買った。④(その名前がムサシであった)という表現をするのが，ポイント。⑤〈He took a picture〉を受動態にし，過去分詞を使うのがポイント。

4 ① We are one big family living on this precious earth.
② The house covered with snow was very beautiful.

英語

14. 接続詞

ここがポイント KEY

■接続詞とは

文中で語と語などを接続する働きをする語のことで，接続の仕方は次の３通りある。

①文中で語と語を接続する。

②文中で句と句を接続する。

③文(節)と文(節)とを接続する。

■接続詞の種類

その働きにより，等位接続詞と従属接続詞に分けられる。

等位接続詞

〈語と語〉〈句と句〉〈文(節)と文(節)〉を対等の関係でつなぐ接続詞のことで，and, or, but, so などがある。

従属接続詞

文を主と従の関係で結びつける接続詞のことで，名詞節や副詞節を導く。なお，名詞節を導くものとして that，副詞節を導くものとして when, before, since, while, as, because, if, though などがある。

■接続詞 that

〈接続詞 that ＋主語＋動詞～〉の形で，～(である)ということという意味を表す。そして，この that 以下が前の動詞の目的語となっている。つまり，that 以下は名詞と同じ働きをしているので名詞節である。

I know that she is beautiful.
(私は彼女が美しいことを知っています)

時制の一致

I think that she is kind.（私は彼女が親切だと思う）

〈I think〉を主節，〈she is kind〉を従属節という。時制の一致とは，主節の動詞が過去になると，従属節であるthat節の中の動詞も過去に合わせることをいう。

I thought that she was kind.（私は彼女が親切だと思った）

■時を表す接続詞

これには，when，after，before，while，untilなどがある。

When he was young, he worked hard.
（若かったとき，彼は熱心に働いた）

Wash your hand before you eat.
（食べる前に手を洗いなさい）

■条件，原因・理由などを表す接続詞

これには，if（条件），because（理由），though（譲歩）などがある。

If it rains tomorrow, we won't go on a hike.
（もし明日雨なら，私たちはハイキングに行きません）

I want something to eat because I am hungry.
（私は腹がすいているので，何か食べ物がほしい）

■連語の接続詞

〈so ～ that……〉など，連語の形で接続詞の働きをするものがある。

〈so ～ that……〉とても～なので……

I am so busy that I can't play.
（私は大変忙しいので，遊べません）

〈as soon as ～〉～するとすぐに

As soon as he saw me, he started to run away.
（彼は私を見るとすぐに，走って逃げ出した）

〈between ～ and……〉～と……の間に

Kenta sat between Mari and Maki.
（ケンタはマリとマキの間にすわった）

〈both ～ and……〉～も……も両方とも

I've been both in London and in Paris.
（私はロンドンにもパリにも行ったことがある）

TEST ■接続詞

1 次の文の（　　）内から適する語を選びなさい。

①Hiroshi is worried (if, because, though) he has lost his camera.

②(When, After If) you go, I will go.

③I've been to Kyoto once, (and, but, or) I've never been to Kobe.

④She was very tired, (so, for, or) she didn't go out.

⑤He didn't put on an overcoat (because, though, if) it was very cold outside.

2 次の各組の文が同じ内容になるように，______ に適語を入れなさい。

① { It's so dark that we can't play baseball.
It's ______ dark ______ us ______ play baseball.

② { Akira speaks French, and Yukio speaks French, too.
______ Akira ______ Yukio ______ French.

③ { If you don't walk faster, you'll be late.
______ ______ , ______ you'll be late.

④ { I'll go home soon after school is over.
______ ______ ______ school is over, I'll go home.

⑤ { I can't buy this book, because it is expensive.
This book is ______ expensive ______ I ______ buy it.

重要 P 230の **試験情報** で述べたように，上記の ____ に適する語を覚えることにより，2つの英文の意味を同じにするテクニックをマスターしてもらいたい。

3 次の日本文の意味を表す英文になるように，______ に適語を入れなさい。

①戦争が終わったあと，彼は日本に来ました。

He came to Japan ______ the war was ______ .

②それは2時と3時の間に起こったそうです。
I hear ______ it happened ______ two ______ three o' clock.

③彼かぼくか，どちらかが行くことになっています。
______ he ______ I am to go.

④兵士だけでなく大将もまた死ぬ覚悟だった。
______ ______ the soldiers ______ ______ the general was ready to die.

ANSWER ■接続詞

1 ① because ② If ③ but ④ so ⑤ though

解説 ①ヒロシはカメラを失くしたので困っています。②あなたが行くなら，私も行きます。③私は京都には一度行ったことがあるが，神戸には一度も行ったことがない。④（彼女はとても疲れていた，だから外出しなかった）この場合，so は結果を表す。一方，次の for は理由を表す。She didn't speak, for she got angry.（彼女はしゃべらなかった。というのは怒っていたからです）⑤（外はとても寒かったけれども，彼はコートを着なかった）なお，though は譲歩を示し，主節の前後どちらにも置ける。although は though と同じ意味だが，主節の前に置く。

2 ① too, for, to ② Both, and, speak ③ Walk faster, or ④ As soon as ⑤ so, that, can't

解説 ①（とても暗くて私たちは野球ができなかった）次のような書き換えも覚えておくとよい。The book is so difficult that I can't read it. ⇄ The book is too dificult for me to read. ②〈both ～ and〉が主語の場合は，複数扱いになる。③もっと速く歩きなさい，さもなければ遅れてしまいます。④学校が終わるとすぐに，私は家に帰るつもりです。⑤この本はとても高いので，私には買えません。

3 ① after, over ② that, between, and ③ Either, or ④ Not only, but also

解説 ③〈either ～ or……〉～か……のどちらか ④〈not only ～ but (also)……〉～ばかりでなく，……も

英語

15. 付加疑問文・間接疑問文

ここがポイント KEY

■付加疑問文の意味

文の終わりに付け加えた疑問形を付加疑問文といい，～ですね，～しますね，などと相手に確認や同意を求めるときなどに用いる。

■付加疑問文の形

主文（前の文）が肯定文なら，付加疑問文は否定形になる。反対に主文が否定文なら，付加疑問文は肯定形になる。なお，付加疑問文の前には必ずコンマがつく。

You are hungry, aren't you ?
（あなたは空腹なのですね）

These aren't old, are these ?
（これらは古くないですね）

Hiroshi likes dogs, doen't he ?
（ヒロシは犬が好きですね）

Mayumi didn't run, did she ?
（マユミは走らなかったのですね）

■付加疑問文の答え方

問いの形に関係なく，答えの内容が肯定ならYes，否定ならNoを用いる。

It is hot, isn't it ?（暑いですね）
Yes, it is.（はい，暑いです）
No, it isn't.（いいえ，暑くありません）

It is not hot, is it ?（暑くないですね）
Yes, it is.（いいえ，暑いです）
No, it isn't.（はい，暑くありません）

■いろいろな付加疑問文

Ichiro can swim, can't he ?
（イチローは泳げますね）

Open the window, will you ?
（窓を開けてくれませんか）
└→〈普通の命令文～, will you ?〉

Let's play baseball, shall we ?
（野球をしましょうか）
└→〈Let's ～ , shall we ?〉

■間接疑問文

疑問詞で始まる疑問文が，know などの動詞の後にきて，他の文の一部になっている疑問文のこと。

I know who she is.
（私は彼女がだれか知っています）

■間接疑問文の語順

〈疑問詞＋主語＋動詞〉という普通の文と同じ語順となる。ただ，疑問詞が主語の場合は〈疑問詞（主語）＋動詞〉の語順となる。

I know what this is.
疑問詞 主語 動詞
（私はこれが何であるか知っています）

I know what is on the desk.
疑問詞 動詞
（主語）
（私は机の上に何があるか知っています）

■いろいろな間接疑問文

I asked when she would come back from England.
（私は彼女がいつイギリスから戻ってくるのかたずねました）

I wonder who that man is.
（あの男の人はだれかしら）

英語

TEST ■付加疑問文・間接疑問文

1 日本文に合う英文になるように，＿＿＿に適する語を書きなさい。

①日本では，２月はとても寒いですね。

It is very cold in February in Japan, ＿＿＿ ＿＿＿ ?

②ボブは日本語を話すことができますね。

Bob can speak Japanese, ＿＿＿ ＿＿＿ ?

③ケイコは疲れていませんね。

Keiko ＿＿＿ tired, ＿＿＿ she ?

④マサオはずっと忙しいのですね。

Masao ＿＿＿ been busy, ＿＿＿ he ?

⑤あなたの名前をここに書いてくれませんか。

Write your name here, ＿＿＿ ＿＿＿ ?

2 次の２つの文を１つの文に書きかえなさい。

① I want to know that. / Where does Jane come from ?

② I wonder. / How old is she ?

③ I don't know that. / What did he do after school ?

④ Where did she go yesterday ? / Do you know that ?

⑤ I asked him. / Where are my friends ?

3 次の（　　）内の語を並べかえて，正しい英文を書きなさい。

① I want（the, when, know, will, to, held, party, be）

I want ＿＿＿＿＿＿＿＿＿＿＿＿＿＿＿＿

② I（where, lives, her, wonder, son）
I ______________________________

③ I（will, out, what, know, come）
I ______________________________

④ Do you（have, do, now, what, you, understand, to）?
Do you ______________________________ ?

⑤ I（were, people, many, how, there, know）
I ______________________________

ANSWER ■付加疑問文・間接疑問文

1 ① isn't it ② can't he ③ isn't , is ④ has , hasn't ⑤ will you

解説 ⑤ Don't write your name here, will you ?（あなたの名前をここに書かないでくれませんか」のように，否定の命令文の付加疑問にも will you ? を用いる。

2 ① I want to know where Jane comes from.
② I wonder how old she is.
③ I don't know what he did after school.
④ Do you know where she went yesterday ?
⑤ I asked him where my friends were.

3 ① to know when the party will be held.
② wonder where her son lives.
③ know what will come out.
④ understand what you have to do now
⑤ know how many people were there.

解説 ①パーティがいつ開催されるのかを知りたい。②彼女の息子はどこに住んでいるのかしら。③私は何が出てくるかわかっています。④あなたは今何をしなければならないかをわかっていますか。⑤私は，そこに何人の人たちがいたか知っています。

16. 前置詞

ここがポイント KEY

■前置詞とは

通常，名詞などの前に置かれ，単独で使われることはほとんどない。

■前置詞がつくる句の働き

〈前置詞＋名詞など〉の形を句といい，副詞の働きをする句を副詞句，形容詞の働きをする句を形容詞句という。

副詞句

I put the key on the desk.

（副詞句）

（動詞を修飾）

（私は机の上にカギを置いた）

形容詞句

The key on the desk is my father's.

（形容詞句）

（名詞を修飾）

（机の上のカギは私の父のものです）

■前置詞の目的語

名詞，代名詞，動名詞が前置詞の目的語となる。

名詞

Do you go to the station on foot ?

（あなたは歩いて駅に行きますか）

代名詞

I played tennis with her.

（私は彼女とテニスをしました）

動名詞

I am fond of reading books.

（私は読書が好きです）

■時を表す前置詞

at ＋時刻（～時に）
on ＋曜日・日付（～曜日になど）
in ＋月・季節・年（～に）
after ～（～の後に）
before ～（～の前に）
during ～（～の間）
from ～（～から）
through ～（～じゅう）
since ～（～以来）
till ～（～まで）

My mother got up at six.
（母は6時に起きた）

Haruo goes to church on Sunday.
（ハルオは日曜日に教会に行く）

We have much rain in June.
（6月には雨がよく降ります）

■場所・方向を表す前置詞

at ～（～に，～で）
in ～（～の中に）
to ～（～へ，～まで）
from ～（～から）
by ～（～のそばに）
for ～（～に向かって）
above ～（～の上方に）
on ～（～の上に）

They stopped at a restaurant.
（彼らはレストランで立ちどまった）

We arrived in Osaka in the evening.
（私たちは夕方大阪に着きました）

■その他の前置詞

with ～（～といっしょに，～を伴って）
by ～（～によって）
without ～（～なしで）
for ～（～のために）
like ～（～のように）
about ～（～について）

A man with red flowers is my father.
（赤い花をもった人は私の父です）

My brother can read the book without a dictionary.
（私の兄はその本を辞書なしで読むことができます）

英語

TEST ■前置詞

1 （ ）内から正しい語を１つ選びなさい。

① Yumiko went swimming（at, in, on）Saturday afternoon.
② I was born（on, at, in）February 21.
③ Mr. Brown came to Japan（at, on, in）2002.
④ I get up（in, at, on）half past seven.
⑤ Wash your hands (before, after, until）eating.
⑥ We watched TV（until, by, through）eight o'clock.
⑦（By, Through, Until）five o'clock it was all finished.
⑧ This road runs（across, along, through）our town.
⑨ Ken went（on, over, out of）the room with his friends.
⑩ She is famous（like, as, with）a musician here.

2 次の各組の２文がほぼ同じ意味になるように，＿＿＿ に適語を入れなさい。

① Hideki came home. It was eight o'clock.
Hideki came home ＿＿＿ eight.

② She's good at swimming.
She can swim ＿＿＿ .

③ The box is full of oranges.
The box is filled ＿＿＿ oranges.

④ She didn't say a word and went out of the room.
She went out of the room ＿＿＿ ＿＿＿ a word.

⑤ He went to Europe when he was twelve years old.
He went to Europe ＿＿＿ the age ＿＿＿ twelve.

重要 P 230の **試験情報** で述べたように，上記の ＿＿ に適する語を覚えることにより，2つの英文の意味を同じにするテクニックをマスターしてもらいたい。

3 次の（　　）内の語を並べかえて，日本文にあう英文を書きなさい。

①私は1970年から1990年までこの市に住んでいた。
(from, I, this, in, 1970, 1990, city, lived, to)

②今週の終わりまで，ここに滞在しなさい。
(week, here, the, this, stay, till, end, of)

③私たちは隅田川にかかる橋を渡った。
(we, the, a, over, bridge, Sumida, crossed)

④森は数年のうちに死んでしまうでしょう。
(dead, several, will, years, forests, be, in)

ANSWER ■前置詞

1 ①on ②on ③in ④at ⑤before ⑥until ⑦By ⑧through ⑨out of ⑩as **解説** ①～④ at は，at half past seven（7時半に），at noon（正午に）など，時の一点を指すのに使われる。on は on Saturday afternoon（土曜日の午後に），on February 21（2月21日に）など，定まった日，場合などを指すのに使われる。in は in 2002，in winter など，比較的長い年，月，季節などの期間を示す。⑥～⑦ by は～までには，つまり，ある事柄の完了の期限を示す。一方，until は～まで，つまり，ある事柄の継続の期間を示す。⑧ across は～を横切って，along は～に沿って，through は～を貫いて ⑨ out of ～ は～から ⑩ as は～として

2 ①at ②well ③with ④without saying ⑤at，of
解説 ② be good at ～ = can ～ well ③ be full of ～ = be filled with ～

3 ①I lived in this city from 1970 to 1990.
②Stay here till the end of this week.
③We crossed a bridge over the Sumida.
④Forests will be dead in several years.

17. 会話文

ここがポイント　KEY

■問いの文とその答え方

普通の疑問文の場合，Yes か No を用いて答える。

Do you like cakes?　　Yes, I do.
（あなたはケーキが好きですか）　（はい，好きです）

or のある疑問文の場合，Yes/No を用いない。

Is this a pen or a pencil?　　It's a pencil.
（これはペンですか，それとも鉛筆ですか）　（鉛筆です）

疑問詞のある問いには，Yes/No を用いない。

What is in your pocket?
（あなたのポケットには何が入っていますか）
　There's an eraser in it.
　（消しゴムが入っています）

■決まった応答の仕方

How are you?（お元気ですか）
　―I'm fine, thank you. And you?
　（元気です，ありがとう。あなたはどうですか）

Nice to meet you.（はじめまして）
　―Nice to meet you.（はじめまして）

How do you do?（はじめまして）
　―How do you do?（はじめまして）
　* Good morning, Good afternoon, Good night なども同じ言葉を繰り返す。

Thank you.（ありがとう）
　―You're welcome.（どういたしまして）
　*感謝の対象を述べるときには，Thank you for ～と for の後に対象となるものを付け加える。

（例）Thank you for your kindness.

（どういたしまして）の表現としては，Not at all. などもある。

I'm sorry.（すみません）

—That's all right.（いいんですよ）

■よく使う表現

I'm glad to see you.（お目にかかれてうれしいです）
See you again.（また，お会いしましょう）
Thank you for your help.（いろいろとお世話になりました）
I think so〔,too〕.（私は〔も〕そう思う）
I understand.（わかりました）
I don't know.（知りません）
I'm not sure.（はっきりわかりません）
Excuse me.（すみません）
Never mind.（気にしないで）
May I help you ?（何かご用ですか）
After you, please.（お先にどうぞ）
What's the matter ?（どうしましたか）
I'm hungry.（お腹がすいています）
I'm thirsty.（のどが渇きました）
How about traveling by ship ?（船で旅行するのはどうですか）
How much is this book ?（この本はいくらですか）
Would you please open the window ?（窓を開けてくださいませんか）
I want a glass of water.（水を一杯欲しいのですが）
I'd like something to eat.（何か食べるものが欲しいのですが）
May I sit here ?（ここに座ってもいいですか）
May I ask something ?（ちょっと聞きたいのですが）
Can I pay in cash ?（現金で支払ってもいいですか）
How long will you stay here ?
（ここにはどのくらい滞在するつもりですか）
Where is the restroom ?（トイレはどこですか）

TEST ■会話文

1 次の会話文が完成するように, ＿＿＿に適するものを下から選び, その記号を書きなさい。

①A : Good morning. ＿＿(1)＿＿

B : ＿＿(2)＿＿ ＿＿(1)＿＿

A : I'm fine, too. Thank you.

②A : Hello. ＿＿(3)＿＿

＿＿(4)＿＿

B : Just a minute, please .

③A : I've been to Fukuoka to visit my aunt.

B : Is that so ? ＿＿(5)＿＿

A : For five days.

④A : May I help you ?

B : Yes, I want a camera.

A : ＿＿(6)＿＿

B : It's nice. I'll take it.

⑤A : How long does it take to go to Sapporo from Osaka by plane ?

B : ＿＿(7)＿＿ , but I think it takes about two hour's.

A : Thanks.

ア	How about this ?
イ	How are you ?
ウ	How do you do ?
エ	I'm not sure.
オ	Where is it ?
カ	I don't know.
キ	This is Jack.
ク	Fine, thank you.
ケ	May I speak to Osamu ?
コ	How long were you there ?

2 次の日本文を英文になおしなさい。

①A：いらっしゃいませ。
B：Yes, I'd like to see some jackets.

②A：どうなさいましたか。
B：I'm sick.

③A：どのくらいの頻度でここを訪れるのですか。
B：Once a month.

④A：今日は何日ですか。
B：It's August 20.

⑤A：Excuse me, will you please take my picture ?
B：いいですよ。I'll be glad to.

⑥A：日本はいかがですか。
B：I like it very much.

⑦A：切符はどこで買うのですか。
B：At that window over there.

ANSWER ■会話文

1 (1) イ (2) ク (3) キ (4) ケ (5) コ (6) ア (7) エ

解説 (3) と (4) 電話での会話。This is Jack. こちらはジャックです May I speak to Osamu ? オサム君をお願いします (6) How about this ? これはどうですか (7)I'm not sure. はっきりわかりません

2 ①Can (May) I help you ? ②What is the matter ? ③How often do you visit here ? ④What's the date today ? ⑤Sure. ⑥How do you like Japan ? ⑦Where do I get a ticket ?

解説 ②What's wrong ? ともいう。④What's the date today ? = What day of the month is (it) today ? なお，date は日付の意味なので，〈月＋日〉で答える。⑤"O.K." "All right." "Certainly." などともいう。⑥"How do you like ～ ?" ～はいかがですか ⑦At that window over there. 向こうの窓口です

18. 英文読解

ここがポイント KEY

■一文，一文を正確に訳す

英文読解に関する問題は下に示されるように，英文に書かれている内容と同じものを，５つの選択肢から１つ選ぶというものである。したがって，一文，一文を正確に訳していくことがポイントになる。

次の英文の内容に合致しているものはどれか。

When we think of paper, we think of newspapers, books, letters, and writing paper. But there are many other uses. Only about 50% of the paper that is made is used for books and newspapers, and something to write on.

Each year, more and more things are made of paper. We have had paper cups, plates, and dishes for a long time. But now we hear that chairs, tables, and even beds can be made of paper. With paper boots and shoes, you can wear paper hats, paper dresses, and paper raincoats. When you have used them once, you throw them away and buy new ones.

①本などの書くものに使われる紙の量は，紙全体の大部分を占めている。
②紙の靴や紙の帽子は技術革新により，最近は何度でも使える。
③紙で多くのものが作れるが，将来，紙で椅子，テーブル，ベッドが作られる。
④紙の服や紙のレインコートは一度使うと，それを捨てて新しいものを買うのが一般化している。
⑤紙コップや紙皿は昔からあるが，それらは今ではほとんど作られていない。

■消去法で正解の選択肢を見つける

英文を<全訳>すると次のようになる。

紙について考えるとき，私たちは新聞，本，手紙，便せんを思い浮かべる。しかし，これらのほかにも多くの使いみちがある。本や新聞，その他書くものに使われる紙の割合は約50%にすぎない。

毎年，ますます多くのものが紙で作られる。紙のコップ，紙の洋皿，紙の鉢は長いこと親しんでいるが，今では椅子，テーブル，ベッドさえも紙で作られている。紙のブーツや靴をはき，紙の帽子をかぶり，紙の服や紙のレインコートを着るということである。それらを一度使うと，それらを捨て，新しいものを買う。

正解は❹

英文読解の問題を解く際の第２のポイントは，“確実に誤りと思われる選択肢を１つ，ひとつ消していく”ことである。正誤の判断がつかない選択肢はそのままにし，後で考えるとよい。すると，２つ～３つの選択肢は確実に消せるものの，正誤の判断に迷う選択肢が２つ～３つ残ることになる。

残った２つ～３つの選択肢については，比較検討する。何度も比較しながら読んでいると，何かに気づくことが多い。そこに正解へのヒントがある。

■常識をフル活用する

英文読解の問題は，要は“何が書かれているか”がわかれば，後は容易に解ける。ところが，肝心の箇所の英文がよくわからないことが多い。その原因としては，“重要構文を知らない”“英文法の知識が足りない”“重要な単語を知らない”などがある。

その場合，いくら考えてもわからないと思われるので，常識をフル活用して，その箇所の英文のおおよその意味を推測してみることである。日本語で英文の意味を考えてみよう。

■英文読解

1 次の英文の内容に合致しているものはどれか。

A few months ago my family and I moved into a new house. We left our small house and moved into a lovely big house just outside the city. We took all our old furniture to the new house, but we also needed a lot of new things. We wanted to paint and decorate many of the rooms, too.

①前の小さな家に多くのものを置いてきた。
②市内から遠く離れた所に引っ越した。
③大きな家に引っ越したので，新しく必要となるものがたくさんあった。
④部屋にペンキを塗らなくてはならないので，ペンキ屋に行った。
⑤新しい家に来て，ほぼ1年になる。

2 次の英文の内容に合致しているものはどれか。

Once dinosaurs walked the earth. At that time there were no people, houses, or roads. The earth was only sea and land. Some of the dinosaurs lived on the land. Some were so large that could knock over tall trees. Other dinosaurs lived in the sea. They could swim very well. Other dinosaurs flew in the sky. Some were the size of planes we see today. The dinosaurs ruled the land and the water, and also ruled the sly.

What happened to the dinosaurs? Why did these big animals leave the earth? Maybe many dinosaurs were just too big! They needed more food than they could find. At one time there were a lot of things to eat. But the earth began to change. It got colder. There was not so much water. It was harder and harder to find food.

＊ dinosaur「恐竜」

①飛行機の大きさをした恐竜は空を飛べなかった。

②海にすむ恐竜もいたが，大部分の恐竜は陸にいた。
③恐竜が生きていたとき，人間も存在していた。
④地球が寒くなったため，恐竜は生活が難しくなった。
⑤多くの恐竜がいたため食物は減少したが，水はいつも豊富にあった。

ANSWER-1 ■英文読解

1 ❸

解説　<全訳>数か月前，私の家族と私は新しい家に引っ越して来た。私たちは小さい家を出て，市内からちょっと離れた，すてきな大きな家に入居した。私たちは古い家具をすべて新しい家に持ってきたが，多くの新しいものが必要であった。多くの部屋のペンキ塗りや飾り付けもしたいと思っていた。

（注）a lot of ～ ＝ lots of ～　<たくさんの～>
A lot of boys are running about.
（たくさんの少年が走り回っている）

2 ❹

解説　<全訳>かつて，恐竜は地上を歩いていた。その当時，人間は１人もおらず，家や道路もなかった。地球には，海と陸があるだけだった。恐竜の中には，陸で生活するものもいた。非常に大きく，高い木をなぎ倒す恐竜もいた。海にすむ恐竜もいた。これらの恐竜はとてもうまく泳ぐことができた。空を飛ぶ恐竜もいた。私たちが今日見る飛行機ほどの大きさをもつ恐竜もいた。恐竜は陸と海を支配し，空をも支配した。

恐竜に何が起こったのか。なぜ，これらの大きい動物は地上から消えたのか。たぶん，多くの恐竜は単に大きすぎたのであろう。彼らは自分で見つけられる以上の食物を必要とした。一時，食物はたくさんあった。しかし，地球が変化し始めた。より寒くなった。水もあまりなかった。食物を見つけるのはますます困難になった。

TEST-2 ■英文読解

1 次の英文の内容に合致しているものはどれか。

Language began so long ago that we will never know how and where it began. But we know many words used in other countries became a part of English. Many of the words we use now are very old and came from much older words. *Paper* is one of such words. This word came from *papyrus*. When you say or look at the two words, you will find they are almost the same.

①言語がどのようにして始まったのかを考えることは，とてもおもしろい。

②ペーパーはパピルスからきているが，パピルスはもともとメソポタミアの言葉である。

③現在，多くの国で使われている語の中には，英語からきているものが多い。

④現在，私たちが使っている語の多くは比較的新しく，古いものはごくわずかである。

⑤現在，英語として使っているものの中には，もともと他の国で使われている語がいくつかある。

2 次の英文の内容に合致しているものはどれか。

Some people are great artists, and others are good, kind and modest. And there are a few who are both great artists and good people. Raphael was one of these.

Michelangelo showed the world what a great artist was like, and then Raphael came and showed them what a really good man was like.

Raphael was born in Urbino, an important Italian city, in 1483. His father was Giovanni Santi. Giovanni was not a good painter, but he was an intelligent man. He knew how to prepare his children for a good and useful life, even though he was not lucky enough to have the same thing when was young.

①ラファエロは偉大な芸術家であり，立派な人間であった。

②ミケランジェロは，謙虚な人間ではなかった。
③ラファエロの父は，優秀な画家であった。
④ラファエロは芸術家として，ミケランジェロを超えた。
⑤ラファエロの父は幸運ではなかったため，自分の子供たちに良い人生を送るための準備をさせる事ができなかった。

ANSWER-2 ■英文読解

1 ⑤

解説 <全訳>言語は非常に古い時代から始まったので，私たちは言語がどのようにして，どこで始まったのか知ることはできない。しかし，私たちは他の国で使われている多くの語が英語の一部になったことはわかっている。私たちが今使っている語の多くは非常に古く，そしてさらに古い語に由来する。「ペーパー」はそのような語の１つであり，「パピルス」からきている。この２つの語を言ったり見たりすると，これがほとんど同じであることがわかるであろう。

（注）so ～ that…… <とても～なので……>

He is so old that he can't work.
（彼はとても年をとっているので，働くことができない。）

2 ①

解説 <全訳>偉大な芸術家である人々もいるし，立派で親切で，そして謙虚な人々もいる。そして，偉大な芸術家であり，かつ立派な人々も少しいる。ラファエロはこれらの人々のうちの１人だった。

ミケランジェロは世界に，偉大な芸術家はどのようなものかを示した。そして，それからラファエロが登場し，世界に本当に立派な人間はどのようなものかを示した。

ラファエロは1483年に，重要なイタリアの都市であるウルビーノで生まれた。彼の父はジョバンニ・サンティだった。ジョバンニは優れた画家ではなかったが，賢い男だった。彼は若い時，良い人生，有益な人生を送るための準備ができるほど幸運ではなかったが，自分の子供たちに良い人生，有益な人生を送るための準備をさせる方法を知っていた。

（注）even though ～ <たとえ～としても>

英語

覚えておこう!! 重要構文

□ either ～ or …… ～か……のどちらか
Either you or I am right.
（あなたか私のどちらかが正しい）

□ It is ～ for － to …… －が……するのは～だ
It is difficult for me to use English for communication.
（私にとって，英語を伝達に使うことはむずかしい）

□ Not that ～ ～というわけではない
Not that I did it on purpose.
（私はわざとそうしたわけではない）

□ ～ enough to …… ～なので……できる
He is rich enough to buy the car.
（彼は金持ちなので，車を買うことができる）

□ anything but ～ 決して～ではない
Her manners were anything but pleasant.
（彼女の態度はまったく感じがよくなかった）

□ It is ～ if (whether) …… ……かどうかは～だ
It is doubtful if he had much scientific knowledge.
（彼が科学的知識を多く持っていたかどうかは疑わしい）

□ used to ～ 以前はよく～したものだった
I used to go to the library.
（私は以前はよく図書館に行ったものです）

□ far from ～ ～どころではない
That servant is far from a fool.
（あの召使いは少しもばかなどではない）

□ but for（without）～ ～がなければ
But for water, we would not be able to live for a week.
（水がなければ，私たちは１週間生きることはできないだろう）

□ no more than ～ ～にすぎない，たった
It is no more than a rumor.
（それは単なるうわさにすぎない）

□ such ～ that …… 非常に～なので……
She is such a good girl that everybody loves her.
（彼女はとてもよい子なので，だれもが彼女を好きである）

自衛隊　一般曹候補生採用試験　問題演習〔第2版〕

2022年5月11日　初版　第1刷発行
2024年4月1日　第2版　第1刷発行

編著者　株式会社　早稲田経営出版
（自衛官採用試験研究会）
発行者　猪野樹
発行所　株式会社　早稲田経営出版
〒101-0061
東京都千代田区神田三崎町3-1-5
神田三崎町ビル
電話 03(5276)9492（営業）
FAX 03(5276)9027
組版　有限会社　文字屋
印刷　日新印刷　株式会社
製本　株式会社　常川製本

ISBN 978-4-8471-5162-0
N.D.C. 390

乱丁・落丁による交換，および正誤のお問合せ対応は，該当書籍の改訂版刊行月末日までといたします。なお，交換につきましては，書籍の在庫状況等により，お受けできない場合もございます。
また，各種本試験の実施の延期，中止を理由とした本書の返品はお受けいたしません。返金もいたしかねますので、あらかじめご了承くださいますようお願い申し上げます。

書籍の正誤に関するご確認とお問合せについて

書籍の記載内容に誤りではないかと思われる箇所がございましたら、以下の手順にてご確認とお問合せをしてくださいますよう、お願い申し上げます。
なお、正誤のお問合せ以外の**書籍内容に関する解説および受験指導などは、一切行っておりません。**
そのようなお問合せにつきましては、お答えいたしかねますので、あらかじめご了承ください。

1 「Cyber Book Store」にて正誤表を確認する

早稲田経営出版刊行書籍の販売代行を行っている
TAC出版書籍販売サイト「Cyber Book Store」の
トップページ内「正誤表」コーナーにて、正誤表をご確認ください。

CYBER BOOK STORE TAC出版書籍販売サイト

URL:https://bookstore.tac-school.co.jp/

2 1の正誤表がない、あるいは正誤表に該当箇所の記載がない ⇒ 下記①、②のどちらかの方法で文書にて問合せをする

★ご注意ください★

お電話でのお問合せは、お受けいたしません。
①、②のどちらの方法でも、お問合せの際には、「お名前」とともに、
「対象の書籍名(○級・第○回対策も含む)およびその版数(第○版・○○年度版など)」
「お問合せ該当箇所の頁数と行数」
「誤りと思われる記載」
「正しいとお考えになる記載とその根拠」
を明記してください。
なお、回答までに1週間前後を要する場合もございます。あらかじめご了承ください。

① ウェブページ「Cyber Book Store」内の「お問合せフォーム」より問合せをする

【お問合せフォームアドレス】

https://bookstore.tac-school.co.jp/inquiry/

② メールにより問合せをする

【メール宛先　早稲田経営出版】

sbook@wasedakeiei.co.jp

※土日祝日はお問合せ対応をおこなっておりません。
※正誤のお問合せ対応は、該当書籍の改訂版刊行月末日までといたします。

乱丁・落丁による交換は、該当書籍の改訂版刊行月末日までといたします。なお、書籍の在庫状況等により、お受けできない場合もございます。
また、各種本試験の実施の延期、中止を理由とした本書の返品はお受けいたしません。返金もいたしかねますので、あらかじめご了承くださいますようお願い申し上げます。

早稲田経営出版における個人情報の取り扱いについて
■お預かりした個人情報は、共同利用させていただいているTAC(株)で管理し、お問合せへの対応、当社の記録保管にのみ利用いたします。お客様の同意なしに業務委託先以外の第三者に開示、提供することはございません(法令等により開示を求められた場合を除く)。その他、共同利用に関する事項等については当社ホームページ(http://www.waseda-mp.com)をご覧ください。

(2022年7月現在)